普通高等教育"十二五"规划教材

电气工程及其自动化专业规划教材

U0655693

电网监控技术

（厂站端）

主编　张惠刚

编写　施志晖　叶　强

主审　张建华　张永健

中国电力出版社

CHINA ELECTRIC POWER PRESS

内 容 提 要

本书为普通高等教育"十二五"规划教材。

全套分为《电网监控技术（厂站端）》和《电网监控技术（主站端）》两册。本书为《电网监控技术（厂站端）》，主要介绍厂站端监控技术。全书共十章，主要内容包括厂站端监控技术概述、厂站遥测变送器、交流采样及其算法、厂站监控信息采集、厂站监控信息处理、厂站监控系统的遥控与遥调、厂站监控系统通信技术、厂站与主站之间的信息传输、智能变电站技术简介及 RCS-9700 变电站综合自动化监控系统简介等。

本书内容新颖、实践性强，适合作为普通高等学校电力工程、电力自动化专业的教材，也可供电力公司从事智能电网监控、运行、设计和维护的工程技术人员参考。

图书在版编目（CIP）数据

电网监控技术：厂站端/张惠刚主编. —北京：中国电力出版社，2013.7（2019.11重印）

普通高等教育"十二五"规划教材

ISBN 978-7-5123-4157-9

Ⅰ.①电… Ⅱ.①张… Ⅲ.①电力系统—监视控制—高等学校—教材 Ⅳ.①TM734

中国版本图书馆 CIP 数据核字（2013）第 043393 号

中国电力出版社出版、发行

（北京市东城区北京站西街 19 号　100005　http://www.cepp.sgcc.com.cn）

北京天宇星印刷厂印刷

各地新华书店经售

*

2013 年 7 月第一版　2019 年 11 月北京第四次印刷

787 毫米×1092 毫米　16 开本　14.75 印张　358 千字

定价 48.00 元

前　言

　　电网是电力系统中联系发电和用电设施与设备的统称，电网属于输送和分配电能的中间环节，主要由联结成网的输电线路、变电站、配电所和配电线路组成。电网监控技术就是保障电网安全、可靠、经济运行的各种监控技术，它体现在电网调度自动化系统，配电自动化系统，变电站自动化系统的设计、制造、安装、调试、运行和维护等方面。电子技术、计算机技术和通信与信息技术的发展，有力地推动了电网监控技术的发展，加快了电网监控技术的数字化、智能化的前进步伐。

　　本书为普通高等教育"十二五"规划教材，编写大纲经中国电力教育协会组织的专家审定。全套分为《电网监控技术（厂站端）》和《电网监控技术（主站端）》两册。《电网监控技术（厂站端）》介绍厂站端监控技术，《电网监控技术（主站端）》介绍主站端监控技术。

　　《电网监控技术（厂站端）》首先对电网调度自动化系统的整体做简要概述，以此明确电网监控技术的基本内容和要求。本书第一章厂站端监控技术概述，介绍厂站监控系统的功能、结构和组成；第二章厂站遥测变送器，介绍厂站遥测信息的测量技术；第三章交流采样及其算法，着重探讨交流采样及其算法；第四、第五章是厂站监控信息采集和厂站监控信息处理，分别介绍了厂站监控信息的主要采集方法和基本处理技术；第六章厂站监控系统的遥控与遥调，重点介绍了电力系统的遥控和遥调概念以及厂站遥控、遥调的应用技术；第七章厂站监控系统通信技术，用较大的篇幅介绍了目前厂站监控系统中采用的通信技术；第八章厂站与主站之间的信息传输，结合国内主流的远动规约，详细讨论了厂站与主站之间的数据传输问题；第九章智能变电站技术简介，对智能变电站技术做了专题研讨；第十章 RCS-9700 变电站综合自动化监控系统简介，通过实例比较全面地介绍了变电站综合自动化监控系统的组成部分、系统功能及其实现方案，使读者对变电站综合自动化监控系统有一个完整、深入的认识。

　　本书由南京工程学院张惠刚任主编并负责全书的统稿。绪论、第一～第七章以及第八章第一～第三节由张惠刚编写，第八章第四节以及第九章由南瑞继保电气有限公司施志晖编写，第十章由南瑞继保电气有限公司叶强编写。

　　非常感谢国网电力科学研究院南瑞科技股份有限公司、南瑞继保电气有限公司有关技术人员为本书提供了大量资料。

　　本书由华北电力大学张建华教授、上海电力学院张永健副教授主审，上海交通大学杨冠城教授对本书提出了宝贵的意见，在此谨向他们一并表示衷心的感谢。

　　由于新技术的不断发展，并限于作者水平，书中不足之处在所难免，恳请广大专家和读者批评指正。

张惠刚

2013 年 6 月

目　录

绪　　论

第一节　电能生产特点和电力系统运行基本要求

一、电能生产特点

当物质的正、负电荷分离后，即在其周围出现电场，电荷在电场中受到电场力的作用而移动做功的能力即为电能。电能是一种二次能源，同其他形式的能量相比，电能具有许多优点：电能可以方便地转化成其他形式的能量，如机械能、热能、光能、化学能等；电能的输送和分配也易于实现，它可以方便地输送到各工矿企业和生活场所；电能的应用很灵活，可以小量地使用，也可以大量地使用。因此，电能被日益广泛地用于工农业生产、交通运输业以及人民的物质和文化生活中。以电能作为动力，可以促进工农业生产的现代化，保证产品的质量，提高劳动生产效率。在现代信息化社会中，电能发挥着许多不可替代的作用。

电能不仅是使用方便的能源，也是清洁的能源、环保的能源。世界各国都尽可能地将各种能源转换为电能后再使用。将江河流水的机械能经水电站的水轮发电机组转换为电能，将煤炭、石油、天然气等矿物燃料的化学能经火电厂的锅炉、汽轮发电机组转换为电能，将核能经核电厂的核反应堆和汽轮发电机组转换为电能，将风能经风力发电机组转换为电能，将太阳能经光伏电板转换为电能等。

随着国民经济的发展和人民生活水平的提高，人们对电能生产的需求不断增长，因而发电设备的装机容量不断增大，电力系统也从孤立的电网逐步发展成联合电力系统。截至2011年底，我国装机容量达到105 576万kW，年用电量达到46 928亿kWh，电网从地区级发展到省级，通过省级联网形成了跨省区域性电网，并逐步形成了全国联网。

电力系统是由电能的生产、输送、分配和消费各个环节构成的一个整体。它与其他工业系统相比，具有如下特点。

（1）电能不能大量存储。电能的生产、输送、分配和用户用电过程是同时进行的，电力系统中任何时刻各发电厂、各蓄能电站和各种分布式发电设备产生的功率必须等于该时刻各用电设备所需的功率与输送、分配各环节中损耗的功率之和。因而，对电能生产的协调和管理提出了很高的要求。

（2）电磁过程的快速性。电能是以光速进行传送的，电力系统中任何一处运行状态的改变或故障，都会很快地影响到与之相连的系统，仅依靠人工操作是无法保证电力系统的正常和稳定运行的。所以，电力系统的运行必须依靠能够对信息就地处理的继电保护和自动装置，以及能够对信息进行全局处理的电网调度自动化系统。

（3）电能质量要求严格。电能的质量主要反映在电压水平和频率波动两个方面。我国规定了系列电网电压的标称值及其变化范围，也规定了频率允许的波动范围。电力系统正常运行时，电压和频率必须在这个规定的允许范围内变化。

（4）与国民经济的各部门及人们的日常生活密切联系。供电的突然中断会威胁生产过程中人身和设备的安全，会影响正常的生产和生活，甚至会产生严重的后果。

二、电力系统运行基本要求

为了充分发挥电力系统的功能和作用，电力系统运行需要满足以下基本要求。

(1) 保证安全可靠地供电。在正常情况下，电力系统能满足用户的用电需求；在系统输出功率不足的情况下，保证重要负荷的供电。电力系统必须具有经受一定程度干扰和事故的能力，能够保证安全可靠供电，在严重事故下，能尽量避免事故的扩大，发生事故后能迅速恢复供电。

(2) 保证合格的电能质量。电能质量两个最主要的指标是频率和电压。频率是全系统统一的运行参数，当系统总输出功率与总负荷不平衡时，系统的频率就会发生变化。因此，电力系统运行的一项重要任务就是要根据系统输出功率和负荷的变化，对系统的频率进行监视和控制。

(3) 要有良好的经济性。实行以最小发电成本或最少燃料消耗为目的的经济运行，合理分配系统内并列运行的发电机组输出功率。

(4) 满足环境保护和生态条件的要求。控制火电厂排放的烟气物质的成分、温度和扩散速度，冷却水排水的温度和流速。控制核电厂放射性污染。考虑输电线路、变压器对周围环境的影响。

(5) 合理使用燃料和其他资源。在电力系统中，应根据国家的能源政策和燃料供应、运输条件、价格等因素，综合考虑和协调全系统燃料的使用，积极鼓励使用清洁能源的电厂和电站多发电。

要实现这些基本要求，除了提高电力设备的可靠性，配备足够的备用容量，提高运行人员的素质，采用继电保护和自动装置等外，电网调度自动化系统已成为不可或缺的环节。

第二节　电力系统运行状态和电网调度自动化系统的作用

一、电力系统运行状态

电力系统调度控制的内容与电力系统的运行状态是密切相关的。电力系统的各种运行状态及其相互间的转变关系如图 0 - 1 所示。

(1) 正常运行状态。在正常运行状态下，电力系统中总的有功输出功率和无功输出功率能满足负荷对有功和无功的需求；电力系统的频率和各母线电压均在正常运行的允许范围内波动；各电源设备和输变电设备也均在额定范围内运行；系统内的发电设备和输变电设备均有足够的备用容量。此时，系统不仅能以电压和频率质量均合格的电能满足负荷用电的需求，而且还具有适当的安全储备，能承受正常的干扰（如断开一条线路或停止一台发电机组）而不致造成不良的后果（如设备过载等）。在正常的干扰下，系统能转移到另一个新的正常运行状态。电网调度自动化系统的任务就是尽量使系统维持在正常运行状态。

在正常运行状态下，由于电力系统负荷的变化，电网调度自动化系统的主要任务就是使得整个系统的输出功率和负荷的需求相适应，以保证电能的频率质量。同时，还应在保证安全运行的条件下，实现电力系统的经济运行。

(2) 警戒状态。在正常状态下，由于一系列干扰的积累，使电力系统总的安全水平逐渐降低，以致进入警戒状态。在警戒状态下，虽然电压、频率都在允许范围内波动，但系统的

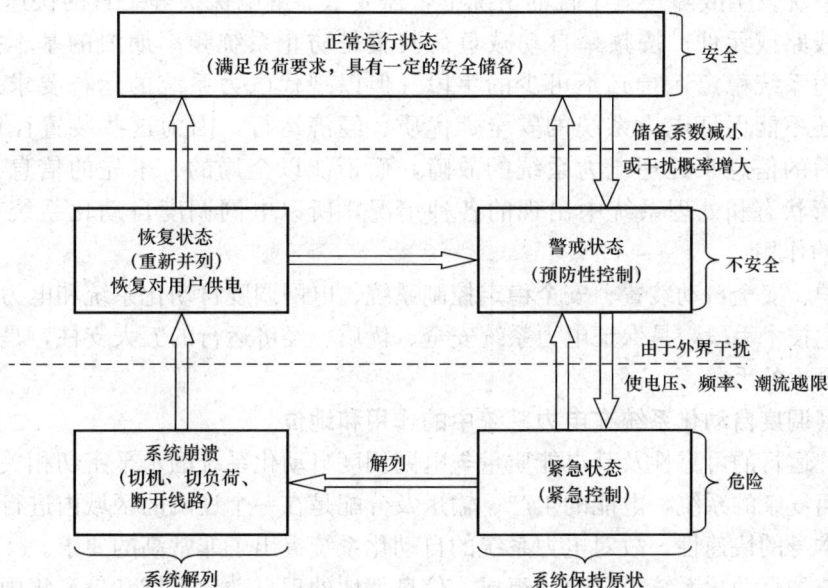

图 0-1　电力系统的各种运行状态及其相互间的转变关系

安全裕度降低了，因而削弱了对于外界干扰的抵抗能力。当系统发生一些不可预测的干扰或负荷增长到一定程度时，就可能使电压、频率的偏差超过允许范围，某些设备发生过载，使系统的安全运行受到威胁。

电网调度自动化系统要随时监测系统的运行状态，并通过静态安全分析、动态安全分析对系统的安全水平作出评价。当系统处于警戒状态时，调度人员应及时采取预防性控制措施（如增加发电机的输出功率、调整负荷、改变运行方式等），使系统尽快地恢复到正常状态。

（3）紧急状态。若系统处于警戒状态时，调度人员没有及时采取有效的预防性措施，一旦出现足够严重的干扰（如发生短路故障，或一台大容量发电机组退出运行等情况），系统就可能从警戒状态进入紧急状态。此时可能有某些线路的潮流或某些主变压器、发电机的负荷超过极限值，以致系统的电压或频率超过或低于允许值。

在这种情况下，电网调度自动化系统就担负着特别重要的任务，它向调度人员发出一系列的告警信号，调度人员根据监视屏幕或调度模拟屏的显示，掌握系统的全局运行情况，以便及时采取正确而且有效的紧急控制措施，仍有可能使系统恢复到警戒状态，进而再恢复到正常状态。

（4）系统崩溃。在紧急状态下，如果没有及时采取适当的控制措施，或者措施不够有效，或者因为干扰及其产生的连锁反应十分严重，则系统可能失去稳定，并解列成几个小系统。此时，由于系统输出功率和负荷间的不平衡，不得不大量切除负荷及发电机组，从而导致系统的崩溃。

（5）恢复状态。系统崩溃后，整个电力系统可能已解列为几个小系统，并造成用户大面积的停电和许多发电机组的紧急停机。此时，要采取各种手段恢复发电机组的输出功率，逐步对用户恢复供电，使解列的小系统逐步并列运行，并使电力系统恢复到警戒状态或正常状态。在这个过程中，电网调度自动化系统也是调度人员恢复电力系统运行的重要手段。

在电力系统发生故障等大干扰的情况下，需要依靠继电保护等装置的快速反应，及时切除故障的线路或元件；按频率自动减负荷装置是防止系统频率崩溃的基本措施，这些装置都是电力系统稳定运行必不可少的手段。但以现代电力系统的运行要求来看，仅依靠这些手段还不能保证电力系统的安全、优质、经济运行，因为这些装置往往都是根据局部的、事后的信息来处理电力系统的故障，而不能以全局的、事先的信息来预测、分析系统的运行状态和处理系统中出现的各种情况，所以电网调度自动化系统有着它独特的不可取代的作用。

继电保护、安全自动装置、安全稳定控制系统、电网调度自动化系统和电力专用通信网系统等现代化技术手段，是保证电力系统安全、优质、经济运行的五大支柱，是现代电力系统运行必不可少的手段。

二、电网调度自动化系统在电力系统中的作用和地位

电力系统运行的可靠性及其电能质量与电网调度自动化系统的水平密切相关。电力系统是一个庞大而复杂的系统，电能的生产、输送及分配是在一个辽阔的区域内进行的，再考虑到电磁过程本身的快速性，故对电力系统的自动化系统提出了非常高的要求。

电力系统的自动化系统由两部分组成：信息就地处理自动化系统和信息集中处理自动化系统（电网调度自动化系统）。

信息就地处理自动化系统具有对电力系统的情况作出快速反应的特点。如高压输电线路上发生短路故障时，继电保护快速而及时地切除故障，保证系统稳定；同步发电机的励磁自动调节系统，在电力系统正常运行时可以保持系统的电压质量和无功输出功率的平衡，可以提高系统的稳定水平；按频率自动减负荷装置能在电力系统出现严重的有功缺额时，快速切除一些较为次要的负荷，以免造成系统频率的崩溃。但由于其获得的信息有局限性，因而不能以全局的角度来处理问题。如频率及有功功率自动调节装置，虽然可以跟踪负荷的变化但不能实现有功输出功率的经济分配。另外，信息就地处理自动装置一般只能"事后"处理出现的事件，而不能"事先"从全局的角度对系统的安全性做出全面而精确的评价，因而有其局限性。

电网调度自动化系统可以通过设置在各发电厂和变电站的远动终端（RTU）或厂站自动化系统采集电网运行的实时信息，通过信道传输到设置在调度中心的主站（MS），主站根据收集到的全网信息，对电网的运行状态进行安全性分析、负荷预测以及自动发电控制、经济调度控制等。当系统发生故障时，继电保护装置动作切除故障线路后，电网调度自动化系统便可将继电保护和断路器的动作状态采集后送到调度员的监视器屏幕和调度模拟屏显示器上。调度员在获取这些信息后可以掌握故障的状况，并采取相应的措施使电网恢复供电。但是由于信息的采集、传输需要一定的时间，所以目前当系统发生故障时，还不能依靠电网调度自动化系统来切除故障。

信息就地处理系统和信息集中处理系统各有其特点，互相补充而不能替代。随着微机保护、厂站自动化等技术的发展，两个信息处理系统之间的相互联系更加紧密。如微机保护的定值可以远方设置，并随着系统运行状态的改变，可以使保护的整定值总是处于最佳状态。可以预料，随着计算机技术和通信技术的发展，电力系统的自动化技术将发展到一个崭新的水平。

第三节　电网调度自动化的分层控制

电力系统是一个规模十分庞大、地域分布辽阔的复杂系统，电力系统运行的特点和要求决定了需要通过调度自动化系统实施对系统的运行监视和控制。随着我国电力发展步伐的不断加快，电网也得到迅速发展，电网系统运行电压等级不断提高，网络规模也不断扩大，全国已经形成了东北电网、华北电网、华中电网、华东电网、西北电网和南方电网6个跨省的大型区域电网，以及一些相对独立的省网，大电网之间通过联络线进行能量交换。对于如此庞大的电网，必须实行分级控制和管理。我国电力系统的调度控制和管理分为五级，即国家电网调度控制中心、大区电网调度控制中心、省级电网调度控制中心、地（市）级电网调度控制中心和县级电网调度控制中心。我国电网分层控制的示意图如图0-2所示。

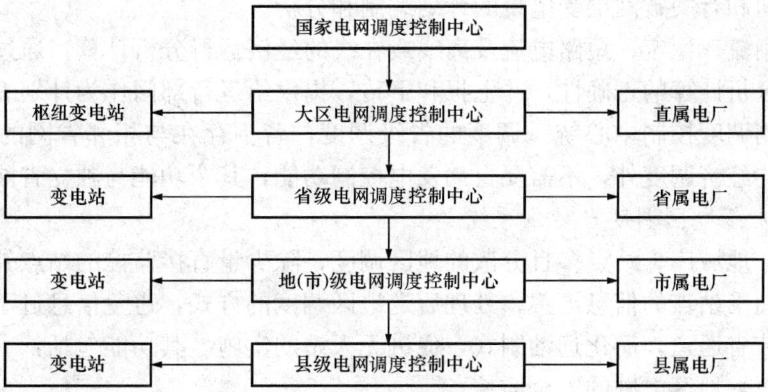

图 0-2　我国电网分层控制的示意图

电网调度实行分层管理，各层次电网调度控制中心的调度自动化系统实行信息分层采集，逐级上传，按层次逐级下达命令，保证电力系统安全、经济、高质量地运行。

1. 国家电网调度自动化系统

国家电网调度自动化系统通过计算机数据通信与各大区电网调度控制中心相连，协调、确定大区电网间的联络线潮流和运行方式，监视、统计和分析全国电网运行情况。其功能包括：

（1）在线收集各大区电网和有关省网的信息，监视大区电网的重要测点工况及全国电网运行情况，并作出统计分析、生产报表。

（2）进行大区互联系统的潮流、稳定、短路电流及经济运行分析计算，通过计算机数据通信，校核分析计算的正确性，并向下传送。

（3）处理所收集的有关信息，作中长期安全、经济运行分析，并提出对策。

2. 大区电网调度自动化系统

大区电网调度自动化系统按统一调度、分级管理的原则，负责超高压电网的安全运行，并按规定的发用电计划及监控原则进行管理，提高电能质量和经济运行水平。其功能包括：

（1）实现电网的数据采集和监控、经济调度以及安全分析。

（2）进行负荷预测、制订开停机计划和水火电经济调度的日分配计划、闭环或开环地指导自动发电控制。

(3) 省（市）间和有关大区电网供受电量的计划编制和分析。

(4) 进行潮流、稳定、短路电流及离线或在线的经济运行分析计算，通过计算机数据通信，校核各种分析计算的正确性，并上报和下传。

3. 省级电网调度自动化系统

省级电网调度自动化系统负责省网的安全运行，并按规定的发电计划及监控原则进行管理，提高电能质量和电网的经济运行水平。独立省网或在大区电网内作为一个独立控制区域，与相邻省网实行联络线控制的省级调度。省级电网调度自动化水平的功能包括：

(1) 实现电网的数据采集和监控、经济调度以及安全分析。

(2) 进行负荷预测、制订开停机计划和水火电经济调度的日分配计划、闭环或开环地指导自动发电控制。

(3) 地区间和有关省网供受电量的计划编制和分析。

(4) 进行潮流、稳定、短路电流及离线或在线的经济运行分析计算，通过计算机数据通信，校核各种分析计算的正确性，并上报和下传，提供给运行部门作为计划编制的依据。

由大区电网调度控制中心统一调度的省级调度，若不存在与相邻省网的联络线控制问题，则除离线的经济调度外，不需要自动发电控制功能，其余功能与独立省网的功能相同。

4. 地（市）级电网调度自动化系统

对容量大、地域广、站点多且分散的地区调度，除少量直接监控的站点外，宜采用由若干个监控站将周围站点的信息汇集、处理后送地区调度的方式，避免信息过于集中，处理困难，并有利于节省通道，简化远动制式，促进无人站的实施。其功能包括：

(1) 实现所辖地区电网的安全监控。

(2) 对所辖电网有关站点（直接站点和集控站点）的开关进行远方操作，调节变压器的分接头和投切电力电容器等。

(3) 用电负荷管理和自动投切。

5. 县级电网调度自动化系统

按照县网容量和厂站数量，县级电网调度所可以分为超大型、大型、中型和小型四个等级。县级电网调度自动化系统主要功能包括数据采集、安全监控、功率总加、电能量总加、汉字制表打印、汉字 CRT 显示及操作、模拟屏显示和数据转发。负荷管理对县级调度较为重要，应在调度自动化系统中实现。

大区电网调度、省级调度、地（市）级调度和县级调度都必须具有向上级调度传送本地区信息或转送上级调度所辖厂站有关信息的功能。总之，采用分层控制后，大大减少了信息传输量，从而减轻了上级调度中心的负担，使系统的响应速度和可靠性得到提高。此外，降低了调度自动化系统的设备投资，增强了系统的可扩性。

第四节　电网调度自动化系统的功能和结构

电网调度自动化系统的功能必须与其调度的功能相适应。由于各级调度的职责不同，因而对其调度自动化系统的功能要求也就不一样。此外，电网调度自动化系统的功能也有层次差别，其高级功能都是建立在某些基础功能之上的。随着电网调度自动化水平的不断提高，电网调度自动化系统的功能更加丰富，以适应电网智能化运行的要求。

一、数据采集和监视控制（SCADA）功能

数据采集和监视控制（supervisory control and data acquisition，SCADA）功能简称SCADA功能，是电网调度自动化系统的基础功能，也是地（市）级或县级电网调度自动化系统的主要功能。监视是指对电力系统运行信息的采集、处理、显示、告警和打印，也包括对异常或事故的自动识别。控制是指通过人机联系工具，对断路器、隔离开关、静电电容器组等设备进行远方操作的开环性控制。SCADA功能为自动发电控制、经济运行、安全分析等高层功能提供实时数据和各种实用性支持程序。SCADA功能主要包括以下几方面：

（1）数据采集。调度中心控制系统（简称主站）通过远动通道定期对远程的发电厂和变电站（简称厂站）内的远动终端进行数据的采集、检错和纠错处理。数据采集涉及主站与厂站远动终端之间按远动通信标准进行的信息传输，信息传输的通信控制。主站采集的信息包括模拟量、状态量、脉冲量、数字量等，厂站获得的信息包括主站控制电网运行的命令信息以及厂站自动化设备运行的参数信息。

（2）数据预处理。主站对厂站所送数据进行预处理，包括测量量的处理、状态量的处理、数据计算和监视点状态标记。

（3）安全监视和告警处理。电力系统运行参数和设备状态的实时显示，以及参数越限和状态变化的报警处理是监控系统识别电力系统运行状态的主要方法。采用丰富的人机联系工具展现电网运行的各类信息，对大部分测量量和计算数据进行越限判别，对电力系统的参数越限、断路器事故跳闸、监控系统或通信系统故障等进行报警处理，对断路器跳闸所引起的失电元件进行画面显示颜色的改变等处理，由人工智能软件依据采集到的信息进行故障判断和定位。

（4）气象信息的接收和处理。雨、雪、风、雷电、温度、湿度、阴晴等气象变化对电力系统的负荷变化有重要影响，并可构成电力系统安全运行的潜在威胁，气象信息的接收和处理有利于对电力系统的运行方式及控制调节发挥积极的作用。

（5）制表打印。制表打印的种类主要有定时的统计报表、调度运行的召唤打印，以及报警信息、故障过程记录、调度操作记录等的随机打印。

（6）人工远程操作。调度员可通过人机联系工具对厂站主要设备进行远方操作，如分合隔离开关、断路器，投切负荷或补偿元件，开停发电机组等。

（7）故障过程信息记录。为了分析发生事故的原因以及事故的发展过程，并从中吸取教训，需要对电力系统事故发生和发展过程中各种设备的动作和运行参数的变化进行记录，记录结果可显示和打印，供事后分析。其中包括事件顺序记录（sequence of event，SOE）、事故追忆记录和故障波形记录。

（8）统计计算。电力系统运行参数和事件的统计计算分为单项数据统计（最大值、最小值、平均值、积分值、合格率等），多项数据统计（全网总功率、水火电发电量、地区用电量等），事件统计（正常操作、异常事故、参数越限、监控系统异常等）。

（9）计算机网络数据交换。指各级调度中心之间以及调度中心与厂站之间通过计算机网络进行的与调度业务有关的数据交换，如实时数据、统计报表、操作命令、资料文件、数字化图像和语音信息等。

（10）人机联系。指人和计算机之间的联系。在电网调度自动化系统中，有很多操作员

与计算机之间交换信息的输入和输出设备，包括操作员控制台打印机、控制台终端、程序员终端、一般打印机、交互型调度控制台、远方操作台、调度员工作站、调度模拟屏以及计算机驱动的各类输入、输出设备。

（11）数据管理。指对数据进行读写、修改、显示和增删的管理，所有数据都由数据库管理系统统一管理。数据库包括实时数据库和历史数据库。

二、自动发电控制和经济调度控制（AGC/EDC）功能

1. 自动发电控制

自动发电控制（automatic generation control，AGC）功能是以 SCADA 功能为基础而实现的功能，一般写成 SCADA/AGC。自动发电控制是为了实现下列目标：

（1）对于独立运行的省网或大区统一电网，AGC 功能的目标是自动控制网内各发电机组的输出功率，保持电网频率为额定值。

（2）对跨省的互联电网、各控制区域（相当于省网），AGC 功能的目标是既要求承担互联电网的部分调频任务，以共同保持电网频率为规定值，又要保持其联络线交换功率为规定值，即采用联络线偏移控制的方式。在这种情况下，大区电网调度、省级调度都要承担 AGC 任务。

2. 经济调度控制

与 AGC 功能相配套的在线经济调度控制（economic dispatching control，EDC）功能是电网调度自动化系统的一项重要功能。AGC 功能主要是为了保证电网频率质量，而 EDC 功能则是为了提高电网运行的经济性。

在给定的电力系统运行方式中，在保证频率质量的条件下，以全系统的运行成本最低为目标，将有功负荷需求分配于各可控机组，并在调度过程中考虑安全可靠运行的约束条件。

EDC 通常与 AGC 相配合进行。当系统在 AGC 下运行较长时间后，就可能会偏离最佳运行状态，这就需要按一定的周期（通常可以设定为 5～10min）启动 EDC 程序重新分配机组的输出功率，以维持电网运行的经济性，并恢复调频机组的调节范围。

三、高级应用软件（PAS）功能

为了实现对电网的运行控制，确保电网安全可靠运行，除了需要对电网实现 SCADA、AGC/EDC 功能外，还需对电网实现状态估计、安全分析、计算、管理、控制和调度员模拟培训等一系列的高级功能。SCADA、AGC/EDC 在上面已作介绍，下面只简单介绍能量管理系统（energy management system，EMS）中的一些主要功能。

1. 状态估计（state estimation，SE）

根据有冗余的测量值对实际网络的状态进行估计，得出电力系统状态的准确信息，并产生电网的可靠的数据集。

2. 安全分析（security analysis，SA）

安全分析可以分为静态安全分析和动态安全分析两类。

（1）静态安全分析。正常运行的电网常常存在着许多潜在危险因素，静态安全分析就是对电网的一组可能发生的事故进行假想的在线计算机分析，校核假想事故后电力系统稳定运行方式的安全性，从而判断当前的运行状态是否有足够的安全储备。当发现当前的运行方式安全储备不够时，就要修改运行方式，使系统在具有足够的安全储备方式下运行。

（2）动态安全分析。动态安全分析就是校核电力系统是否会因为一个突然发生的事故而

失去稳定。校核假想事故后电力系统能否保持稳定运行的稳定计算。由于精确计算工作量大，难以满足实时预防性控制的实时性要求，因此人们一直在探索一种快速而可靠的稳定判别方法。

3. 调度员模拟培训（dispatcher training simulator，DTS)

调度员模拟培训系统的主要作用如下：

（1）使调度员熟悉本系统的运行特点，熟悉控制系统设备和电力系统应用软件的使用。

（2）培养调度员处理紧急事件的能力。

（3）试验和评价新的运行方法和控制方法。

电网调度自动化系统的功能是随着电力系统发展的需要和计算机技术及通信技术提供的可能而变化的，电网调度自动化技术的发展可以使电网运行的安全性和经济性达到更高的水平。

四、电网调度自动化系统的结构

以计算机为核心的电网调度自动化系统的基本结构如图 0 - 3 所示。电网调度自动化系统按其功能可以分为如下四个子系统。

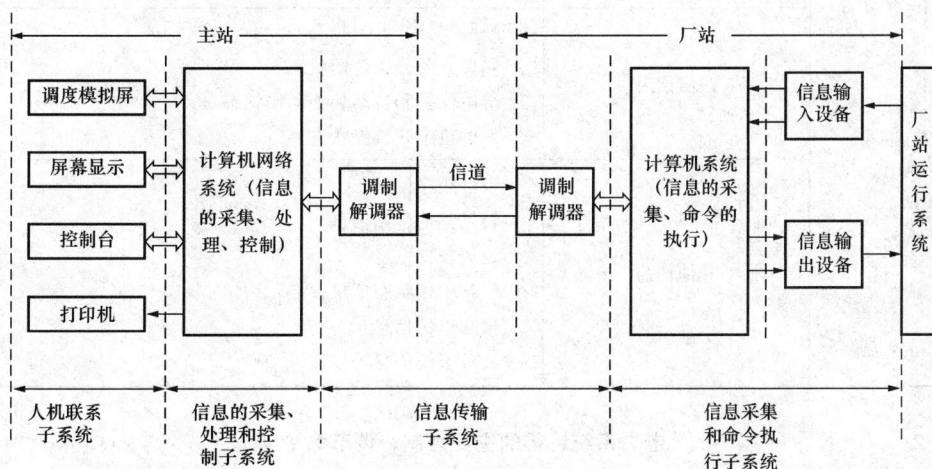

图 0 - 3　电网调度自动化系统的基本结构

1. 信息采集和命令执行子系统

信息采集和命令执行子系统是指设置在发电厂和变电站中的远动终端（包括变送器屏、遥控执行屏等）或厂站自动化系统的监控部分。

远动终端或厂站自动化系统的监控部分与主站配合可以实现遥测、遥信、遥控和遥调功能。远动终端或厂站自动化系统的监控部分在遥测方面的主要功能是采集并传送电力系统运行的实时参数，如发电机输出功率、母线电压、系统中的潮流、有功负荷和无功负荷、线路电流、电能量等；远动终端或厂站自动化系统的监控部分在遥信方面的主要功能是采集并传送电力系统中继电保护的动作信息、断路器的状态信息等；远动终端或厂站自动化系统的监控部分在遥控方面的主要功能是接收并执行调度员从主站发送的命令，并完成对断路器的分闸或合闸操作；远动终端或厂站自动化系统的监控部分在遥调方面的主要功能是接收并执行调度员或主站计算机发送的遥调命令，调整发电机的有功输出功率或无功输出功率。

信息采集和命令执行子系统，除了完成上述"四遥"的有关基本功能外，还有一些其他功能，如事件顺序记录、当地监控等。

表0-1和表0-2分别列出了电力系统运行所需的主要信息和电力系统运行的主要控制、调节命令。

表0-1   **电力系统运行所需的主要信息**

传送方向	类别	信息名称
发电厂 或 变电站 ↓ 调度 控制 中心	遥测信息	线路潮流（有功功率、无功功率）或电流 变压器潮流（有功功率、无功功率）或电流 发电机输出功率（有功功率、无功功率） 负荷（有功功率、无功功率） 母线电压（电压控制点） 频率（每一个可能解列部分） 功率角 水库水位 电能量等
	遥信信息	断路器分、合闸状态 隔离开关分、合闸状态 继电保护和自动装置动作状态 发电机组开、停状态
	其他信息	事件顺序记录 转发其他厂站信息 返送校核信息 厂站工作状态信息 事故追忆信息 故障录波信息等

表0-2   **电力系统运行的主要控制、调节命令**

传送方向	类别	信息名称
调度 控制 中心 ↓ 发电厂 或 变电站	遥控信息	断路器操作命令 电动隔离开关操作命令 机组启、停操作命令 并联电容器投切操作命令
	遥调信息	发电厂或机组有功输出功率给定值 发电厂或机组无功输出功率给定值 变压器分接头位置
	其他信息	对时信息 查询命令 厂站自动化系统设置信息 厂站自动化系统诊断等

2. 信息传输子系统

信息传输子系统完成主站与厂站之间实时信息的传输，是电网调度自动化系统的一个重要子系统。按其信道的制式不同，信息传输子系统可分为模拟传输系统和数字传输系统。

对于模拟传输系统（其信道采用电力线载波机、模拟微波机等），远动终端输出的数字信号必须经过调制（数字调频、数字调相）后才能传输。模拟传输系统的质量指标可用其衰耗—频率特性、相移—频率特性、信噪比等来反映，它们都将影响到远动数据的误码率。

对于数字传输系统（其信道采用数字微波、数字光纤等），低速的远动数据必须经过数字复接设备，才能接到高速的数字信道。随着通信技术的发展，数字传输系统所占的比重将不断增加，信号传输的质量也将不断地提高。

3. 信息的收集、处理和控制子系统

大型电力系统往往跨几个省，具有许多发电厂和变电站，为了实现对整个电网的监视和控制，需要收集分散在各个发电厂和变电站的实时信息，对这些信息进行分析和处理，并将分析和处理的结果显示给调度员或形成输出命令对系统进行控制。

电力系统运行控制的各种高级控制功能需要通过该子系统来实现。信息的收集、处理和控制子系统都是由计算机网络系统组成的。

4. 人机联系子系统

电网调度自动化技术的发展并没有使人的作用有所削弱，恰恰相反，高度自动化技术的发展要求调度人员在先进的自动化系统的协助下，充分、深入和及时地掌握电力系统实时运行状态，作出正确的决策和采取相应的措施，使电力系统能够更加安全、经济地运行。为了有效地达到上述目的，应使电力系统及其控制设备（调度自动化系统）与运行人员构成一个整体。从电力系统收集到的信息经过计算机加工处理后，通过各种显示装置反馈给运行人员，运行人员根据这些信息作出决策，再通过键盘、鼠标等操作手段对电力系统进行控制，这就是人机联系，系统越复杂、规模越大，对人机联系子系统的要求也就越高。

人机联系子系统的常用设备一般包括 CRT 显示器、调度模拟屏、键盘和鼠标、有声报警、指标打印设备、屏幕复制设备、记录型仪表等。

第五节　电网调度自动化技术的发展

随着电力系统的快速发展，系统装机容量不断增加，输电电压等级不断升高，电网的覆盖范围不断扩大，对电网运行管理手段的要求越来越高，电网调度自动化技术正随着电网的发展而发展，逐步实现电网调度的智能化。

一、早期阶段

早期的电能生产往往以孤立电厂的方式运行，即一个城市建立一个电厂，对该城市及其周边地区供电，这种电网的结构很简单，管理也比较方便。

孤立电厂供电的可靠性很差，随着工业技术的发展和对电能需求的不断增长，孤立电厂供电方式已不能满足工农业生产各方面的要求，必须进行联网运行，为了协调各电厂的运行，成立了电网调度所。早期只能依靠电话来进行调度指挥，正常运行时依靠电话来查询各电厂的输出功率和各地区的负荷。随着电力系统日益发展，厂站数量迅速增加，仅靠电话无法及时进行调度控制，特别是在系统故障时还可能延长事故处理时间，甚至扩大事故。电话

调度已不能适应电网运行的要求，从而促进了远动技术的发展。

二、远动技术的应用

远动技术能把远程厂站的测量量和断路器信号及时送到调度所，通过模拟屏显示出电力系统的运行情况，使调度员能及时了解电网所发生的事件。远动技术最早是在自动电话交换机和电子技术基础上发展起来的。从 20 世纪 40 年代起，用于电力工业的远动设备便是由电话继电器、步进器和电子管为主要元件组成的。我国最早的遥测装置是电子管的单路遥测发送装置（JZ-1 型）和单路遥测接收装置（JZ-2 型），遥信、遥控装置是采用继电器逻辑的 SF-58 型遥信、遥控装置，这些装置曾在电网调度管理中发挥过一定的作用，但由于容量小、精度低，不能满足电网发展的需要。

随着电子元器件和数字逻辑技术的发展，我国在 20 世纪 60 年代中期开始研制晶体管数字综合远动装置。由于采用了模—数转换技术，实现了数字遥测，遥测精度大为提高；由于采用了时分多路复用技术，遥测的路数也增多了；由于采用了抗干扰编码技术，传输的可靠性也得到了提高。总之，在数字综合远动装置中，将数据通信、计算机技术引进了远动技术，使远动技术有了一个飞跃，这些技术的原理即使在微机远动中仍被继续采用。这一代技术的代表产品是 SZY 系列和 WYZ 系列的远动装置。

随着集成电路技术的发展，在数字综合远动装置中也广泛采用集成电路技术，但从晶体管数字综合远动装置到集成电路数字综合远动装置只是器件上的更新替代，原理没有发生实质性的变化。集成电路数字综合远动装置的代表产品有 SZY-30 型、WYZ-4 型、YDZ-5 型等远动装置，这些就是曾经在我国远动技术中发挥过一定作用的布线逻辑远动技术的一代产品。

当电力系统发展到数百万或上千万千瓦时，远动系统收集的远方厂站数据可能到达数千或数万个，模拟屏相应增大，其中的遥测仪表和信号灯数繁多，调度员目不暇接，难以判断电力系统运行状况和所发生的事故。国际上，从 20 世纪 60 年代起出现了以计算机为基础的电力系统调度自动化系统。计算机有丰富的软、硬件资源，将所收集的数据进行加工处理，提供更加直观的信息，通过模拟显示器以多幅画面的形式显示或由打印机打印记录，节省调度员许多烦琐的工作，使调度效率得到明显提高。

在 20 世纪 70 年代末，微机技术在国外刚刚得到应用，国内尚未引进，因而在国内研制了以中、小规模集成电路为基础构成的远动专用计算机，实现了存储逻辑远动装置，其典型产品是 JYC 系列的存储逻辑远动装置。随着微机技术的发展与普及，用中、小规模集成电路构成的远动专用计算机，无论是在可靠性、编程手段方面，还是在性价比等方面，均远落后于微机技术，因而很快就被微机远动技术所取代。但用存储逻辑实现远动功能的思路为微机远动技术的发展打下了一定的基础。

将微机技术应用于远动技术后，远动技术发生了重大变化，原来许多不易实现的功能采用微机技术后便迎刃而解了。与常规远动装置相比，微机远动装置功能强、体积小、可靠性高。如在微机远动终端上，可以方便地实现事件顺序记录、主站与远动终端对时，以及当地打印制表等功能。在调度中心主站则可以方便地实现 1：N 的接收以及转发等功能。我国第一批成熟的微机远动装置是 MWY 系列的模块化微机远动装置。

随着计算机技术的快速发展，微机远动从芯片级向板级、系统机级、网络级不断发展。远动终端已从单 CPU 向多 CPU 发展，取代了模拟变送器，直接交流采样的远动终端得到了广泛的应用。远动技术已发展到一个新的水平。

三、电网调度自动化系统的发展

早在20世纪30年代，电力系统中就有了模拟型的集中式自动调频系统和机电型远动装置。20世纪60年代开始用计算机实现SCADA功能和AGC/EDC功能。20世纪60年代后，国际上发生了多次大面积停电事故，使安全分析功能得到很大的发展，一系列安全分析软件，包括状态估计、在线潮流计算、偶然事故预想和分析以及校正措施等不断地得到应用。随着计算机性能的不断提高，监控、自动发电控制和安全分析三大功能也不断发展和完善，形成了20世纪80年代以来的能量管理系统，这已成为区别现代电网调度中心与过去传统的调度中心的主要标志。

我国电网调度自动化系统的研究、开发和应用工作开始于20世纪70年代。电网调度自动化系统发展至今，大致经历了三个阶段：20世纪70年代末、80年代初为第一代产品，是基于专用计算机和专用操作系统的监视控制与数据采集（SCADA）系统，如国内自主开发的华北网调SD176系统、国家电力调度通信中心引进的H80E系统和湖北省调引进的SIN-DAC-3系统。20世纪80年代中后期为第二代产品，主要是"四大网"引进的基于通用计算机（VAX11/785为主机）的能量管理系统（EMS）。这两个阶段最大的特点就是SCADA/EMS的主要技术从国外引进。第三个阶段是20世纪90年代以后，以"四大网"技术引进为契机，经过国内科研开发、运行和管理部门科技人员的不懈努力，在消化、吸收引进技术的基础上不断创新，开发出完全适应国内电网调度运行需要，并具有自主知识产权的基于RISC/UNIX操作系统的开放、分布式SCADA/EMS和配电管理系统（DMS），其主要产品以CC-2000系统、SD-6000系统和OPEN-2000系统为代表。应当指出，第三个阶段比起第一、第二阶段是一种飞跃式的发展，因为20世纪90年代初国内研发的调度自动化系统具有自主知识产权，与国际知名EMS生产厂商西门子公司的Spectrum系统和ABB公司的Spider系统属于同一技术水平，而且国产系统的部分性能更好。

我国电网调度自动化系统已实现了实用化和商业化。全国38个省级及以上电网调度中心（不含台湾）均建设了较为完善的SCADA/EMS，其中有31家投入了自动发电控制（AGC）功能，有33家投入了状态估计（SE）、调度员潮流（DPF）、静态安全分析（SA）、负荷预测（LF）等EMS应用软件基本功能，有30多家建成了调度员培训仿真（DTS）系统；各省级及以上电网公司建成了各自的电能量计量系统，实现了分时关口电量的自动采集、统计、分析功能。国家电力调度数据网（SPD net）骨干网已基本建成，覆盖了31个省级及以上节点和直调厂站。

2009年，国家电网公司提出了建设"坚强智能电网"的发展战略，智能电网是以特高压电网为骨干网架、各级电网协调发展的坚强网架为基础，以通信信息平台为支撑，具有信息化、自动化、互动化特征，包含电力系统的发电、输电、变电、配电、用电和调度各个环节，覆盖所有电压等级，实现"电力流、信息流、业务流"的高度一体化融合的现代电网。与传统电网调度相比，智能电网调度在电网的可控性、安全性、灵活性、能源资源配置能力等方面将有较大的提升，在基础体系、技术装备体系、运行控制体系和管理体系方面将得到进一步完善。需要建设智能电网调度技术支持系统，实现智能调度的发展目标：适应坚强智能电网调度建设和电网运行安全可靠、灵活协调、优质高效、经济环保的要求。

第一章　厂站端监控技术概述

一、厂站自动化简介

电力系统是由发电机、变压器、电力线、并联电容器、电抗器和各种用电设备组成的有机整体。发电厂发出电能，通过变压器、输电线路和配电线路传送，分配到各个电力用户，为生产和消费服务。为保障电力系统的安全运行，电力系统还包括继电保护、自动装置、远程通信和调度管理等相应的系统和设备。

在电力系统中，电网是联系发电和用电的设施和设备的统称。电网属于输送和分配电能的中间环节，它主要由连接成网的输电线路、变电站、配电站和配电线路组成。电网监控技术就是对输电线路、变电站、配电站和配电线路运行进行监视控制的技术。因为变电站是电网的主要组成部分，所以变电站监控技术是电网监控技术的重点。

变电站是介于发电厂和电力用户之间的中间环节，变电站由主变压器、母线、断路器、隔离开关、避雷器、并联电容器、互感器等设备或元件集合而成。它具有汇集电源、变换电压等级、分配电能等功能。电力系统内的继电保护、自动装置、调度控制的远动设备等也安装在变电站内。因此，变电站是电力系统的重要组成部分。

根据变电站在电力系统中的地位和作用，可将其划分为系统枢纽变电站、地区重要变电站和一般变电站。系统枢纽变电站汇集多个大电源和大容量联络线，担负着巨大的电能分配任务，在系统中处于枢纽地位。枢纽变电站的电压等级一般在220kV以上。地区重要变电站位于地区电网的枢纽点上，高压侧以交换或接受功率为主，中压侧对地区供电，低压侧则直接向邻近地区供电。一般变电站位于电网的分支或末端，主要完成降压向附近供电任务，其电压等级较低。

发电厂发出的电能需要传输到电力用户。为了提高传输效率，需要将电压提高，而用户实际只能接受低压供电。根据电能输送的需要，还可将变电站划分为升压变电站和降压变电站。升压变电站设置在发电厂内，其主要功能是通过升压变压器将发电机发出的电源电压升高，以便把大量的电能送到远离发电厂的负荷中心。降压变电站则设置在负荷中心，通过降压变压器将输电线路上的高压电能转变为低压电能，并把电能分配给高压用户、次一级电压的变电站或配电站。

在电力系统的正常运行中，变电站是一个重要环节，它具有电能传输、电压变换和电能分配等多方面的功能，在电力系统中起着十分重要的作用。

电力系统是一个连续运行的系统，电能的生产、传输、分配和消耗都是同时完成的。因此，变电站的运行也是连续的。为了掌握变电运行状态，需要对有关电气量进行连续测量，供运行监视、记录；为了保障变压器、输电线路的安全运行，需要进行过电流、过电压等安全保护；为了向电网调度控制提供、反映系统运行状态，需要将表征电网运行的有关信息向上级调度传送；为了向用户提供合格的电能，需要进行有关的控制调节。这些功能绝大部分不可能由人工来完成，而需要采用自动化技术。

变电站作为电力系统的一个重要环节，其运行具有电力系统中电能快速变化和电气过程快速传播的特点。因此，当系统运行出现异常情况时，必须作出快速反应，及时处理，这是人工手动操作力所不能及的，必须采用自动化技术。

二、厂站自动化系统

一个变电站主要包括一次系统和二次系统两部分。一次系统完成电能的传输、分配和电压变换功能，二次系统完成对一次设备及其流过电能的测量、监视、告警、控制、保护以及开关闭锁等功能。此外，实现对变电站运行工况的测量、监视、控制、信息显示、信息远传的厂（发电厂）站（变电站）远动系统已显示出越来越重要的作用。通常，也将厂站远动系统纳入二次系统的范畴。

常规变电站的二次系统主要包括继电保护、故障录波、当地监控以及远动装置四个部分。这四个部分不仅完成的功能各不相同，其设备（装置）所采用的硬件和技术也完全不同。长期以来，围绕着变电站二次系统，存在着不同的专业和相应的技术管理部门。本质上的同一个系统，技术和管理上的条块分割，已越来越不适应变电技术发展的要求。其主要缺点是：①继电保护、故障录波、当地监控和远动装置的硬件设备基本上按各自的功能配置，彼此之间相关性小，设备之间互不兼容。②二次系统的硬件设备型号多、类别杂，很难达到标准化。③大量电线、电缆及端子排的使用，既加重了投资，又得花费大量人力从事众多装置间联系的设计、配线、安装、调试、修改或扩充。有资料表明，对于一个高压变电站，每一个变电站间隔有200～300条信号线；对于一个中压变电站，每一个变电站间隔有20～40条信号线。④常规二次系统是一个被动的系统，它不能正常地指示其自身内部故障，从而必须定期对设备功能加以测试和校验，这不仅加重了维护的工作量，更重要的是不能及时了解系统的工作状态，有时甚至会影响对一次系统的监视和控制。

随着电子技术、计算机技术和通信系统的迅猛发展，微机在电力系统自动化中得到了广泛应用，先后出现了微机型继电保护装置、微机型故障录波器、微机监控和微机远动装置。这些微机装置尽管功能不同，但是其硬件配置却大体相同，主要由微机系统、状态量和模拟量的输入/输出电路等组成。由于这些设备（装置）都是从变电站主设备和二次回路中采集信号，并对这些信号进行检测和处理，这使得设备重复，增加了投资，并使接线复杂化，影响了系统的可靠性。

变电站综合自动化是将变电站的二次设备（包括测量仪表、信号系统、继电保护、自动装置和远动装置等）经过功能的组合和优化设计，利用先进的计算机技术、现代电子技术、通信技术和信号处理技术，实现对全变电站的主要设备和输、配电线路的自动监视、测量、自动控制和微机保护，以及与调度通信等综合性的自动化功能。

变电站综合自动化系统是利用多台微型计算机和大规模集成电路组成的自动化系统，它代替常规的测量和监视仪表，代替常规控制屏、中央信号系统和远动屏，用微机保护代替常规的继电保护屏，克服了常规的继电保护不能与外界通信的缺点。变电站综合自动化系统是自动化技术、计算机技术和网络通信技术等高科技在变电站领域的综合应用，系统可以采集到比较齐全的数据和信息，利用计算机的高速计算能力和逻辑判断功能，方便地监视和控制变电站内各种设备的运行和操作。变电站综合自动化系统具有功能综合化、结构微机化、操作监视屏幕化、运行管理智能化等特点。

为了保障电网安全、可靠、稳定地运行，对变电站自动化系统提出了崭新的、更高的要求。因此，只有在更高的层面上重新构建变电站自动化系统的框架，采用新产品替代长期困扰变电站自动化系统发展的有关部件，充分利用计算机技术、网络通信技术和信息技术的最新成果，才能解决变电站自动化系统发展中遇到的困难和问题，适应电网运行、监视、控制和技术管理的要求。

数字化变电站是指变电站二次控制系统采用数字化电气测量技术，二次侧提供数字化的电流、电压输出信号，变电站信息实现基于 IEC 61850 标准的统一信息建模，站内自动化系统实现分层、分布式布置，IED 设备之间的信息交互以网络方式实现，断路器操作具有智能化判别。数字化变电站的主要技术特征如下：①数据采集数字化；②系统分层分布化；③系统结构紧凑化；④系统建模标准化；⑤信息交互网络化；⑥信息应用集成化；⑦设备检修状态化；⑧设备操作智能化。

智能变电站是伴随着智能电网的概念而出现的，是建设智能电网的重要基础和支撑。在现代输电网中，大部分传感器和执行机构等一次设备，以及保护、测量、控制等二次设备都安装于变电站中。作为衔接智能电网发电、输电、变电、配电、用电和调度六大环节的关键，智能变电站担负了变电设备状态和电网运行数据、信息的实时采集和发布任务，同时支撑电网实时控制、智能调节和各类高级应用，实现变电站与调度、相邻变电站、电源、用户之间的协同互动。智能变电站不但为电网的安全稳定运行提供了数据分析基础，也为未来智能电网实现高效、自愈等功能提供了重要的技术支持。概括起来，智能变电站是指采用先进、可靠、集成、低碳、环保的设备组合而成，以全站信息数字化、通信平台网络化、信息共享标准化为基本要求，自动完成信息采集、测量、控制、保护、计量和监测等基本功能，并可根据需要支持电网实时自动控制、智能调节、在线决策分析、协同互动等高级应用功能的变电站。智能变电站的主要技术特征包括信息采集就地化、信息共享网络化、信息应用智能化、设备检修状态化。

第一节 厂站端监控系统的基本功能

一般来说，变电站自动化的内容应包括变电站电气量的采集，电气设备（如断路器等）的状态监视、控制和调节。通过变电站自动化技术，实现变电站正常运行的监视和控制操作，保证变电站的安全运行，并输出合格的电能。当发生事故时，由继电保护和故障录波等完成瞬态电气量的采集、监视和控制，并迅速切除故障，完成事故后的恢复操作。

此外，变电站自动化的内容还应包括监视高压电气设备本身的运行（如断路器、变压器和避雷器等的绝缘和状态监视等），并将变电站所采集的信息传送给调度中心，必要时送给运行方式科和检修中心等，以便为电气设备监视和制订检修计划提供原始数据。

变电站自动化的基本目标是提高变电站的技术水平和管理水平，提高电网和设备的安全、可靠、稳定的运行水平，降低运行维护成本，提高供电质量，并促进配电系统的自动化。

由于广泛采用电子技术、通信技术和计算机技术，传统的监视和控制技术已被现代化的监视和控制技术所取代，使变电站的监视和控制发生了根本变化。变电站监视和控制的功能不断增强，可分为以下几方面。

1. 数据采集

（1）模拟量的采集。厂站自动化系统需采集的模拟量主要包括厂站各段母线电压，线路电压、电流、有功功率、无功功率，主变压器电流、有功功率、无功功率，电容器的电流、无功功率，馈出线的电流、电压、功率，以及频率、相位、功率因数、直流电源电压、站用变压器电压等。此外，模拟量还包括主变压器油温、热电的汽压、水电厂的水位等非电气参数。

模拟量的采集有直流采样和交流采样两种方式。直流采样即将交流电压、电流等信号经变送器转换为统一的直流信号，这个直流信号与被测量之间为简单的比例关系。交流采样则是通过对互感器二次回路中的交流电压信号和交流电流信号直接采样，获得一组采样值，通过对其模/数变换，将其变换为数字量，再对这组数字量进行计算，从而获得电压、电流、功率、电能、频率等电气量值。采用交流采样技术，可取消变送器这一测量环节，有利于测量精度的提高，已在厂站自动化系统中得到广泛应用。

（2）状态量的采集。厂站监控系统采集的状态量有发电厂、变电站中断路器位置状态、隔离开关位置状态、继电保护动作状态、同期检测状态、有载调压变压器分接头的位置状态，以及厂站一次设备运行告警信号、网门及接地信号等。

这些状态信号大部分采用光电隔离方式输入，系统可通过循环或周期性扫描采样获得这些状态。其中有些信号可通过电脑防误闭锁系统的串行口通信而获得。对于断路器的状态采集，可采用中断输入方式或快速扫描方式，以保证对断路器变位的采样分辨率能在数毫秒之内。对于隔离开关位置和分接头位置等状态信号，不必采用中断输入方式，可以用定期查询方式读入计算机进行判断。对于继电保护的动作状态，往往取自信号继电器的辅助触点，也以开关量的形式读入计算机。微机继电保护装置具备串行通信功能，因此其保护动作信号可通过串行口或局域网络通信方式输入计算机，这样可节省大量的信号连接电缆，也节省了数据采集系统的输入、输出接口量，从而简化了硬件电路。

（3）脉冲量的采集。脉冲量是指电能表输出的一种反映电能流量的脉冲信号，这种信号的采集在硬件接口上与状态量的采集相同。

电能量的传统采集方法是采用感应式的电能表，由电能表盘转动的圈数来反映电能量的大小。但这些机械式的电能表无法和计算机直接接口。脉冲电能表将流过线路的电能量转化为脉冲输出，其脉冲频率与电能量成正比。计算机可以对输出脉冲进行计数，将脉冲数乘以标度系数（与电能常数——r/kWh、电压互感器 TV 和电流互感器 TA 的变比有关），便得到电能量。机电一体化电能计量仪表是感应式的电能表和现代电子技术相结合而构成的，它克服了脉冲电能表只输出脉冲，传输过程抗干扰能力差的缺点，这种仪表就地统计处理脉冲使其变成电能量并将其存储起来，将电能量以数字量形式传输给监控系统或专用电能计量系统。

微机电能计量仪表是电能量采集的另一种方法。它彻底打破了传统感应式电能表的结构和原理，全部由单片机和集成电路构成，通过采样交流电压和电流量，由软件计算出有功电能和无功电能。微机电能计量仪表从功能、准确度和性能价格比上都大大优于脉冲电能表，已得到广泛应用。

2. 事件顺序记录 SOE

事件顺序记录 SOE 包括断路器跳合闸记录、保护动作顺序记录。微机保护或监控系统必须有足够的存储空间，能存放足够数量或足够长时间段的事件顺序记录信息，确保当后台监控系统或远程集中控制主站通信中断时，不丢失事件信息。事件顺序记录应记录事件发生的时间（精确至毫秒级）。

3. 故障记录、故障录波和故障测距

（1）故障录波与故障测距。110kV 及以上的重要输电线路距离长、发生故障影响大，必须尽快查找出故障点，以便缩短修复时间，尽快恢复供电，减少损失。设置故障录波和故障测距是解决此问题的最好途径。变电站的故障录波和故障测距可采用两种方法实现：一是由微机保护装置兼作故障录波和故障测距，将录波和测距的结果送监控机存储、打印输出或直接送调度主站。另一种方法是采用专用的微机故障录波器，这种故障录波器具有串行通信功能，可以与监控系统通信。

（2）故障记录。35、10kV 和 6kV 的配电线路很少设置专门的故障录波器，为了分析故障的方便，可设置简单的故障记录功能。故障记录就是记录继电保护动作前后与故障有关的电流量和母线电压。故障记录量的选择可以按以下原则考虑：如果微机保护子系统具有故障记录功能，则该保护单元的保护启动的同时，便启动故障记录，这样可以直接记录发生事故的线路或设备在事故前后的短路电流和相关母线电压的变化过程；若保护单元不具备故障记录功能，则可以采用保护启动监控机数据采集系统，记录主变压器电流和高压母线电压。记录时间一般可考虑保护启动前 2 个周波（即发现故障前 2 个周波）和保护启动后 10 个周波，以及保护动作和重合闸等全过程，在保护装置中最好能保存连续 3 次的故障记录。对于大量中、低压变电站，没有配备专门的故障录波装置，而 10kV 出线数量大、故障率高，在监控系统中设置了故障记录功能，对分析和掌握情况、判断保护动作是否正确很有益。

4. 操作控制功能

厂站运行人员可通过人机接口（键盘、鼠标和显示器等）对断路器、隔离开关的分合进行操作，可以对变压器分接头进行调节控制，可对电容器组进行投切。为防止计算机系统故障时无法操作被控设备，在设计时应保留人工直接跳、合闸手段。操作闭锁应包括以下内容：

（1）操作出口具有跳、合闭锁功能。

（2）操作出口具有并发性操作闭锁功能。

（3）根据实时信息，自动实现断路器、隔离开关操作闭锁功能。

（4）适应一次设备现场维修操作的电脑"五防"操作及闭锁系统。五防功能是：①防止带负荷拉、合隔离开关；②防止误入带电间隔；③防止误分、合断路器；④防止带电挂接地线；⑤防止带地线合隔离开关。

（5）键盘操作闭锁功能。只有输入正确的操作口令和监护口令才有权进行操作控制。

（6）无论本地操作还是远程操作，都应有防误操作的闭锁措施，即要收到返校信号后才执行下一步；必须有对象校核、操作性质校核和命令执行三步，以保证操作的正确性。

5. 安全监视功能

在电力系统运行过程中，监控系统对采集的电流、电压、主变压器油温、频率等量要不断地进行越限监视。如发现越限，立刻发出告警信号，同时记录和显示越限时间和越限值。另外，还要监视保护装置是否失电、自动控制装置工作是否正常等。

6. 人机联系功能

当变电站有人值班时，人机联系功能在当地监控系统的后台机（或称主机）上实现；当变电站无人值班时，人机联系功能在远程调度中心或操作控制中心的主机或工作站上实现。无论采用哪种方式，操作维护人员面对的都是 CRT 屏幕，操作的工具都是键盘或鼠标。人机联系的主要内容如下。

（1）显示画面与数据。其中包括时间、日期、单线图的状态、潮流信息、报警画面与提示信息、事件顺序记录、事故记录、趋势记录、装置工况状态、保护整定值、控制系统的配置（包括退出运行的装置以及信号流程图表）、值班记录、控制系统的设定值等。

（2）输入数据。运行人员的代码及密码、运行人员的密码更改、保护定值的修改值、控制范围及设定的变化、报警界限、告警设置与退出、手动/自动设置、趋势控制等。

（3）人工控制操作。断路器及隔离开关操作、变压器分接头位置控制、控制闭锁与允许、保护装置的投入或退出、设备运行/检修的设置、本地/远程控制的选择、信号复归等。

（4）诊断与维护。故障数据记录显示、统计误差显示、诊断检测功能的启动。

7. 打印功能

对于有人值班的变电站，监控系统可以配备打印机，完成以下打印记录功能：①定时打印报表和运行日志；②开关操作记录打印；③事件顺序记录打印；④越限打印；⑤召唤打印；⑥抄屏打印；⑦事故追忆打印。对于无人值班变电站，可不设当地打印功能，各变电站的运行报表集中在控制中心打印输出。

8. 数据处理与记录功能

监控系统除了完成上述功能外，数据处理和记录也是很重要的环节。历史数据的形成和存储是数据处理的主要内容。它包括上级调度中心、变电管理和继电保护要求的数据，这些数据主要包括：①断路器动作次数；②断路器切除故障时故障电流和跳闸操作次数的累计数；③输电线路的有功功率、无功功率，变压器的有功功率、无功功率，母线电压定时记录的最大值、最小值及其时间；④独立负荷有功功率、无功功率每天的最大值和最小值，并标以时间；⑤指定模拟点上的趋势、平均值、积分值和其他计算值；⑥控制操作及修改整定值的记录。

数据处理与记录功能可在变电站当地实现（有人值班方式），也可在远程操作中心或调度中心实现（无人值班方式）。

9. 谐波分析与监视

谐波是反映电能质量的重要指标之一，必须保证电力系统的谐波在国家标准规定的范围内。随着非线性用电器件和设备的广泛应用，如电气化铁路的发展和家用电器的不断增加，电力系统的谐波含量显著增加。目前，谐波污染已成为电力系统的公害之一。因此，在变电站自动化系统中，要对谐波含量进行分析和监控。对谐波污染严重的变电站采取适当的抑制措施，降低谐波含量是一个不容忽视的问题。

（1）谐波源。电力系统的电力变压器和高压直流输电中的换流站是系统本身的谐波源；电网中的电气化铁路、地铁、炼钢电弧炉、大型整流设备等非线性不平衡负荷是负载注入电网的大谐波源；此外，各种家用电器，如单相风扇、红外电器、电视机、收音机、调光日光灯等均是小谐波源。

（2）谐波的危害。谐波对电力系统本身的影响主要表现在以下几方面：增加输电线损耗，消耗电力系统的无功储备，影响自动装置的可靠运行，更严重的是影响继电保护的正确动作。对接入电力系统中的设备的影响主要是：测量仪表的测量误差增加，电动机产生额外的热损耗，用电设备的运行安全性下降。

（3）谐波检测与抑制。由于谐波对系统的污染日趋严重并造成危害，因此在变电站自动化系统中需要考虑监视谐波是否超过行业标准问题，如果超标，必须采取相应的抑制谐波的措施。

消除或抑制谐波主要应从分析产生谐波的原因出发,去研究不同的解决方法。一般来说,抑制谐波有如下两种途径:一种是主动型方式,从产生谐波的电力电子装置本身出发,设计不产生谐波的装置;另一种是被动型方式,即外加滤波器来消除谐波,通常滤波器有无源滤波器和有源滤波器两种。

10. 通信功能

厂站自动化系统是由多个子系统组成的。如何使监控主机与各子系统或各子系统之间建立起数据通信或互操作,如何通过网络技术、通信协议、分布式技术、数据共享等技术综合、协调各部分的工作,是自动化系统的关键。厂站自动化系统的通信功能包括两部分:系统内部的现场级间的通信,自动化系统与上级调度的通信。

(1)现场级通信。厂站自动化系统的现场级通信主要解决自动化系统内部各子系统与监控主机以及各子系统间的数据通信和信息交换问题,它们的通信范围是在厂站内部。对于集中组屏的变电站自动化系统来说,实际是在主控室内部;对于分散安装的自动化系统来说,其通信范围扩大至主控室与子系统所在的间隔。厂站自动化系统现场级的通信方式有局域网络和现场总线等多种实现方式。

(2)远程通信。厂站自动化系统兼有远程终端(RTU)的全部功能,能够将所采集的模拟量和开关状态信息,以及事件顺序记录等远传至调度或监控中心;同时能接收调度或监控中心下达的各种操作、控制、修改定值等命令,即完成新型远方终端的全部"四遥"功能。远程通信必须采用符合标准的通信规约,必须支持最常用的 Polling 和 CDT 两类远动数据传输规约。

11. 时钟功能

厂站自动化系统应具备接收精确时钟的能力,并能实现对各个自动化装置及各智能设备进行精确对时的功能。

12. 自诊断功能

厂站自动化系统内各插件应具有自诊断功能,与采集系统数据一样,自诊断信息能周期性地送往后台机(人机联系子系统)和远程调度或监控中心。

第二节　厂站端监控系统的基本结构和组成

随着电子技术、微机技术、通信技术和网络技术的迅速发展,厂站自动化技术也得到了长足的发展,厂站自动化系统的体系结构也发生了相应的变化,其系统性能、实现功能和运行可靠性得到不断的提高。总结厂站自动化系统的发展过程,尽管它们所能实现的功能、综合程度、适用场合各有差异,但其结构形式通常可分为集中组屏式、分层分布式、完全分散式、分散集中结合式和分布网络式五种。

1. 集中组屏式

集中组屏式结构的自动化系统采用不同档次的计算机,扩展其外围接口电路,集中采集变电站的模拟量、开关量和数字量等信息,集中进行计算和处理,分别完成微机保护、自动控制等功能。

在这种结构的系统中,按功能划分为高压保护单元、低压保护单元、遥测单元、遥信单元、遥控单元、电能单元、电压无功单元、交流和直流电源等单元，这些单元由一个总控单元加以控制，总控单元以串行通信（RS-232、RS-422、RS-485）方式与各单元以及故障录波、监控计算机进行通信。集中组屏变电站自动化系统结构如图1-1所示。

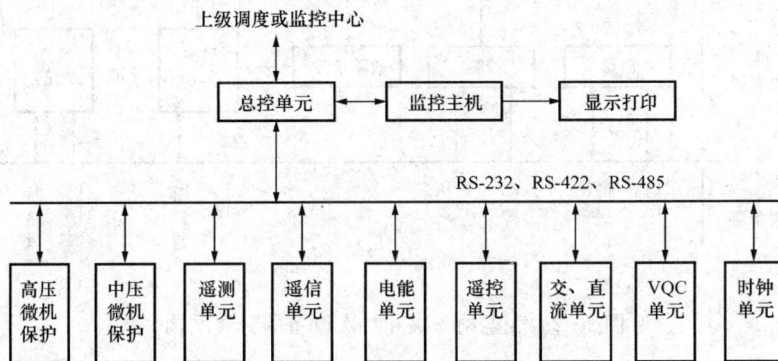

图1-1　集中组屏变电站自动化系统结构

集中组屏式的结构根据变电站的规模，配置相应容量的集中式保护装置和监控主机及数据采集系统，它们安装在变电站中央控制室内。

主变压器和各进出线及站内所有电气设备的运行状态，通过TA、TV经电缆传送到中央控制室的保护装置和监控主机。继电保护动作信息往往取自保护装置的信号继电器的辅助触点，通过电缆送给监控主机。

集中组屏式变电站自动化系统具有明显的优点，主要表现在：①系统全部监控设备均集中在变电站总控室，环境优良，系统的运行监视和操作控制较为方便；②按功能划分单元，功能单元间相互独立，互不影响；③系统自动化监控综合性能较强，有利于提高系统全站监控水平，有利于提高有关功能指标。

集中组屏式变电站自动化系统的缺点主要表现在：①每台计算机的功能较集中，如果一台计算机出故障，影响面大，因此必须采用双机并联运行的结构才能提高可靠性；②软件复杂，修改工作量大，系统调试麻烦；③组态不灵活，对不同主接线或规模不同的变电站，软、硬件都必须另行设计，工作量大；④集中式保护与长期以来采用一对一的常规保护相比，不直观，不符合运行和维护人员的工作习惯，调试和维护不方便，程序设计麻烦，只适合于保护算法比较简单的情况。

2. 分层分布式

在分层分布式结构的变电站自动化系统中，将整个变电站的一次、二次设备分为3层，即变电站层、单元层（或称间隔层）和设备层。在所分的3层中，变电站层称为2层，单元层称为1层，设备层称为0层。每一层由不同的设备或不同的子系统组成，完成不同的功能。变电站一次和二次设备的分层结构如图1-2所示。

设备层主要指变电站内的变压器、断路器、隔离开关及其辅助触点，也包括电流互感器、电压互感器等一次设备。

单元层一般按断路器间隔划分，具有测量、控制部分和继电保护部分。测量、控制部分完成该单元的测量、监视、操作控制、联锁或闭锁及事件顺序记录等功能，继电保护部分完成该单元线路或变压器或电容器的保护、故障记录等功能。因此，单元层本身是由各种不同的

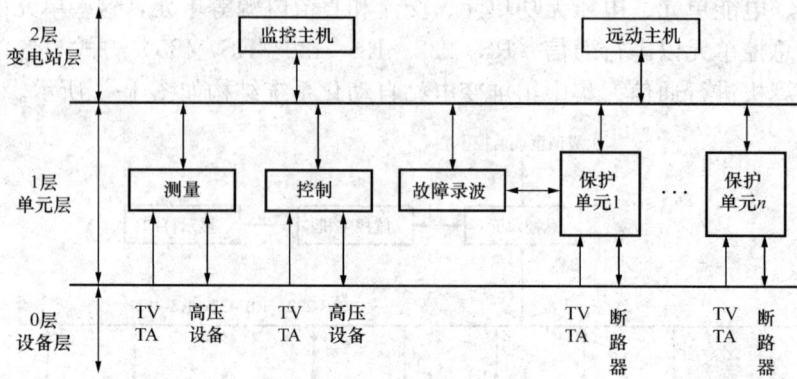

图 1-2　变电站一次和二次设备的分层结构

单元装置组成的，这些独立的单元装置直接通过局域网络或串行总线与变电站层联系；也可能设有数据采集控制机和保护管理机，分别管理各测量、监视单元和各保护单元，然后集中由数据采集控制机和保护管理机与变电站层通信。单元层本身实际上就是两级系统的结构。

变电站层包括站级监控主机、远动通信机等。变电站层设现场总线或局域网，供各主机之间和监控主机与单元层之间交换信息。变电站自动化系统主要位于 1 层和 2 层。

变电站层的有关自动化设备一般安装于控制室，而单元层的设备宜安装于靠近现场，以缩短控制电缆长度。直到现场通信技术在变电站的成熟使用前，单元层的设备仍安装在变电站控制室，形成了分层分布式系统集中组屏的结构。

适用于中小规模变电站的分层分布式集中组屏结构的变电站自动化系统框图，如图 1-3 所示。

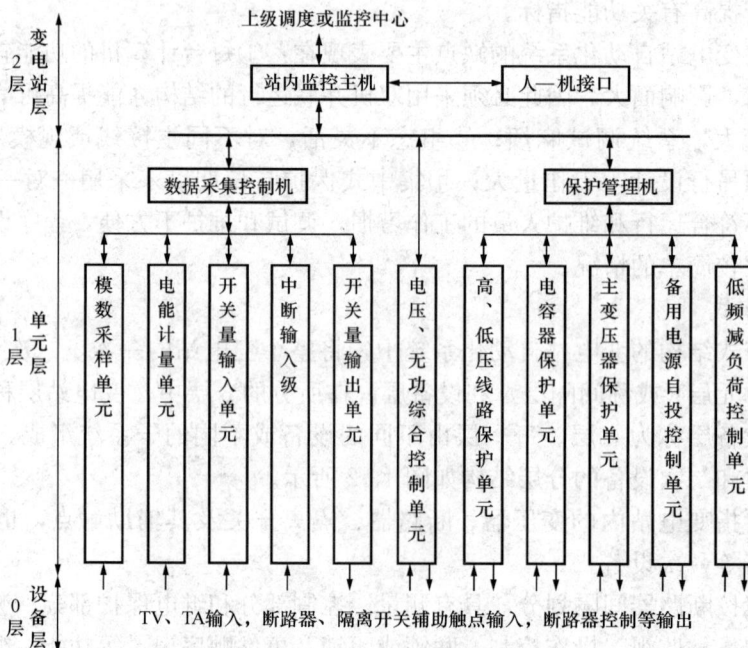

图 1-3　适用于中小规模变电站的分层分布式集中组屏结构的变电站自动化系统框图

分层分布式集中组屏结构的变电站自动化系统有如下特点：

（1）分层分布式的配置。为了提高自动化系统整体的可靠性，系统采用按功能划分的分布式多 CPU 系统。系统的功能单元包括：各种高、低压线路保护单元，电容器保护单元，主变压器保护单元，备用电源自投控制单元，低频减负荷控制单元，电压、无功综合控制单元，数据采集与处理单元，电能计量单元等。每个功能单元基本上由一个 CPU 组成，CPU 多数采用单片机。主变压器保护单元等少数功能单元由多个 CPU 组成。这种按功能设计的分散模块化结构具有软件相对简单、调试维护方便、组态灵活、系统整体可靠性高等特点。

在自动化系统的管理上，采取分层管理的模式，即各保护功能单元由保护管理机直接管理。一台保护管理机可以管理多个单元模块，之间可以采用双绞线用 RS-485 接口连接，也可通过现场总线连接。而模拟量和开关量的输入/输出单元由数据采集控制机负责管理。正常运行时，保护管理机监视各保护单元的工作情况，如果某一保护单元有保护动作信息或保护单元本身工作不正常，立即报告监控机，再送往调度中心。调度中心或监控机也可通过保护管理机下达修改保护定值等命令。数据采集控制机则将各数采单元所采集的数据和开关状态送往监控机，并由监控机送往调度中心。数据采集控制机还接受由调度中心或监控机下达的命令。总之，保护管理机和数据采集控制机可明显地减轻监控机的负担，协助监控机承担对单元层的管理。

变电站层的监控机通过局部网络与保护管理机和数据采集控制机通信。在无人值班的变电站，监控机主要负责与调度中心的通信，使变电站综合自动化系统完成"四遥"任务，具有远方监控终端的功能。在有人值班的变电站，监控机除了负责与调度中心通信外，还必须完成人机联系（当地显示、制表打印、开关操作等）功能。

对于规模较大的变电站自动化系统，在变电站层可能设有通信控制机，专门负责与调度中心通信，并设有维护管理机，负责软件开发与管理等功能。

（2）继电保护相对独立。继电保护装置是电力系统中可靠性要求非常高的设备。在变电站自动化系统中，继电保护单元宜相对独立，其功能不依赖于通信网络或其他设备。在分层分布式集中组屏结构的变电站自动化系统中，各保护单元有独立的电源，保护的输入仍由电流互感器和电压互感器通过电缆连接，输出跳闸命令也通过常规的控制电缆送至断路器的跳闸线圈，保护的启动、测量和逻辑功能独立实现，不依赖通信网络交换信息。保护装置通过通信网络与保护管理机传输的只是保护动作信息或记录数据。为了无人值班的需要，也可通过通信接口实现远程读取和修改保护整定值。

（3）具有与控制中心通信功能。变电站自动化系统本身已具有对模拟量、开关量、电能脉冲量进行数据采集和数据处理的功能，也具有收集继电保护动作信息、事件顺序记录等功能，因此，不需独立的远方监控终端装置为调度中心采集信息，而将自动化系统采集的信息直接传送给调度中心，同时也可接受调度中心下达的控制、操作命令和在线修改保护定值命令，并加以执行。

（4）可靠性高。由于采用模块化结构，各功能模块都由独立的电源供电，输入/输出回路都相互独立，任何一个模块故障，只影响局部功能的实现，不影响全局，系统的可靠性得到提高。

（5）维护管理方便。分层分布式系统采用集中组屏结构，全部屏安装在控制室内，工作环境较好，电磁干扰相对开关柜附近较弱，维护和管理方便。

（6）需要电缆较多。对于规模较大的变电站，由于设备分布较广，安装时需要的控制电缆相对较多，增加了电缆投资。

3. 完全分散式

硬件结构为完全分散式的变电站自动化系统以变压器、断路器、母线等一次主设备为安装单位，将保护、控制、输入/输出、闭锁等单元就地分散安装在一次主设备的开关（屏或柜）上，安装在主控制室内的主控单元通过现场总线与这些分散的单元进行通信，主控单元通过网络与监控主机联系。完全分散式变电站自动化系统结构如图 1-4 所示。

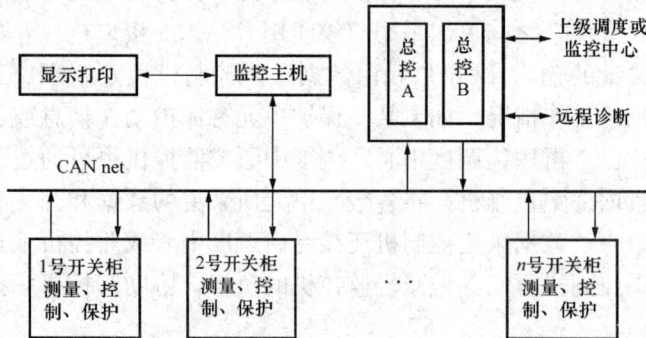

图 1-4　完全分散式变电站自动化系统结构

这种完全分散式结构的变电站自动化系统在实现模式上可分为两种：一种是保护相对独立，测量和控制合二为一，如 SIEMENS 的 LSA678，国内 DISA-2 型、BJ-F3 型等系统；另一种是保护、测量、控制完全合一，实现变电站自动化的高度综合，如 ABB 公司的 SCS100、SCS200 等系统。

这种完全分散式结构的变电站自动化系统的主要特点是：①系统部件完全依主设备分散安装；②节约控制室面积；③节约二次电缆；④综合性能强。

4. 分散集中结合式

分散集中结合式的结构既有集中部分又有分散部分，按照集中和分散的不同结合还可分为两种形式。

（1）局部集中—总体分散式。对于枢纽级 220kV 变电站、500kV 级变电站，或者进出线路多的变电站，或者不同电压等级的母线多的变电站，它们要控制、测量、保护的主设备较多，完全采用分散式结构，在管理、通信电缆使用等方面均不优越，一种适应的方式就是根据变电站的电压等级和规模，设置几个设备控制小间，将测量、控制、保护集中组屏安装在这些小间，多个设备控制小间由站级总控单元集中管理，这样便形成了总体分散局部集中的模式。局部集中—总体分散式变电站自动化系统结构如图 1-5 所示。

这种体系结构的变电站自动化系统，兼有集中型和分散型体系结构的优点，尤其适用于容量大、进出线多的中高压变电站。

（2）高压集中—配电分散式。高压集中—配电分散式变电站自动化系统就是将配电线路的保护和测控单元分散安装在开关柜内，而将高压线路保护和主变压器保护装置等采用集中

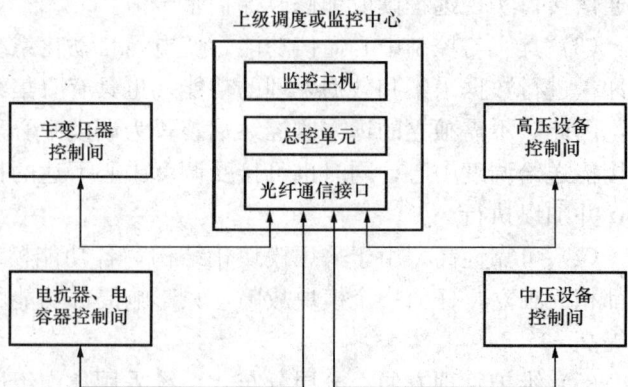

图 1-5　局部集中—总体分散式变电站自动化系统结构

组屏，形成分散和集中相结合的结构。以每个电网元件（如一条出线、一台变压器、一组电容器等）为对象，集测量、保护、控制为一体，设计一个机箱。对于 6～35kV 的配电线路，可以将这个一体化的保护、测量、控制单元分散安装在各个开关柜中，然后由监控主机通过光纤或电缆网络，对它们进行管理和交换信息，形成分散式的结构。对于高压线路保护装置和变压器保护装置，仍采用集中组屏安装在控制室内，形成集中式的结构。高压集中—配电分散式变电站自动化系统结构如图 1-6 所示。

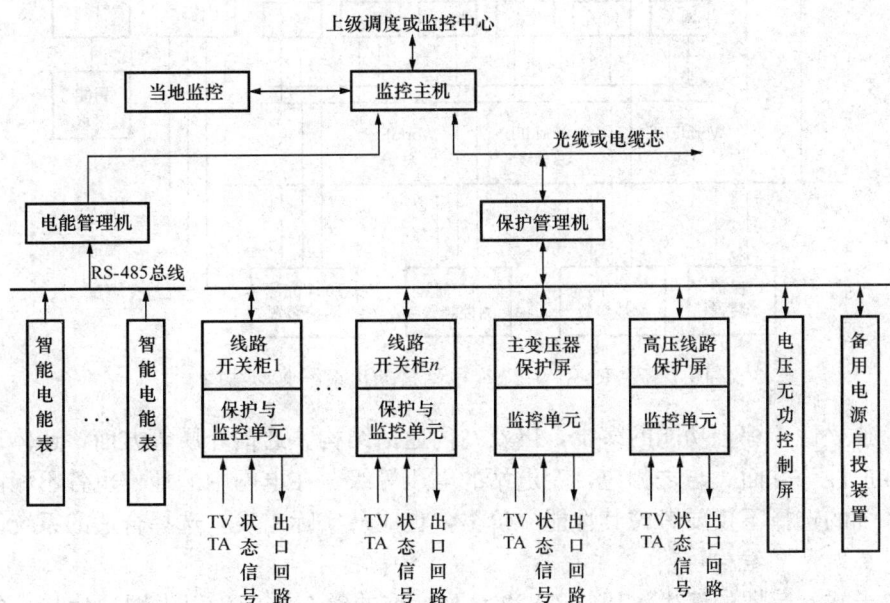

图 1-6　高压集中—配电分散式变电站自动化系统结构

（3）集中分散结合式变电站自动化系统的优点。

1）配电线路的保护和测控单元，分散安装在各开关柜内，简化了变电站二次部分的配置，大大缩小了控制室的面积。

2）高压线路保护和变压器保护采用集中组屏结构，保护屏安装在控制室或保护室中，处于比较好的工作环境，有利于提高可靠性。

3）简化了变电站二次设备之间的互连线，节省了大量连接电缆。

4）各模块与监控主机间通过局域网络或现场总线连接，变电站内原来大量的信号传输改变为数据传输，抗干扰能力强，可靠性高。

5）分层分散式结构可靠性高，组态灵活，检修方便。

5．分布网络式

这种结构的变电站自动化系统的基本组成包括：①测控单元（遥测、遥信数据采集，遥控、遥调命令执行）；②通信网络（网络结构、以太网、现场总线网、路由器）；③工作站（操作员站、服务器、工程师站、通信站）；④软件系统（采集软件、数据库软件、数据处理软件、通信软件、显示软件）。以 RCS-9700 变电站自动化系统为例说明，其典型结构如图 1-7 所示。

上述多种形式的变电站自动化系统，它们的综合程度是不相同的，主要体现在信息的共

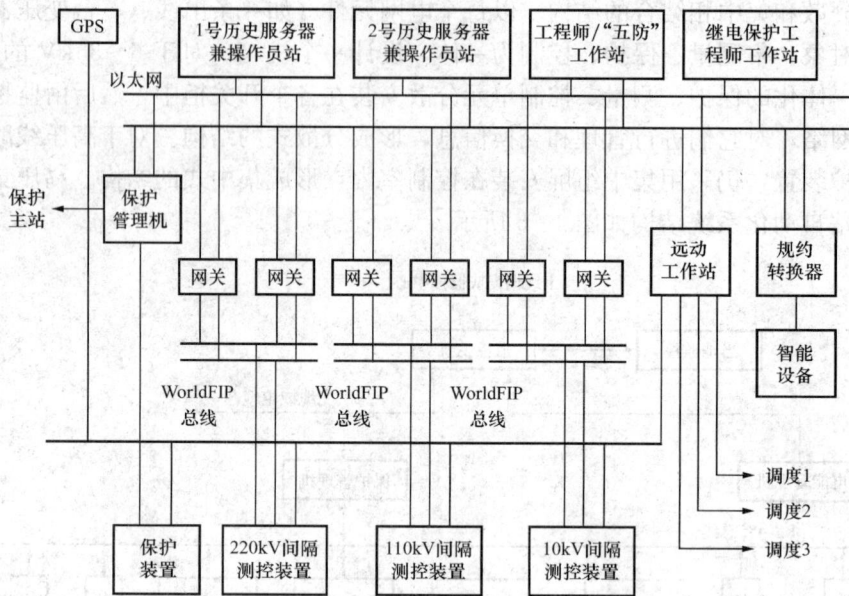

图 1-7　RCS-9700 变电站自动化系统典型结构

享、保护的独立性、综合功能的多少，以及站内通信结构、通信介质等方面，还体现在人机接口、可维护性等方面。与之相应，变电站的电压等级、在电网中的地位也各不相同，变电站自动化系统的选择不仅要考虑其性能、价格，也应从实际出发，选择合适的系统。

6.“三层两网”结构

随着电子式互感器的诞生，IEC 61850 系列标准的颁布实施，以太网通信技术的应用和智能断路器技术的发展，变电站自动化技术向着数字化技术延伸。以数字化变电站为技术基础，采用先进、可靠、集成、低碳、环保的智能设备，以全站信息数字化、通信平台网络化、信息共享标准化为基本要求，自动完成信息采集、测量、控制、保护计量和监测等基本功能，以及自动控制、智能调节、在线分析决策、协调互动等高级功能的变电站就是智能变电站。“三层两网”结构是智能变电站的典型结构，如图 1-8 所示。

“三层两网”结构中的“三层”指变电站的过程层、间隔层和站控层；“两网”指过程层网络和站控层网络。过程层包括变压器、断路器、隔离开关、电压/电流互感器等一次设备及其所属的智能组件以及独立的智能电子装置 IED。合并器汇集采集的数据并按 FT3、IEC 61850-9-1/2 对外发送数据。

过程层网络是连接过程层的智能化一次设备和保护、测控、状态等间隔层二次设备的通信网络。它主要传送两类报文，即采样值报文 SV 和 GOOSE 报文。

间隔层由继电保护装置、系统测控装置、监测功能组主 IED 等二次设备组成，其主要功能包括：①汇总本间隔过程层实时数据信息；②实施对一次设备保护控制功能；③实施本间隔操作闭锁功能；④实施操作同期及其他控制功能；⑤对数据采集、统计运算及控制命令的发出；⑥承上启下的通信功能等。

站控层网络是连接间隔层和站控层设备之间的网络，它完成 MMS 数据传输和变电站 GOOSE 联闭锁等功能。

站控层的主要任务是通过两级高速网络汇总全站的实时数据信息，将有关数据信息送往

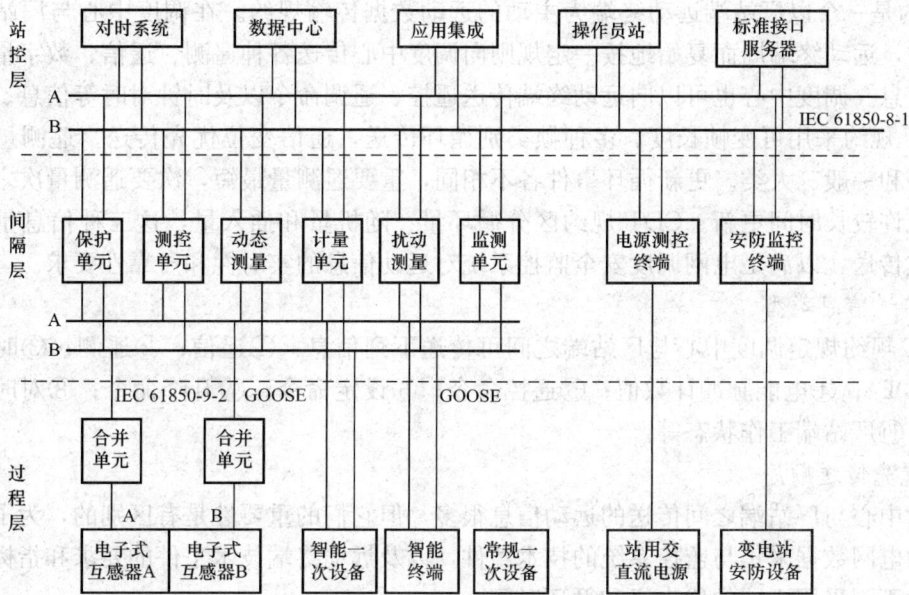

图 1-8　智能变电站的典型结构

电网调度或控制中心，接收电网调度或控制中心有关控制命令，转间隔层、过程层执行，站控层具有对间隔层、过程层设备的在线维护、在线组态、在线修改参数等功能。站控层包括自动化站级监控系统、站域控制、通信系统、对时系统等组成部分，实现面向全站设备的监视、控制、告警及信息交互功能。

第三节　远动通信规约概述

电网调度自动化系统包括调度主站系统、厂站监控系统和通信系统三部分组成。电力系统远动通信是电网调度自动化系统的主站端和厂站端之间传输信息和命令的实时通信。厂站信息向主站传送，主站命令向厂站发送均依赖于通信系统提供的信息传输服务。

厂站与主站之间的通信是远程的数据通信。为了保证通信双方能有效、可靠和自动地通信，在发送端和接收端之间规定了一系列的约定和顺序，这种约定和顺序称为通信规约（或通信协议）。在电网监控系统中，要求远动终端和调度中心之间通信规约必须统一。只有规约统一以后，不论哪一个制造厂生产这些设备，只要符合统一的通信规约，它们之间便可以顺利地进行通信。这对调度自动化系统的建设、运行、维护和发展都是有利的。

目前，在电网监控系统中，国内主要采用两类通信规约。一类是循环式数据传输（cyclic digital transmission，CDT）规约；另一类是问答式（Polling）数据传输规约，简称Polling规约。CDT规约的使用时间早，曾广泛使用。Polling规约首先从引进项目中开始使用，由于Polling规约对通信结构的适用性好，功能丰富等优点，在国内已得到广泛使用。

一、循环式数据传输规约概述

1. 总则

CDT规约适用于点对点通道结构的两点之间通信，信息的传递采用循环同步方式。

CDT 规约是一个以厂站端远动终端为主动的远动数据传输规约。在调度中心与厂站端的远动通信中，远动终端周而复始地按一定规则向调度中心传送各种遥测、遥信、数字量、事件记录等信息。调度中心也可以向远动终端传送遥控、遥调命令以及时钟对时等信息。

CDT 规约采用可变帧长度、多种帧类别循环传送，遥信变位优先传送。遥测量分为主要、次要和一般三大类。更新循环事件各不相同，重要遥测量最短，次要遥测量次之，一般遥测量允许较长时间更新。CDT 规约区分循环量、随机量和插入量，这三种信息量采用不同的形式传送，以满足电网调度安全监控系统对远动信息的实时性和可靠性要求。

2. 传送信息类型

CDT 规约规定调度中心与厂站端之间可传送下列信息：①遥信；②遥测；③时间顺序记录（SOE）；④电能脉冲计数值；⑤遥控命令；⑥设定命令；⑦升降命令；⑧对时；⑨广播命令；⑩厂站端工作状态等。

3. 优先传送顺序

调度中心与厂站端之间传送的远动信息很多，但它们的重要性是有区别的，为了达到国家规定的电网数据采集与监控系统的技术条件，以及远动终端技术条件的要求和指标，信息按重要性不同采用不同的优先级和循环时间。

（1）厂站端到调度中心信息的优先级排列顺序和传送时间要求如下：①对时的厂站端时钟返回信息插入传送；②变位遥信、厂站端工作状态变化信息插入传送，要求在 1s 内送到调度中心；③遥控、升降命令的返送校核信息插入传送；④重要遥测安排在 A 帧传送，循环时间不大于 3s；⑤次要遥测安排在 B 帧传送，循环时间一般不大于 6s；⑥一般遥测安排在 C 帧传送，循环时间一般不大于 20s；⑦遥信状态信息，包含厂站端工作状态信息，安排在 D_1 帧定时传送；⑧电能脉冲计数值安排在 D_2 帧定时传送；⑨事件顺序记录安排在 E 帧以帧插入方式传送。

（2）调度中心到厂站端命令的优先级排列如下：①召唤厂站端时钟，设置厂站端时钟校正值，设置厂站端时钟；②遥控选择、执行、撤销命令，升降选择、执行、撤销命令，设置命令；③广播命令；④复归命令。

4. 信息组织结构

（1）帧系列。在 CDT 规约中，不同类型的信息采用不同的帧传递，多种帧连接在一起构成一个帧系列。设计帧系列的原则是保证各帧的信息传送周期在制定的时间范围内。例如，A 帧的循环传送周期必须小于 3s，B 帧的循环传送周期一般不大于 6s 等。下面就是一个帧系列的例子。

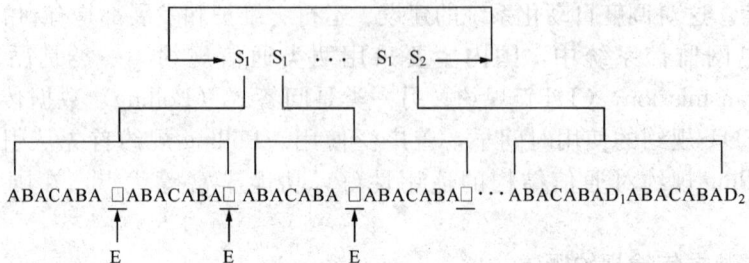

图 1-9　DL451-91 的 A_2 帧系列

　　在这个帧系列中，方框处可插入传送 E 帧，E 帧需要连续传送 3 遍。必须指出，上述帧系列仅对上行（厂站端→调度中心）信息传送而言，下行（调度中心→厂站端）命令形成的时间是不确定的，所以不存在帧系列。

　　(2) 帧结构。在 CDT 规约中，帧结构如图 1-10 所示。每一帧均由同步字、控制字和信息字组成。通道发码时，首先发送同步字，然后发送控制字和信息字。

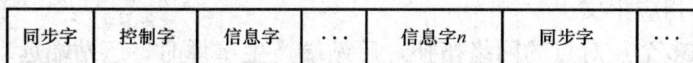

同步字	控制字	信息字	…	信息字n	同步字	…

图 1-10　帧结构

　　(3) 字结构。每个字由 6 个字节构成。除同步字外，第 6 个字节是前 5 个字节的监督码，用于接收方对本字传送正确性的检验。控制字是用来对本帧信息的说明。在控制字中，必须指明传送信息的类型、信息的发源地、信息的目的地以及信息字的数量，其结构如图 1-11 所示。必须指出，在某些下行命令帧中，信息字数为零，即本帧没有信息字。信息字是一帧信息的实体，其通用格式如图 1-12 所示。1B 的功能码能够区别 256 个信息字，4B 的数据和信息可传送各种上行信息和下行命令。

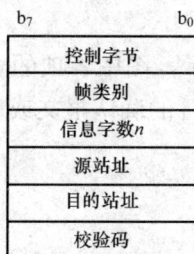

图 1-11　控制字的结构　　　　图 1-12　信息字通用格式

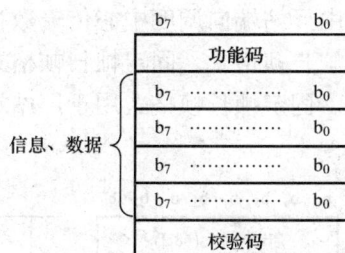

　　(4) 信息传送规则。无论采用何种帧系列，都是按下列三种方式传送：

　　1) 固定循环传送，用于传送 A、B、C、D_1、D_2 帧。

　　2) 帧插入传送，用于传送 E 帧。当 SOE 连续出现时，E 帧可连续组织几帧在允许插入的位置传送。

　　3) 信息字随机插入传送。当需插入的信息出现时，就应插入在当前帧的信息字传送，并遵守以下规则：①变位遥信、遥控和升降命令的返校信息连续插入传送三遍，对时的厂站端时钟返回信息插送一遍。②变位遥信、遥控和升降命令的返校信息必须在同一帧内连续插送，不允许跨帧。若本帧不够连续插送三遍，全部改到下一帧进行。③被插的帧若是 A、B、C 或 D 帧，则原信息字被取代，原帧长度不变；若是 E 帧，则应在 SOE 完整字之间插入，帧长度相应加长。

　　厂站端加电或重新复位后，帧系列应从 D_1 帧开始传送。

二、问答式数据传输规约概述

1. 总则

　　Polling 规约适用于网络拓扑是点对点、多个点对点、多点共线、多点环形或多点星形的远动系统，适用于调度中心与一个或多个厂站远动终端进行通信。可适用于双工或半双工通道，信息传输为异步方式。

Polling 规约是一个调度中心为主动的远动数据传输规约。厂站端远动终端只有在调度中心询问以后，才向调度中心发送回答信息。调度中心按照一定规则向各个厂站端远动终端发出各种询问报文。厂站端远动终端按询问报文的要求以及厂站端远动终端的实际状态，向调度中心回答各种报文。调度中心也可以按需要对厂站端远动终端发出各种控制厂站端远动终端运行状态的报文。厂站端远动终端正确接收调度中心的报文后，按要求输出控制信号，并向调度中心回答相应报文。

对于点对点和多个点对点的网络拓扑，厂站端产生事件时，厂站端远动终端可触发启动传输，主动向调度中心报告事件信息。

2. 帧格式

(1) 可变帧长的帧格式。可变帧长的帧格式如图 1-13 所示。图中 L 包括控制域、地址域、用户数据区的 8 位位组的个数，为二进制数，$3 \leqslant L \leqslant 122$。控制域用来说明数据传输方向、传输状态以及帧类型等。地址域说明信息的发送源或目的地址。当由调度中心触发一次传输服务，调度中心厂站传输时说明目的地址；当厂站端向调度中心传输报文时说明源地址，故地址域总是指向厂站地址。链路用户数据即报文传送的远动数据。帧校验和是控制、地址、用户数据区 8 位位组的算术和（模 256）。可变帧长帧格式用于由调度中心向厂站端传输数据，或由厂站端向调度中心传输数据。

(2) 固定帧长帧格式。固定帧长帧格式如图 1-14 所示。图中各项的意义与可变帧长帧格式意义相同。固定帧长帧格式用于厂站端向调度中心问答的确认报文或调度中心向厂站端的发送报文。

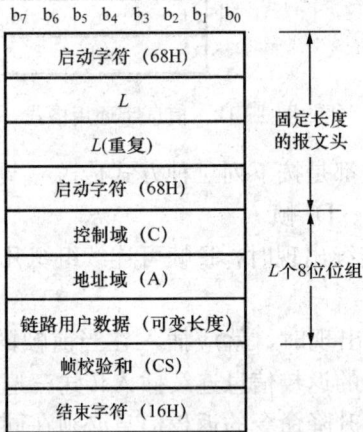

图 1-13　可变帧长的帧格式　　　　图 1-14　固定帧长帧格式

3. 链路传输规则

(1) 链路服务。在 Polling 规约中，链路服务级别分为三级。第一级是发送/无回答服务，主要用在调度中心向厂站发送广播报文。第二级是发送/确认服务，用于由调度中心向厂站设置参数和遥控、设点、升降的选择、执行命令。第三级是请求/响应服务，用于由调度中心向厂站召唤数据，厂站以数据或事件数据回答。

(2) 等待—超时—重发、等待—超时、重传次数。

1) 等待—超时—重发。调度中心未收到厂站发过来的确认帧或响应帧，超过时间后按服务用户给定的重传次数，链路层重传原报文，直至等于重传次数为止。

2）等待—超时。调度中心未收到厂站发过来的确认帧或响应帧，超过时间后，即结束这一次传输服务，启动新一轮传输服务。

3）重传次数。其值按不同的报文取 0～5 次。

（3）链路传输规则。链路传输按窗口尺寸为 1 的非平衡方式传输规约进行，适用于各种网络配置。所谓窗口尺寸为 1，即调度中心向厂站端发出一次传输服务，或者成功地完成或报告产生差错之后才能开始下一轮传输服务。对于发送/确认和请求/响应传输服务在传输过程中受到的干扰，可用等待—超时—重发或等待—超时方式发送下一帧。

1）发送/无回答服务传输规则。即只有在前一轮传输结束后，才能开始新一轮的发送。当一帧发送完后，发送线路空闲间隔（最少 33 位）。

2）发送/确认服务传输规则。即只有在前一轮传输结束后，才能开始新一轮的发送。当厂站正确收到调度中心传送的报文，厂站即向调度中心发送一个确认帧。若厂站因为过载等原因不能接收调度中心报文，厂站则传送忙帧给调度中心。若确认帧受到干扰或超时未收到，则不改变帧计数位的状态，重发原报文，直至允许的重复次数。厂站依前后两次接收到的发送帧中计数位的值是否相同，确定是继续保留确认帧复制，还是消除该复制，形成新的确认帧。

3）请求/响应服务传输规则。即当前一轮传输过程结束才能触发新一轮的请求帧。厂站收到请求后，将按有无所要求的数据发出响应或否定的响应帧。若响应帧受到干扰或超时，则不改变帧计数位，重复发送请求帧，直至允许的重复次数。厂站端依前后两次收到的帧计数位的值是否相同，确定是继续保留响应帧复制，还是消除复制，形成新的响应帧。

4. 厂站事件启动触发传输

厂站事件启动触发传输只适用于点对点和多个点对点的全双工通道结构。当遥信发生变位或遥测的变化超过死区范围时，厂站主动触发一次发送/确认服务，并组织报文向调度中心传送。调度中心收到报文后，以确认报文回答厂站。如果因为忙，数据缓冲区溢出，则调度中心以忙帧回答厂站。随后厂站如果还要传送数据时，则厂站此时触发一次请求/响应服务，厂站以请求帧询问调度中心链路状态，调度中心以响应帧报告链路状态。这种传输按平衡式传输链路规则的规定进行。

平衡式传输的链路传输规则采用的窗口尺寸为 1，即厂站事件启动触发一次传输服务，并成功地完成和收到主站的回答报文。如果没有正确收到报文，则超时后才能开始下一轮新的传输服务。厂站没有数据变化时，不主动发出事件启动触发传输，调度中心和厂站之间的链路传输按非平衡式规则进行，由调度中心触发传送/确认、请求/响应、发送/无回答服务。

只有在前一轮的传输结束之后，如果厂站又发生遥信变位或遥测越死区，而调度中心又没有发送询问报文，此时厂站才主动触发一次传输服务。

当调度中心正确接收到厂站主动触发的传输服务报文，调度中心即向厂站发送一个确认帧或回答一个响应帧。

若调度中心由于过载等原因不能接受厂站的报文，则向厂站发忙帧。厂站每次主动触发发送/确认帧或请求/响应帧时，帧计数位改变其状态；若调度中心收到无差错的确认帧或响应帧，则这一次主动触发传输即告结束。

　　若发送帧、请求帧或确认帧、响应帧受到干扰，致使厂站超时未收到报文，则厂站不改变计数位状态，重发前一轮的发送帧或请求帧，直至 5 次重复。为防止报文丢失，重复传输技术同前。

　　Polling 规约的进一步细节将在后续章节结合实际规约介绍。

三、规约的现状及发展趋势

　　早在微机化远动终端出现之前，已采用 CDT 标准传送远动信息，主要用在 WYZ 型和 SZY 型布线逻辑远动装置中。最早的微机化远动终端采用了 CDT 规约，该规约首先在西南电网运行，也称西南规约。西南规约最先采用了信息的优先权、遥信变位和事件记录的插入传送、时间量传送等技术。此外，规约中还引入了功能码的概念。

　　1985 年 7 月，在武汉远动系统标准化问题座谈会上，形成了第一个行业 CDT 规约，也称武汉规约。该规约继承了西南规约的主要部分，提出了信息分帧传送和帧长可变的概念。

　　在武汉规约的基础上，规约新增了调度中心与厂站端对时的内容，首次采用了 SOE 信息成帧插入传送技术，1991 年 11 月原能源部发布了循环式远动规约的行业标准，并于 1992 年 5 月正式实施。这个行业规约仍在部分地区的远动系统中使用。

　　至于 Polling 远动通信规约，从 20 世纪 90 年代以来，国际电工委员会第 57 届技术委员会（IEC/TC 57）为适应电力系统及其他公用事业的需要，制定了一系列远动传输规约的基本标准 IEC 60870-5，这些规约共分 5 篇，规定了远动设备及系统传输规约传输帧格式、链路传输规则、应用数据的一般结构、应用数据的定义和编码以及基本应用功能。

　　为了在兼容的远动设备之间达到互换的目的，IEC/TC 57 技术委员会又在 IEC 60870-5 系列标准的基础上，根据各种应用情况下的不同要求制定了一系列的配套标准，它们分别是：①传输规约 IEC 60870-5-101 基本远动任务的配套标准（1995 年）；②传输规约 IEC 60870-5-102 电力系统中传输电能脉冲计数量配套标准（1996 年）；③传输规约 IEC 60870-5-103 继电保护设备信息接口配套标准（1997 年）；④传输规约 IEC 60870-5-104 采用标准传输文件集的 IEC 60870-5-101 的网络访问。

　　与之相适应，我国制定了一系列配套标准，它们是：①DL/T 634—1997《远动设备及系统　第 5 部分　传输规约第 101 篇　基本远动任务配套标准》（neq IEC 60870-5-101：1995）；②DL/T 719—2000《远动设备及系统　第 5 部分　传输规约　第 102 篇　电力系统电能累计量传输配套标准》（idt IEC 60870-5-102：1996）；③DL/T 667—1999《远动设备及系统　第 5 部分　传输规约第 103 篇　继电保护设备信息接口配套标准》（idt IEC 60870-5-103：1997）；④IEC 60870-5-101—2001《远动设备与系统　第 5 部分　传输规约　第 101 篇　基本远动任务配套标准》。

　　IEC 推出了变电站通信网络和系统规范 IEC 61850 后，我国也推出了等同采用 IEC 61850 的 DL/T 860 变电站通信网络和系统。

　　IEC/TC 57 技术委员会在 1995 年出版 IEC 60870-5-101 后，得到了广泛应用。为适应网络传输，2000 年 IEC/TC 57 又出版了 IEC 60870-5-104—2000《远动设备与系统　第 5 部分　传输规约　第 104 篇　采用标准传输协议子集的 IEC 60870-5-101 网络访问》。为规范该标准在国内的应用，全国电力系统控制及其通信标准化技术委员会对 IEC 60870-5-104—2000 等同采用，转化为电力行业标准 DL/T 634.5104—2002《远动设备及系统　第

5104 部分：传输规约　采用标准传输协议子集的 IEC 60870 - 5 - 101 网络访问》。2006 年 6 月，IEC/TC 57 技术委员会发布了 IEC 60870 - 5 - 104 第 2 版，我国以此为基础对 DL/T 634.5104—2002 进行修改，形成了最新的 DL/T 634.5104—2009《远动设备及系统　第 5 - 104部分：传输规约　采用标准传输协议集的 IEC 60870 - 5 - 101 网络访问》。有关适应网络传输的 DL/T 634.5104—2009 版将在第八章中介绍。

第二章　厂站遥测变送器

一、变送器及其类型

在电网监控系统中，为了实现对电网的监视和控制，首先必须获得表征电网实时运行状态的遥测量值和遥信状态，以便对这些信息进行深入的加工处理，形成控制电网安全、稳定和经济运行的遥控、遥调命令。电工测量变送器（简称电量变送器）是一种将电气量变换为供测量用的另一种电气量的仪器，因而也称电量变换器，它在电网监控系统中属首要环节，起着十分重要的作用。

在电力系统中，电量变送器可用来测量发电厂和变电站的电压、电流、有功功率、无功功率、电能、频率、直流电压、直流电流等各种电气量。因此电量变送器可按被测电气量的不同分为以下几种：①交流电流变送器和交流电压变送器；②有功功率变送器和无功功率变送器；③有功电能变送器和无功电能变送器；④频率变送器；⑤功率因数变送器；⑥直流电流变送器和直流电压变送器。

除电量变送器外，监控系统中还需要用于非电量测量的非电量变送器，例如温度变送器，温度变送器将厂站中的变压器油温等温度变换成与之成正比的直流电压和直流电流信号。

由此可见，在电力系统中变送器的类型较多，本章仅根据电网监控的需要介绍前三种电量变送器和温度变送器的工作原理。

二、电量变送器输入/输出信号

在电力系统中，被测的电气量通常具有较高的电压或较大的电流，一般不能直接输入变送器。此外，被测电量的量程范围很大，也不宜按量程大小选用多种量程的变送器。例如，被测电压量程可以在几伏到上千千伏之间变化，被测电流量程可以在数安培至数万安培之间变化。因此，必须通过电压互感器和电流互感器将高电压和大电流变换成低电压和小电流，使输入变送器的交流电压为 0~120V（电压变送器输入交流电压应不大于 120V），输入变送器的交流电流为 0~5A（有些场合允许输入交流电流为 0~1A）。

电量变送器输出信号通常采用统一的直流信号。交流电流变送器、交流电压变送器、功率变送器的输出信号是直流电压和直流电流，电能变送器的输出信号反映电能的积算量值或反映与功率成正比的频率脉冲，对该脉冲计数就可得到电能量。变送器输出的直流信号有多种变化范围，在电网监控系统中，为了方便与后级远动装置接口，常取直流电压作为输出信号，而对于电能变送器通常取电脉冲作为输出信号，便于远动装置的采集，智能电能表可直接输出电能的数字量。电量变送器输入/输出信号的类型和变化范围见表 2-1。

三、电量变送器测量误差

电量变送器是对电气量进行测量的一个组成部分。由于构成变送器的元件不是理想的，变送器电子线路设计水平和变送器使用环境影响等因素，使变送器的输出信号与输入信号之间不构成严格的比例关系，即变送器的测量误差总是存在的。下面将主要介绍测量误差和准确等级等概念。

表 2-1　　　　　　　　　　　　电量变送器输入/输出信号的类型及变化范围

变送器类型	输入	输出	允许负载变化范围
电压变送器	电压：0～120V	电压：0～5V 电流：0～1mA 4～20mA	3kΩ～∞ 0～10kΩ 0～750Ω
电流变送器	电流：0～5A 0～1A	电压：0～5V 电流：0～1mA 4～20mA	3kΩ～∞ 0～10kΩ 0～750Ω
功率变送器	电压：0～120V 电流：0～5A 0～1A	电压：0～5V －5～5V 电流：0～1mA －1～1mA 4～20mA	3kΩ～∞ 3kΩ～∞ 0～10kΩ 0～10kΩ 0～750Ω
电能变送器	电压：0～120V 电流：0～5A 0～1A	电能计数值或脉冲	

1. 绝对误差与相对误差

被测量的测得值 A 与被测量的真值 A_0 之差称为绝对误差。绝对误差用 ΔA 表示，即

$$\Delta A = A - A_0 \tag{2-1}$$

然而，用绝对误差 ΔA 不能反映变送器的性能，变送器的性能应考察此绝对误差 ΔA 与其真值 A_0 的比值大小。因此，一般用绝对误差 ΔA 与其真值 A_0 之比来表示测量误差，称其为相对误差 ε，相对误差通常用百分比表示，即

$$\varepsilon = \frac{\Delta A}{A_0} \times 100\% \tag{2-2}$$

由于 A_0 不可得到且与实际输出值 A 相差不大，相对误差 ε 也可改写成

$$\varepsilon = \frac{\Delta A}{A_0} \times 100\% \approx \frac{\Delta A}{A} \times 100\%$$

2. 引用误差与最大引用误差

引用误差是仪表中通用的一种误差表示方法，它是相对于仪表满量程的一种误差，引用误差 γ 定义为测量的绝对误差与仪表的满量程值之比，引用误差也常用百分数表示。

$$\gamma = \frac{\Delta A}{(\text{测量范围的上限} - \text{测量范围的下限})} \times 100\% \tag{2-3}$$

比较相对误差和引用误差的公式可知，引用误差是相对误差的一种特殊形式，用满量程值 L 代替真值 A_0，便于应用。即

$$\gamma = \frac{\Delta A}{L} \times 100\%$$

然而，在仪表测量范围内的每个示值的绝对误差 ΔA 都是不同的，因此引用误差仍与仪表的具体示值有关，使用仍不方便。为此，又引入最大引用误差的概念，它既能克服上述的

不足，又能更好地说明仪表的测量精度。

在规定条件下，当被测量平稳增加或减少时，在仪表全量程内所测得各示值的绝对误差（取绝对值）的最大者与满量程值的比值之百分数，称为仪表的最大引用误差 γ_{max}。

$$\gamma_{max} = \frac{\Delta A_{max}}{(\text{测量范围的上限} - \text{测量范围的下限})} \times 100\% \qquad (2 - 4)$$

最大引用误差是仪表基本误差的主要形式，它能更可靠地表明仪表的测量精确度，是仪表最主要的质量指标。

3. 附加误差

附加误差就是测量仪器在非标准条件下所增加的误差。额定操作条件、极限条件等都属于非标准条件。非标准（即参考）条件下工作的测量仪器的误差，必然会比参考条件下的固有误差要大一些，这个增加的部分就是附加误差。它主要是由于影响量超出参考条件规定的范围对测量仪器带来影响所增加的误差，即属于外界因素所造成的误差。因此，测量仪器使用时与检定、校准时因环境条件不同而引起的误差就是附加误差；测量仪器在静态条件下检定、校准，而在实际动态条件下使用，也会带来附加误差。

4. 准确度等级

变送器在不同的工作点工作时，其引用误差值各不相同，可以规定用全量程中允许出现的最大引用误差来表示变送器的准确度等级。准确度等级是衡量该仪器或仪表测量精度的一个重要指标，准确度等级值越小，表明该仪器或仪表精度越高，反之亦然。在电网监控系统中，所用变送器的准确度等级一般为 0.5 级。

最后必须指出，电压、电流、功率、电能等电气量的测量精度，不仅与相应的电量变送器精度有关，还与变送器接线、电压互感器、电流互感器和显示仪表的精度有关。

第一节　交流电流/交流电压变送器

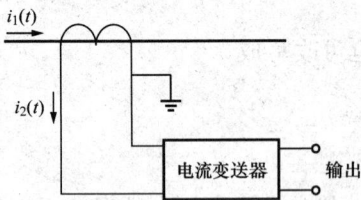

图 2-1　电流变送器与
电流互感器的连接方式

在电网监控系统中，对发电厂、变电站输电线路电流、变压器一次侧或各次侧电流、母线旁路、母联、分段、分支断路器等电流都应该加以测量监视。一般来说，这些线路上的电流都很大。为了测量这些线路电流，必须先将线路电流接入电流互感器 TA，电流互感器将大电流线性转换为小电流，而交流电流变送器则是 TA 的负载。图 2-1 为电流变送器与电流互感器的连接方式。

一、交流电流变送器

1. 交流信号有效值的测量原理

一个交流信号 $f(t) = A_m \sin(\omega t + \varphi)$ 的大小，可以用它的峰值 A_m、平均值 $\overline{A}$ 或有效值 A 来表征。在电力系统中，交流信号的大小通常是用其有效值来表示的。交流信号 $f(t) = A_m \sin(\omega t + \varphi)$ 有效值的定义为

$$A = \sqrt{\frac{1}{T} \int_0^T f^2(t) dt} \qquad (2 - 5)$$

对于正弦信号，$A = A_m / \sqrt{2}$。在电量变送器中，通常用两种方法来测量交流信号的有效值：

一是按定义直接测量其有效值；二是通过测量交流信号的平均值间接测量其有效值。

（1）有效值的直接测量。在直接测量有效值的电量变送器中，一般采用计算型的模拟变换电路来实现测量，如图 2-2 所示。图中第一级是接成平方电路的模拟乘法器，其输入为 $f(t)$，输出为 $f^2(t)$。第二级为积分器，第三级是开方器，最后输出正比于 A 的电压 U_0。

图 2-2 计算型交流/直流变送器

由于图 2-2 所示测量交流信号的有效值是按定义实现的，被测信号即使叠加高次谐波，理论上将不存在因波形失真产生的误差，测量误差仅可能由于变换器电路的非线性和有限带宽等因素而产生。但是，这种测量有效值的方法要用到乘法器、积分器、开方器等复杂电路，成本将很高。

（2）有效值的平均值法测量。有效值的平均值法测量，是指通过测量交流信号的平均值来间接测量其有效值，按平均值的数学定义，$f(t)$ 的平均值为

$$\overline{A} = \frac{1}{T}\int_0^T f(t)\,\mathrm{d}t \qquad\qquad (2-6)$$

对于周期信号，T 即为周期。对于正弦信号，$\overline{A}=0$。故正弦信号的平均值一般指经全波整波后信号的平均值，即

$$\overline{A} = \frac{1}{T}\int_T \mid f(t)\mid\mathrm{d}t \qquad\qquad (2-7)$$

将 $f(t) = A_\mathrm{m}\sin(\omega t + \varphi)$ 代入式（2-7），则

$$\overline{A} = \frac{\omega}{2\pi}\int_0^{\frac{2\pi}{\omega}}\mid A_\mathrm{m}\sin(\omega t + \varphi)\mid\mathrm{d}t = \frac{2A_\mathrm{m}}{\pi}$$

令信号的有效值与平均值之比为波形因数 k_F，即

$$k_\mathrm{F} = \frac{\text{有效值}}{\text{平均值}} \qquad\qquad (2-8)$$

对于正弦信号

$$k_\mathrm{F} = \frac{A}{\overline{A}} = \frac{\pi}{2\sqrt{2}}$$

所以

$$A = k_\mathrm{F}\overline{A} = 1.11\overline{A} \qquad\qquad (2-9)$$

按式（2-9）测量交流信号的有效值，只需将全波整流后的信号经过低通滤波器，即可得到与有效值成正比的电压信号，故实现相当方便。本章介绍的交流电流变送器和交流电压变送器均采用这种方法来间接测量交流信号的有效值。

必须指出，因不同信号波形其波形因数不同，故测量含有高次谐波正弦量的有效值时，按平均值法间接测量将产生波形变化引起的波形误差。

2. 电流变送器原理框图及其输入/输出特性

电流变送器以电流互感器二次电流作为输入信号，电流输入信号首先通过变送器内部的中间电流互感器使变送器输入与后级线路电气隔离，中间电流互感器输出电流经过一个电阻转变为电压信号，精密交—直流变换电路将交流电压变为 $0\sim5\mathrm{V}$ 的直流电压，经过恒流输出电路得 $0\sim1\mathrm{mA}$ 或 $4\sim20\mathrm{mA}$ 的直流输出信号。电流变送器的原理框图如图 2-3 所示。

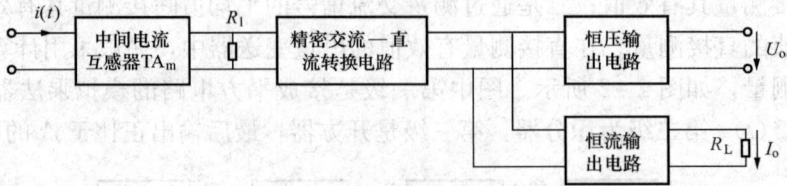

图 2-3 电流变送器的原理框图

（1）中间电流互感器。在交流电流变送器中，中间电流互感器主要起隔离作用，同时也能进一步减少输入电流的幅值，降低后级功耗。中间电流互感器的结构与前面介绍的电流互感器相同，即两个相互绝缘的绕组绕在同一铁芯上，设一次绕组的匝数为 W_1，二次绕组的匝数为 W_2，则变送器输入电流 I_1 经过中间电流互感器后的电流 $I_2 = \dfrac{1}{n}I_1$，其中 $n = \dfrac{W_2}{W_1}$。

（2）精密交流—直流转换电路。精密交流—直流转换电路由线性整流电路和低通滤波器组成。采用线性整流电路可以改善由于整流二极管的非线性对交流—直流转换线性度的影响，低通滤波器滤除全波整流后的工频二次以上的谐波，输出全波整流信号的平均值。

（3）恒压输出电路。为了降低电子电路前后级之间的负载效应，变送器的电压输出力求达到理想的效果，即很低的输出阻抗和稳定的电压输出。恒压输出电路就是用来实现变送器电压输出的，它可以采用一个简单的单位负反馈的运算放大器构成，它能实现较理想的电压输出特性，具有很强的负载能力。

（4）恒流输出电路。与设计恒压输出电路同样的考虑，为了变送器的电流输出力求达到理想的效果，即采用很高的输出阻抗和稳定的电流输出，恒流输出电路就是用来实现变送器电流输出的，它可以采用运算放大器和三极管分立元件构成，其中输出级的三极管用来增强输出驱动能力，这种恒流输出电路能实现较理想的电流输出特性，具有很强的负载能力。

（5）电流变送器输入/输出特性。变送器输出信号应是一种不易受干扰，易于进一步测量，易于传输，并可在更大范围内统一的信号。变送器所完成的工作，就是将不同类型、不同范围的输入信号变换成这种信号。而这种变换力求线性，即要求变送器输出信号与其输入信号呈线性关系。所有电量变送器都是线性变换器。因此，在理想状态下，电流变送器的输入、输出特性是一条直线，如图 2-4 所示。实际上，变送器各环节均存在误差，从而使输

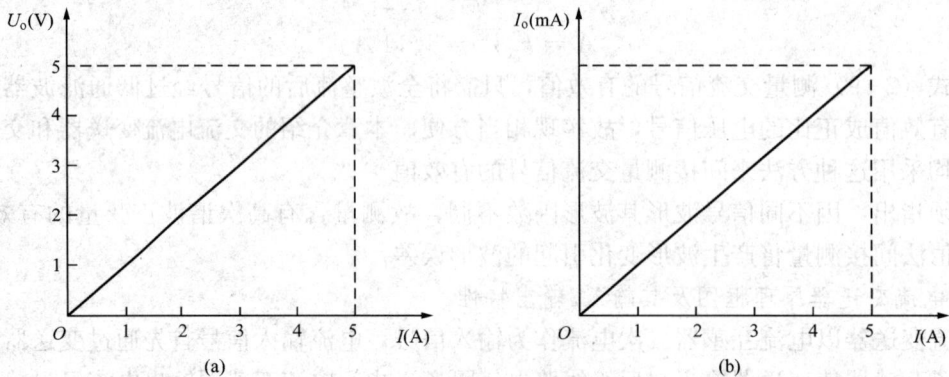

图 2-4 电流变送器的输入/输出特性
(a) 电压输出；(b) 电流输出

入信号与输出信号之间不可能是线性关系。实际的输入、输出特性将是理想特性附近的一条曲线。

需要特别指出，电流变送器是电流互感器的一个负载，而电流互感器二次绕组开路会引起磁通的急剧变化，产生的感应电动势可达数千伏，因而可危及人身安全，并损坏二次回路仪器仪表和互感器二次侧绝缘。因此，运行中的电流互感器二次回路必须设置安全接地，更为重要的是，运行中的电流互感器二次回路不允许开路。

二、交流电压变送器

1. 交流电压变送器原理框图及输入/输出特性

交流电压变送器与交流电流变送器很相似，它由中间电压互感器 TV、精密交流—直流变换电路、恒压输出电路和恒流输出电路组成，其原理框图如图 2-5 所示。

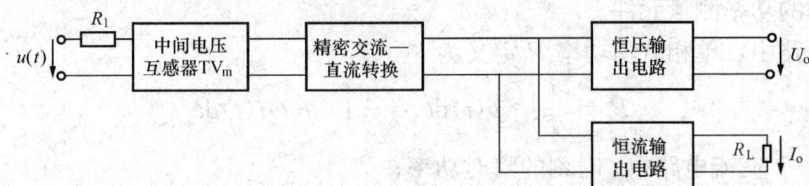

图 2-5 交流电压变送器原理框图

交流电压变送器输入信号是电压互感器输出的 0～120V 交流电压，输出信号是直流电压 0～5V 和直流电流 0～1mA 或者 4～20mA。理想的输入/输出特性如图 2-6 所示。

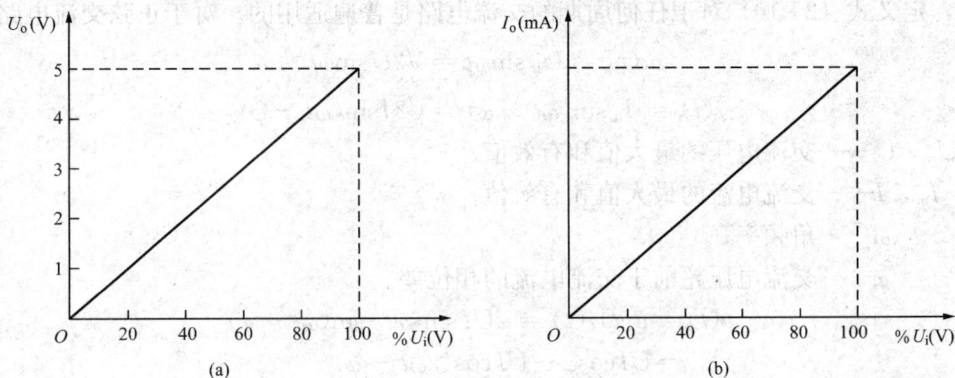

图 2-6 交流电压变送器理想的输入/输出特性
(a) 电压输出；(b) 电流输出

2. 交流电压变送器的工作原理

由图 2-5 与图 2-3 对比可见，交流电压变送器与交流电流变送器的工作原理基本相同，差别仅在信号输入部分。

(1) TV_m 与 TA_m 同样是将输入信号按比例缩小，但由于分别用于交流电压和交流电流，TV_m 的匝数比 $n = \dfrac{W_1}{W_2} > 1$，而 TA_m 的匝数比 $n = \dfrac{W_1}{W_2} < 1$。

(2) 图 2-5 中，输出交流电压可直接送线性全波整流电路，输入端电阻 R_1 是为了防止 TV_m 二次侧短路而影响电压互感器的正常工作。

此外，由于交流电压变送器正常工作于额定电压的 120% 范围内，各单元电路中因小信号输入而附加的误差将不存在。通常，电压变送器的测量精度容易调整到比同准确度等级的电流变送器高。

第二节 三相功率变送器

一、功率测量原理

在变电站监控和调度控制中，需要广泛测量有功功率和无功功率，功率变送器就是用来测量交流电路中有功功率和无功功率的仪器。线路的功率有单相功率和三相功率之分，在变电站监控系统中主要测量三相功率，但三相功率是基于单相功率测量来实现的，因此先讨论测量单相功率的功率测量元件。

在交流电路中，单相有功功率 P 定义为

$$P = \frac{1}{T}\int_0^T p(t)\,\mathrm{d}t = \frac{1}{T}\int_0^T u(t)i(t)\,\mathrm{d}t \tag{2-10}$$

式中　$p(t)$——交流电路中 t 时刻的瞬时功率；

　　　$u(t)$——交流电路中 t 时刻的交流电压；

　　　$i(t)$——交流电路中 t 时刻的交流电流；

　　　T——交流电路中交流信号的周期。

由式（2-10）可见，有功功率是瞬时功率在一个周期内的平均值，故有功功率也称平均功率，定义式（2-10）对于任何周期的交流电路是普遍适用的。对于正弦交流电路，设

$$u(t) = U_{\mathrm{m}}\sin\omega t = \sqrt{2}U\sin\omega t$$

$$i(t) = I_{\mathrm{m}}\sin(\omega t - \varphi) = \sqrt{2}I\sin(\omega t - \varphi)$$

式中　U_{m}，U——交流电压的最大值和有效值；

　　　I_{m}，I——交流电流的最大值和有效值；

　　　ω——角频率；

　　　φ——交流电压超前于交流电流的相位差。

从而

$$p(t) = u(t)i(t) = 2UI\sin(\omega t)\sin(\omega t - \varphi)$$

$$= UI\cos\varphi - UI\cos(2\omega t - \varphi)$$

将 $p(t)$ 代入式（2-10），可得

$$P = \frac{1}{T}\int_0^T p(t)\,\mathrm{d}t = \frac{1}{T}\int_0^T [UI\cos\varphi - UI\cos(2\omega t - \varphi)]\,\mathrm{d}t = UI\cos\varphi \tag{2-11}$$

因此可得 P 和 $p(t)$ 的关系为

$$p(t) = P - UI\cos(2\omega t - \varphi) \tag{2-12}$$

由式（2-12）可见，瞬时功率是有功功率与正弦分量的代数和。若能从瞬时功率中去除该正弦分量，便能得到有功功率。

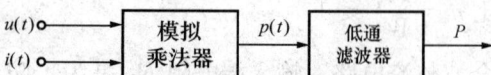

图 2-7 给出了单相有功功率测量原理图。它由一个模拟乘法器和低通滤波器组成。其中模拟乘法器实现电压 $u(t)$ 和电流 $i(t)$ 的相乘，从而构成瞬时功率 $p(t)$，低通滤波器滤去 $p(t)$

图 2-7　单相有功功率测量原理图

中的正弦分量，剩下直流分量 $UI\cos\varphi$，即有功功率 P。

二、单相功率测量元件

1. 单相有功功率测量元件

与电流和电压测量相类似，单相有功功率测量元件除了乘法器和低通滤波器外，还包括中间电压互感器 TV_m 和中间电流互感器 TA_m，其结构如图 2-8 所示。

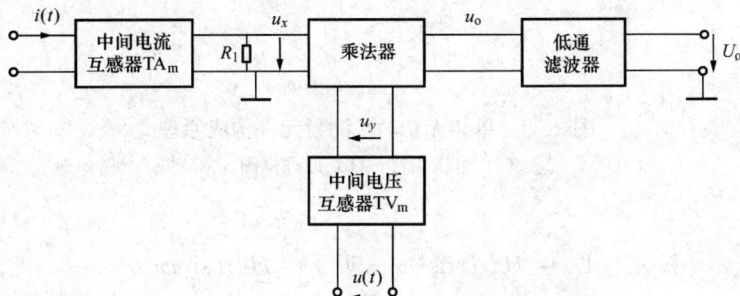

图 2-8　单相有功功率测量元件框图

输入电流经 TA_m 在电阻 R 上形成交流电压 u_x，输入电压经 TV_m 变换成交流电压 u_y，设 TV_m、TA_m 的变换系数分别为 k_{mu}、k_{mi}，乘法器的变换系数为 k_m，则

$$\begin{cases} u_o = k_{mu}k_{mi}p_2 \\ U_o = k_f\,\overline{u_o} = k'P_2 \end{cases} \tag{2-13}$$

式中　p_2，P_2——二次侧瞬时功率和平均功率；

k'——功率测量元件变换系数。

式（2-13）说明，功率测量元件的输出电压 U_o 与输入二次功率 P_2 成正比。

2. 单相无功功率测量元件

根据有功功率定义，已推导出单相有功功率为

$$P = UI\cos\varphi$$

式中　U、I——电压、电流的有效值；

φ——电压 $u(t)$ 超前电流 $i(t)$ 的相位。

无功功率 Q 定义为

$$Q = UI\sin\varphi \tag{2-14}$$

比较 P、Q 的表达式容易发现，P、Q 的差别可看成是输入电压、输入电流的相位差 $90°$。若将输入电压 $u(t)$ 相位减小（相移）$90°$ 而不改变幅值［见图 2-9（a）］，则相移 $90°$ 后的电压为

$$\dot{U}_r = U\mathrm{e}^{-\mathrm{j}90°} \tag{2-15}$$

将 $u_r(t)$ 与 $i(t)$ 输入有功功率测量元件，则其输出信号 U_o 就是与无功功率 Q 成正比的电压信号，如图 2-9（b）所示。

实际上，测量元件的输出电压为

$$U_o = kU_rI\cos\varphi'_r \tag{2-16}$$

$$\varphi'_r = \varphi - 90°$$

式中　$\varphi'_r(t)$——电压 $\underline{U}_r$ 与 $\underline{I}$ 之间的相位差。

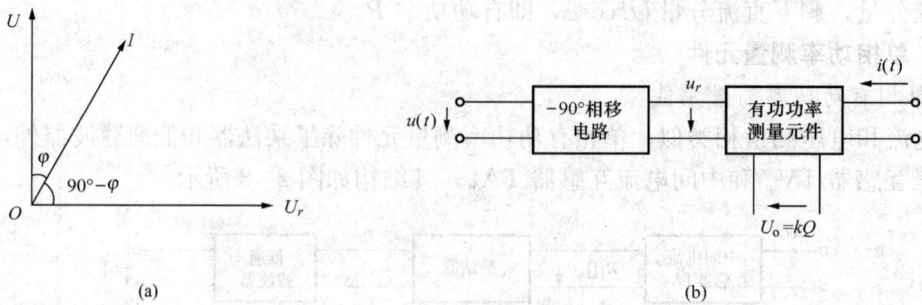

图 2-9　单相无功功率测量元件构成原理

(a) 电压相移；(b) 原理框图

所以

$$U_o = kU_rI\cos(\varphi - 90°) = kU_rI\sin\varphi$$
$$= kUI\sin\varphi = kQ \tag{2-17}$$

经分析，按图 2-9 构成的无功功率测量元件，当采用运算放大器实现 90° 相移时，工频变化引起的相移变化不可忽略。为此，可构成图 2-10 (a) 所示的单相无功功率测量元件，图 2-10 (b) 所示是其相量关系示意图。

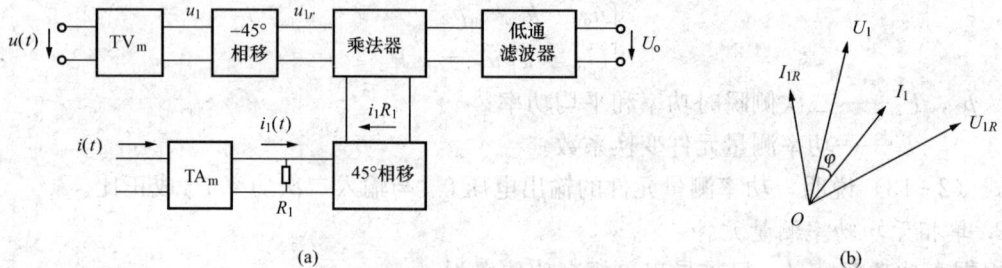

图 2-10　单相无功功率测量元件

(a) 结构框图；(b) 电压电流相量图

在这种方案中，电压 $u_1(t)$ 相移 $-45°$ 成为 $u_{1r}(t)$；电流 $i_1(t)$ 经电阻 R 后再相移 $45°$ 成为 $i_{1r}(t)R$。设相移后电压与电流的相位差为 φ_r，则

$$\varphi_r = \underline{/U_{1r}} - \underline{/I_{1r}} = \varphi - 90° \tag{2-18}$$

式中　φ——电压 $\underline{U}_1$ 与电流 $\underline{I}_1$ 的相位差。

此时，无功功率测量元件的输出为

$$U_o = kU_{1r}I_{1r}\cos\varphi_r = k_1U_1I_1\cos(\varphi - 90°)$$
$$= kUI\sin\varphi = kQ \tag{2-19}$$

其中，k_1 不包括 TA_m、TV_m 的变比。

三、三相有功功率变送器

三相有功功率变送器由单相有功功率元件构成，根据三相电路的特点，按功率变送器含有功功率元件的个数，三相有功功率变送器有单元件式、两元件式、三元件式等几种。单元件三相有功功率变送器适用于电压对称、负载平衡的对称三相电路功率测量；两元件三相有功功率变送器适用于三相三线制电路中功率测量；三元件三相有功功率变送器适用于零序电流不为零的三相四线制电路中功率的测量。

前面已研究了单相功率测量元件,在此将研究由单相有功功率测量元件组成的三相有功功率变送器。对于单相有功功率测量元件,其输出电压与输入其上的有功功率 P 成正比,即

$$U_o = kU_iI_i\cos\varphi = kP \tag{2-20}$$

$$\varphi = \varphi_u - \varphi_i \tag{2-21}$$

式中 U_i、I_i——输入单相有功功率测量元件的电压和电流的有效值;

$\quad\quad\quad\varphi$——输入电压相位 φ_u 与输入电流相位 φ_i 之差;

$\quad\quad\quad k$——单相有功功率元件的功率系数。

对于单相无功功率测量元件,其输出电压与输入其上的无功功率 Q 成正比,即

$$U_o = kU_iI_i\sin\varphi = kQ \tag{2-22}$$

$$\varphi = \varphi_u - \varphi_i \tag{2-23}$$

式中 U_i、I_i——输入单相无功功率测量元件的电压和电流的有效值;

$\quad\quad\quad\varphi$——输入电压相位 φ_u 与输入电流相位 φ_i 之差;

$\quad\quad\quad k$——单相无功功率元件的功率系数。

1. 三相电路复功率

对于单相电路,复功率 $\underline{S}$ 定义为

$$\begin{aligned}\underline{S} &= \underline{U}_i \overset{*}{I}_i = U_i\mathrm{e}^{\mathrm{j}\varphi_u}I_i\mathrm{e}^{-\mathrm{j}\varphi_i}\\ &= U_iI_i\mathrm{e}^{\mathrm{j}(\varphi_u-\varphi_i)} = U_iI_i\mathrm{e}^{\mathrm{j}\varphi}\\ &= U_iI_i\cos\varphi + \mathrm{j}U_iI_i\sin\varphi\\ &= P + \mathrm{j}Q \end{aligned} \tag{2-24}$$

其中,$\varphi = \varphi_u - \varphi_i$。$\overset{*}{I}_i$ 表示 I_i 的共轭复数。

因此,式(2-24)还可写为

$$P = \mathrm{Re}[\underline{S}]$$

$$Q = \mathrm{Im}[\underline{S}]$$

同理,对于三相功率

$$\begin{aligned}\underline{S} &= P + \mathrm{j}Q\\ &= \underline{U}_a\overset{*}{I}_a + \underline{U}_b\overset{*}{I}_b + \underline{U}_c\overset{*}{I}_c\\ &= (\underline{U}_{a0}+\underline{U}_{a1}+\underline{U}_{a2})(\overset{*}{I}_{a0}+\overset{*}{I}_{a1}+\overset{*}{I}_{a2}) + (\underline{U}_{b0}+\underline{U}_{b1}+\underline{U}_{b2})(\overset{*}{I}_{b0}+\overset{*}{I}_{b1}+\overset{*}{I}_{b2})\\ &\quad + (\underline{U}_{c0}+\underline{U}_{c1}+\underline{U}_{c2})(\overset{*}{I}_{c0}+\overset{*}{I}_{c1}+\overset{*}{I}_{c2}) \end{aligned}$$

由于 $1+a+a^2=0$,化简可得

$$\begin{aligned}\underline{S} &= 3U_{p0}I_{p0}\cos\varphi_0 + 3U_{p1}I_{p1}\cos\varphi_1 + 3U_{p2}I_{p2}\cos\varphi_2\\ &\quad + \mathrm{j}(3U_{p0}I_{p0}\sin\varphi_0 + 3U_{p1}I_{p1}\sin\varphi_1 + 3U_{p2}I_{p2}\sin\varphi_2) \end{aligned}$$

所以

$$P = 3U_{p0}I_{p0}\cos\varphi_0 + 3U_{p1}I_{p1}\cos\varphi_1 + 3U_{p2}I_{p2}\cos\varphi_2$$

$$Q = 3U_{p0}I_{p0}\sin\varphi_0 + 3U_{p1}I_{p1}\sin\varphi_1 + 3U_{p2}I_{p2}\sin\varphi_2$$

对于三相三线制系统,$\underline{I}_a + \underline{I}_b + \underline{I}_c = 0$,故 $I_{p0} = 0$

$$P = 3U_{p1}I_{p1}\cos\varphi_1 + 3U_{p2}I_{p2}\cos\varphi_2$$

$$Q = 3U_{p1}I_{p1}\sin\varphi_1 + 3U_{p2}I_{p2}\sin\varphi_2$$

考虑对称的三相系统没有负序分量

$$P = 3U_{p1}I_{p1}\cos\varphi_1 = 3U_pI_p\cos\varphi = \sqrt{3}U_LI_L\cos\varphi$$

$$Q = 3U_{p1}I_{p1}\sin\varphi_1 = 3U_pI_p\sin\varphi = \sqrt{3}U_LI_L\sin\varphi$$

式中　U_L、I_L——线电压和线电流。

2. 两元件三相有功功率变送器

在电力系统中,广泛采用三相三线制系统,在此只讨论两元件三相有功功率变送器测量原理。图 2-11 是两元件三相有功功率变送器接线原理图。两个功率测量元件分别接入 $u_{uv}(t)$、$i_u(t)$ 和 $u_{wv}(t)$、$i_w(t)$ 四个电量信号,该变送器获得的功率信息为

$$\underline{S}_2 = \underline{U}_{uv}\overset{*}{I}_u + \underline{U}_{wv}\overset{*}{I}_w$$

$$= (\underline{U}_u - \underline{U}_v)\overset{*}{I}_u + (\underline{U}_w - \underline{U}_v)\overset{*}{I}_w$$

$$= \underline{U}_u\overset{*}{I}_u + \underline{U}_v\overset{*}{I}_v + \underline{U}_w\overset{*}{I}_w$$

$$= U_uI_u\mathrm{e}^{\mathrm{j}\varphi_u} + U_vI_v\mathrm{e}^{\mathrm{j}\varphi_v} + U_wI_w\mathrm{e}^{\mathrm{j}\varphi_w}$$

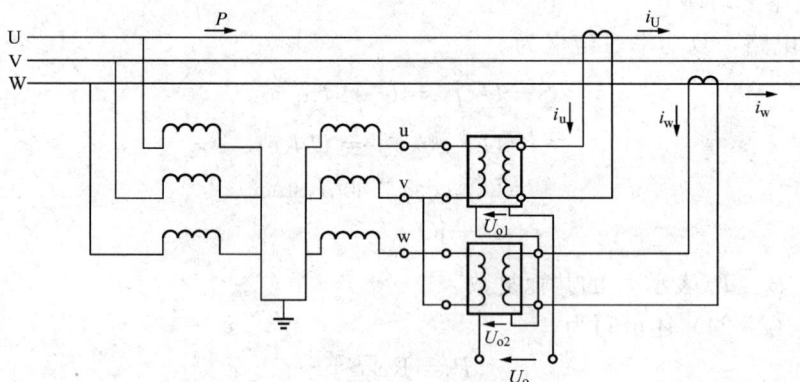

图 2-11　两元件三相有功功率变送器接线

故三相有功功率

$$P = \mathrm{Re}[\underline{S}] = U_uI_u\cos\varphi_u + U_vI_v\cos\varphi_v + U_wI_w\cos\varphi_w$$

$$= P_u + P_v + P_w = P_2$$

设两个有功功率测量元件具有相同外特性,则

$$U_{o1} = k\mathrm{Re}[\underline{U}_{uv}\overset{*}{I}_u], U_{o2} = k\mathrm{Re}[\underline{U}_{wv}\overset{*}{I}_w]$$

从而

$$U_o = U_{o1} + U_{o2} = k\mathrm{Re}[\underline{U}_{uv}\overset{*}{I}_u + \underline{U}_{wv}\overset{*}{I}_w]$$

$$= kP_2 = \frac{k}{k_{nu}k_{ni}}P_1$$

即三相功率变送器输出电压 U_o 与被测线路三相功率成正比,据 U_o 值即可得到三相功率的值。

3. 三元件三相有功功率变送器

在三相四线制中,若零序电流不为零,用两元件三相有功功率变送器测量三相电路功率

时就存在接线的原理性测量误差。为了准确地进行测量，必须采用三元件构成的三相有功功率变送器，图 2-12 所示为三元件三相有功功率变送器的测量接线。

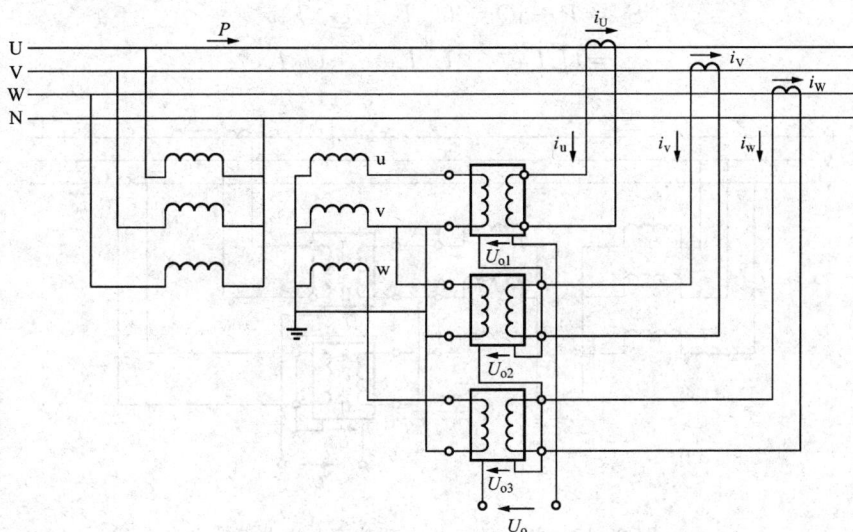

图 2-12 三元件三相有功功率变送器的测量接线

很明显，三相功率变送器获得的功率信息为

$$\underline{S}_2 = \underline{U}_u \overset{*}{I}_u + \underline{U}_v \overset{*}{I}_v + \underline{U}_w \overset{*}{I}_w$$
$$= U_u I_u e^{j\varphi_u} + U_v I_v e^{j\varphi_v} + U_w I_w e^{j\varphi_w}$$

其有功功率为

$$P = \text{Re}[\underline{S}] = U_u I_u \cos\varphi_u + U_v I_v \cos\varphi_v + U_w I_w \cos\varphi_w$$
$$= P_u + P_v + P_w = P_2$$

设三个有功功率测量元件具有相同外特性，即

$$U_{o1} = k\text{Re}[\underline{U}_u \overset{*}{I}_u], U_{o2} = k\text{Re}[\underline{U}_v \overset{*}{I}_v], U_{o3} = k\text{Re}[\underline{U}_w \overset{*}{I}_w]$$

从而

$$U_o = U_{o1} + U_{o2} + U_{o3} = k\text{Re}[\underline{U}_u I_u + \underline{U}_v I_v + \underline{U}_w I_w]$$
$$= kP_2 = \frac{k}{k_{nu}k_{ni}}P_1$$

即三相功率变送器输出电压 U_o 与被测线路三相功率成正比，据 U_o 值即可得到三相功率的值。

四、三相无功功率变送器

三相无功功率变送器有两种类型，一类是采用无功功率测量元件构成的，另一类是采用有功功率测量元件构成的。在此，仅讨论采用无功功率测量元件构成的三相无功功率变送器。采用无功功率测量元件测量三相电路的无功功率与采用有功功率测量元件测量三相电路的有功功率完全类似。

1. 两元件三相无功功率变送器

在电力系统中，广泛采用三相三线制系统，在此只讨论两元件三相无功功率变送器测量原理。图 2-13 是两元件三相无功功率变送器接线原理图。两个功率测量元件分别接入 $u_{uv}(t)$，$i_u(t)$，$u_{wv}(t)$，$i_w(t)$ 四个电量信号，该变送器获得的功率信息为

$$\underline{S}_2 = P + jQ = \underline{U}_{uv}\overset{*}{I}_u + \underline{U}_{wv}\overset{*}{I}_w$$

$$= U_u I_u e^{j\varphi_u} + U_v I_v e^{j\varphi_v} + U_w I_w e^{j\varphi_w}$$

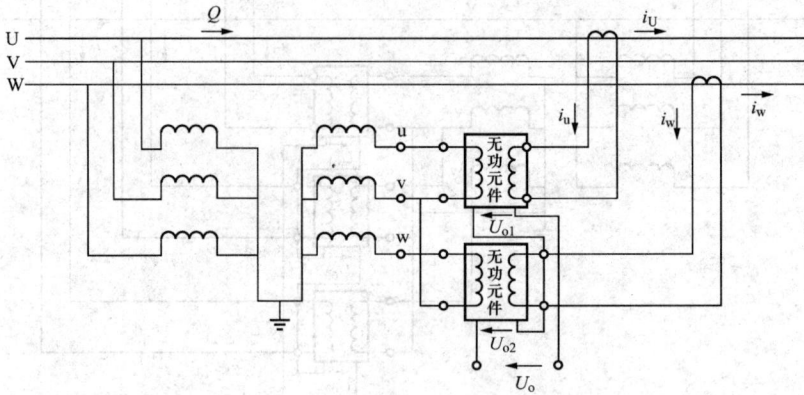

图 2-13　两元件三相无功功率变送器接线

故三相无功功率

$$Q = \text{Im}[\underline{S}] = U_u I_u \sin\varphi_u + U_v I_v \sin\varphi_v + U_w I_w \sin\varphi_w$$

$$= Q_u + Q_v + Q_w = Q_2$$

设两个有功功率测量元件具有相同外特性，则

$$U_{o1} = k\text{Im}[\underline{U}_{uv}\overset{*}{I}_u], \ U_{o2} = k\text{Im}[\underline{U}_{wv}\overset{*}{I}_w]$$

从而

$$U_o = U_{o1} + U_{o2} = k\text{Im}[\underline{U}_{uv}\overset{*}{I}_u + \underline{U}_{wv}\overset{*}{I}_w]$$

$$= kQ_2 = \frac{k}{k_{nu}k_{ni}}Q_1$$

即三相无功功率变送器输出电压 U_o 与被测线路三相无功功率成正比，据 U_o 值即可得到三相无功功率的值。

2. 三元件三相无功功率变送器

在三相四线制中，若零序电流不为零，用两元件三相无功功率变送器测量三相电路功率时就存在接线的原理性测量误差。为了准确地进行测量，必须采用三元件构成的三相无功功率变送器，图 2-14 所示为三元件三相无功功率变送器的测量接线。

很明显，三相功率变送器获得的功率信息为

$$\underline{S}_2 = \underline{U}_u\overset{*}{I}_u + \underline{U}_v\overset{*}{I}_v + \underline{U}_w\overset{*}{I}_w$$

$$= U_u I_u e^{j\varphi_u} + U_v I_v e^{j\varphi_v} + U_w I_w e^{j\varphi_w}$$

其无功功率为

$$Q = \text{Im}[\underline{S}_2] = U_u I_u \sin\varphi_u + U_v I_v \sin\varphi_v + U_w I_w \sin\varphi_w$$

$$= Q_u + Q_v + Q_w = Q_2$$

设三个无功功率测量元件具有相同外特性，即

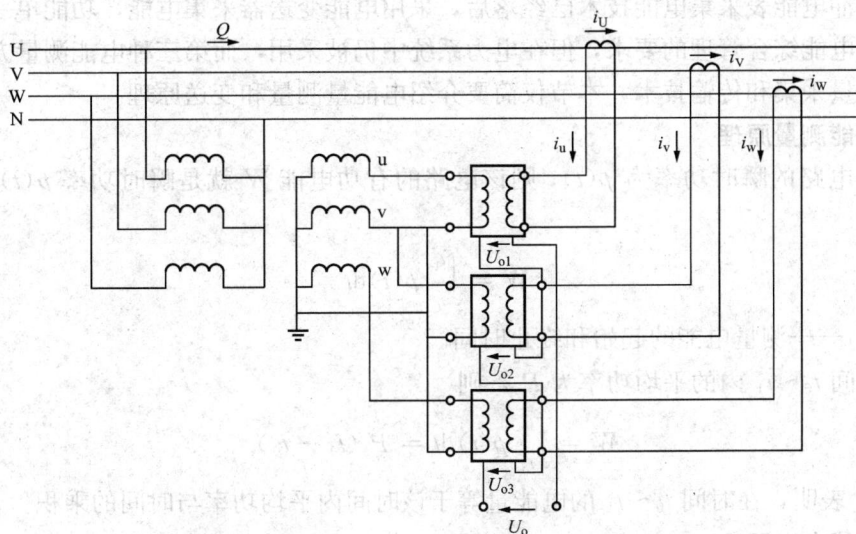

图 2-14 三元件三相无功功率变送器的测量接线

$$U_{o1} = k\mathrm{Im}[\underline{U}_u \mathring{I}_u], \quad U_{o2} = k\mathrm{Im}[\underline{U}_v \mathring{I}_v], \quad U_{o3} = k\mathrm{Im}[\underline{U}_w \mathring{I}_w]$$

从而

$$U_o = U_{o1} + U_{o2} + U_{o3} = k\mathrm{Im}[\underline{U}_u \mathring{I}_u + \underline{U}_v \mathring{I}_v + \underline{U}_w \mathring{I}_w]$$

$$= kQ_2 = \frac{k}{k_{nu}k_{ni}}Q_1$$

即三相无功功率变送器输出电压 U_o 与被测线路三相无功功率成正比,据 U_o 值即可得到三相无功功率的值。

第三节 电能测量原理

在电力系统中,为了加强电能管理,提高电能的经济效益,必须对发电量、用电量、供电量、用户消耗电量进行计量。通常,电能的计量是用感应式电能表来完成的,这种电能表存在着测量精度低、电能信号不易远传等缺点。

随着电网调度自动化水平的提高,为加强电能大范围的平衡管理,电能信息必须随时传送到电网调度中心。至今已有多种方式实现对电能的测量传输。

第一种是在原有感应式电能表的基础上,加装电能/脉冲变换器,形成脉冲电能表。它一方面积累电能计算,另一方面输出反应电能的脉冲信号,并向调度中心传送。

第二种是采用电能变送器,电能变送器是在功率变送器的基础上形成的,它将功率变送器输出的直流信号变换为频率与之成正比的脉冲信号,并将该脉冲信号输出,向调度中心传送。有些电能变送器还附带积算器,将电能计算积累起来在当地指示,这样便实现了脉冲电能表的功能。

第三种是采用智能电表测量电能,并采用电能采集系统将发电厂、变电站的表计信息集中,通过通信网络向调度监控中心传输。

采用脉冲电能表采集电能技术已经落后，采用电能变送器采集电能，功能单一，不能满足现代电网电能综合管理的要求，但在电力系统中仍被采用，而第三种电能测量方式适合现代电网电能量采集和传输技术，本节仅简要介绍电能量测量和变送原理。

一、电能测量原理

设三相电路的瞬时功率为 $p(t)$，则该电路的有功电能 W 就是瞬时功率 $p(t)$ 的时间积分，即

$$W = \int_{t_0}^{t_1} p(t)\mathrm{d}t \qquad (2-25)$$

式中　t_0、t_1——测量电能的起始和终止时间。

设在时间 $t_0 \sim t_1$ 内的平均功率为 P_a，则

$$W = \int_{t_0}^{t_1} p(t)\mathrm{d}t = P_\mathrm{a}(t_1 - t_0) \qquad (2-26)$$

式（2-26）表明，在时间 $t_0 \sim t_1$ 的电能量等于该时间内平均功率与时间的乘积。

二、电能变送器

因三相有功功率变送器输出电压 U_o 与有功功率 P 成正比

$$U_\mathrm{o} = k_1 P$$

若将 U_o 进行电压/频率（U/f）变换，使之成为与 U_o 成正比，频率为 f 的脉冲信号，即

$$f = k_2 U_\mathrm{o}$$

在时间 $t_0 \sim t_1$ 内，以 f 为频率的脉冲数为 N，则 $N/(t_1 - t_0)$ 代表在时间 $t_0 \sim t_1$ 内频率 f 的平均值 f_a。因此可求得相应时间内 U_o 的平均值 U_oa，即

$$U_\mathrm{oa} = \frac{f_\mathrm{a}}{k_2} = \frac{N}{t_1 - t_0} \times \frac{1}{k_2}$$

从而

$$P_\mathrm{a} = \frac{U_\mathrm{oa}}{k_1} = \frac{N}{k_1 k_2} \times \frac{1}{t_1 - t_0} \qquad (2-27)$$

根据式（2-27）可得，有功电能

$$W = P_\mathrm{a}(t_1 - t_0) = \frac{N}{k_1 k_2} = kN \qquad (2-28)$$

式中　k——比例系数，$k = \dfrac{1}{k_1 k_2}$。

式（2-33）表明，在时间 $t_0 \sim t_1$ 内的电能量与该时间内有功功率所转换成的电脉冲计数值 N 成正比。因此，电能的测量就可转化为对电脉冲的计数。电能变送器就是将通过电路的电能转化为与之成正比的电脉冲信号的一种仪表。

电能常数概念是电能测量的一个重要参数，电能常数是指每度电能（千瓦时，kWh）对应电能表或电能变送器输出的脉冲数，用 α 表示，单位是 P/kWh。电能变送器实际测量的是二次电能，即对输入变送器二次功率的时间积分。二次功率的变化范围是 $-\sqrt{3}UI\cos\varphi \sim \sqrt{3}UI\cos\varphi$，取 $U = 100\mathrm{V}, I = 5\mathrm{A}, \cos\varphi = 1$，则二次功率变化的最大范围是 $-866 \sim 866\mathrm{W}$。一般来说，电能常数 α 取值为几千上万，由此可以确定 U/f 变换的输出频率变换范围。

第四节　温　度　变　送　器

一、概述

为适应变电站综合自动化的需要，适应变电站无人值班管理运行模式的要求，需要对变压器油温、变电站控制室温度等信号加以监视。因此，必须测量这些温度并传送到监控中心。

在工业生产过程中，温度是一个重要的测量量。测量温度的一次元件常用的有热电偶、热电阻、热敏电阻等，它们都是将被测量温度高低转化为便于测量的电气信号或器件参数的大小。热电偶测温原理是热电效应，即两种不同的导体两端紧密地连接在一起，在连接处将形成电动势，该电动势的大小随连接点温度而变化。热电偶的测温范围虽达到−50～1600℃，但通常用来测量300℃以上的高温。热电阻是利用导体的电阻随温度变化的特性来测量温度的，工业上它被广泛地应用于测量−200～500℃中低温区的温度。热敏电阻是利用半导体的电阻值随温度变化而显著变化的原理测量温度的，它的测温范围在−50～300℃。

在变电站自动化系统中，所要测量的温度不是很高，用热电阻和热敏电阻均可作为一次测温元件，热敏电阻虽然具有比热电阻高的温度系数（电阻变化范围大），以及高的灵敏度，但热敏电阻的互换性差，故在变电站中测量温度均采用热电阻作一次元件。目前应用较广泛的热电阻材料是铂和铜，也有适于低温测量的铟、锰和碳等为材料的热电阻。

二、热电阻的测试温度特性

1. 铂电阻

铂电阻的物理、化学特性比较稳定，在工业生产中常作为测温元件。铂电阻与温度的关系如下：

在0～630.74℃为

$$R_t = R_0(1 + At + Bt^2) \tag{2-29}$$

在−190～0℃为

$$R_t = R_0[1 + At + Bt^2 + C(t-100)t^3] \tag{2-30}$$

式中　R_t——温度为t℃时的电阻值；

　　　R_0——温度为0℃时的电阻值；

　　　t——任意温度值；

A、B、C——分度系数，$A = 3.94 \times 10^{-3}/℃$，$B = -5.84 \times 10^{-7}/℃^2$，$C = -4.22 \times 10^{-12}/℃^3$。

由式（2-29）、式（2-30）可知，要确定电阻值R_t与温度之间的定量关系，还必须先确定R_0的数值，R_0不同，R_t与t之间的关系也将发生变化。在工业上，将相对应于$R_0 = 50\Omega$和100Ω的$R_t \sim t$关系制成表格，称其为热电阻分度表，供用户查阅。

2. 铜电阻

铂电阻虽然特性优良、应用较广，但价格高，在测量精度不高且温度较低的场合，所以铜电阻得到了广泛应用。在−50～150℃的温度范围内，铜电阻的阻值与温度呈线性关系，可用下式表示：

$$R_t = R_0(1 + \alpha t) \tag{2-31}$$

式中　R_0——温度为 0℃时的电阻值;

　　　　R_t——温度为 t℃时的电阻值;

　　　　α——铜电阻温度系数,$\alpha = 4.25 \times 10^{-3} \sim 4.28 \times 10^{-3}/$℃。

铜电阻的主要缺点是电阻率较低,电阻体的体积较大,热惯性较大。与铂电阻相似,R_t 与 t 的关系依赖于 R_0,R_0 有 50Ω 和 100Ω 两种,也制成了相应的分度表,可供查阅。

三、用热电阻测量温度

热电阻作为温度测量的一次元件,它仅将温度高低转变为电阻值的大小,只有测量出电阻的大小才能推知温度的高低。在实际温度测量中,常使用电桥作为热电阻的测量电路,用仪表指示当地温度的高低。在变电站综合自动化系统中,用热电阻测量的温度信号要远传到变电站控制室或远程监控中心。所以应采用温度变送器将温度变化引起的电阻值变化变换成适合于各级转换的统一电信号。

1. 热电阻测温电路

最常用的热电阻测温电路是电桥电路,如图 2-15 所示。R_1、R_2、R_3 是固定电阻,R_a 是不归零电位器。r_1、r_2、r_3 是导线电阻。

R_t 通过 r_1、r_2、r_3 与电桥相连接,r_1、r_2 阻值相等,当温度变化时 r_1、r_2 的变化量相同,由于 r_1、r_2 分别在不同的桥臂上,不会产生测量误差,r_3 在电源回路,对测量的影响很小。当调整 R_a 使 $R_a + R_t = R_4$ 电桥平衡时,温度 t 的变化使得 R_t 的变化能直接由电桥检流计测得。

2. 变压器油温信号的远传

以上所述的测温方法主要适用于就地测量显示。当温度信号要进行远传时,需要采用与温度变送器相配合的测量方式,如图 2-16 所示。

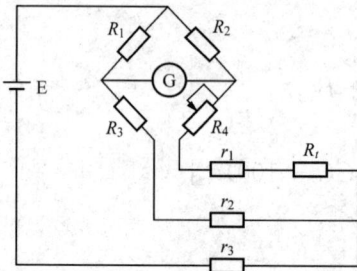

图 2-15　热电阻测温常用电路　　　图 2-16　变压器油温的变送原理

温度变送器的恒流源输出一恒定电流,在热电阻上形成电压信号,该电压信号与热电阻阻值成正比,测得该电压信号即可获得温度值。在温度变送器内,测量这个电压信号并转变为对应的直流电压输出,将温度变送器的输出信号接到系统测控单元部分,实现温度信号的测量远传。

第三章 交流采样及其算法

第一节 交流采样原理

第二章讨论了采用变送器测量交流电气量和温度的原理和方法，简单介绍了电压变送器、电流变送器、三相有功功率变送器、三相无功功率变送器、电能变送器和温度变送器。除温度变送器外，它们都是从二次回路中获取信号，通过变换电路，输出与某电气量成正比的模拟信号。与采用微机技术的测量方法相比，这种电气量测量方法主要存在下列缺点。

（1）每台变送器只能测取一个或两个电气量，在发电厂、变电站中必须使用很多的变送器，投资大、占用空间大。

（2）变送器输出的模拟信号尚需进行模/数变换，并通过远动系统以数字量形式远传或送到当地计算机监控系统显示。

（3）电量变送器都是电力互感器二次回路的负载，接入变送器数量越多，二次回路负载越重，互感器的实际变换误差就越大。

（4）变送器电路均使用低通滤波器输出直流信号，测量延迟长，不符合电网监控的快速要求。

随着微机技术的发展，广泛使用交流采样技术测量厂站电气量。交流采样技术就是通过对电力互感器二次回路中的交流电压信号和交流电流信号直接采样，获得一组采样信号，通过模/数变换将其变换为数字量，由这组数字量计算得到电压、电流、功率、电能、频率等电气量值。在发电厂、变电站中，使用交流采样技术可取消变送器测量环节，也有利于测量精度的提高，交流采样技术已在变电站自动化系统中广泛使用。

一、交流采样

对一个信号采样就是测取该信号的瞬时值，它可由一个采样器来完成，如图 3-1 所示。

采样器按定时或不定时的方式将开关瞬间接通，使输入采样器的连续信号 $f(t)$ 转变为离散信号 $f^*(t)$ 输出，设采样开关按周期 T_s 瞬间接通，则采样得到的离散信号为

$$f^*(t) = \begin{cases} f(nT_s), t = nT_s \\ 0 \quad\quad, t \neq nT_s \end{cases} \tag{3-1}$$

式中 n——正整数。

在交流采样技术中，只用一个单独的采样器是无法工作的，因为采样所得信号要经过模/数变换成数字量，而模/数变换需要一定的时间才能完成，并要求变换过程中被变换量保持不变。所以采样器必须有一个保持器配合工作，如图 3-1 所示。在两次采样的间隔时间内，采样保持器输出信号 $f_h(t)$ 保持不变。对于需要同时采样的多个交流信号，应配备各自的采样保持器。

二、采样定理

采样将一段时间的连续信号变为离散信号，改变了信号的外在形式，这通常是为了使之易于处理或借助于更好的工具对其进行处理。因此，信号经过采样后不应改变原有的本质特性，或者说，根据采样得到的 $f^*(t)$，可以复现 $f(t)$ 的所有本质信息。直观地看，采样周期

越短，采样频率越高，$f_h(t)$ 越接近 $f(t)$。香农定理阐明了信号不失真采样的基本原理，即为了对连续信号 $f(t)$ 进行不失真的采样，采样频率 ω_s 应不低于 $f(t)$ 所包含最高频率 ω_{max} 的两倍，即

$$\omega_s \geqslant 2\omega_{max}$$

在此不拟对这个定理加以证明，只简要说明其意义。图 3-2 所示是一个多频函数的频谱。图 3-2（a）表明了该多频函数的频谱，其最高频率为 ω_{max}。图 3-2（b）、（c）、（d）分别给出了 $\omega_s \geqslant 2\omega_{max}$、$\omega_s = 2\omega_{max}$ 和 $\omega_s < 2\omega_{max}$ 时 $f^*(t)$ 的频谱。由图 3-2 可知，$f^*(\omega)$ 是 $f(\omega)$ 以 $\pm n\omega_s$ 为中心的无限次重复，其幅值从 $f(0)$ 变为 $f(0)/T$。当 $\omega_s \geqslant 2\omega_{max}$ 时，$f^*(\omega)$ 无重叠现象。而 $\omega_s < 2\omega_{max}$ 时 $f^*(\omega)$ 有重叠现象。对于图 3-2（b）所示的 $f^*(\omega)$，利用低通滤波器可将采样输出的高频部分全部滤掉，而只剩下与基本频谱相对应的部分，即原输入信号完全可以从采样信号中复现，故这样的采样是不失真的。相反，当 $\omega_s < 2\omega_{max}$ 时，任何低通滤波器不能将信号复原，因而是失真采样。

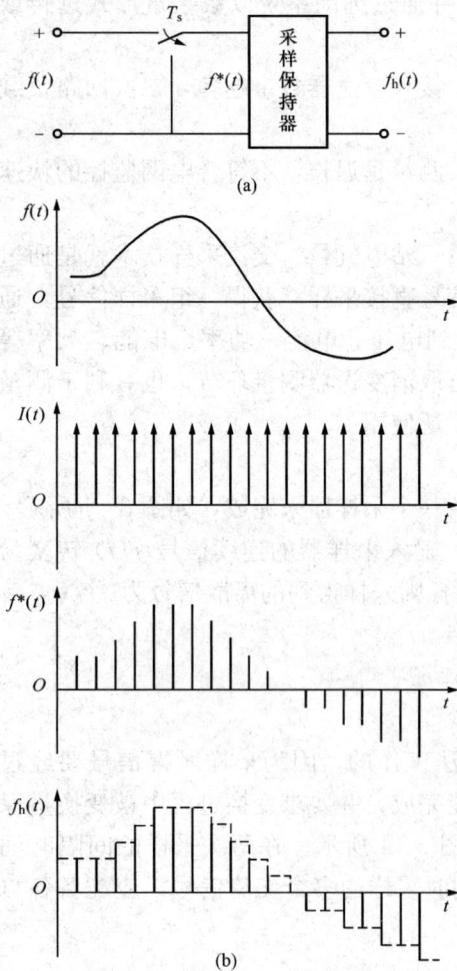

图 3-1 信号的采样与保持
（a）采样保持器；（b）信号波形

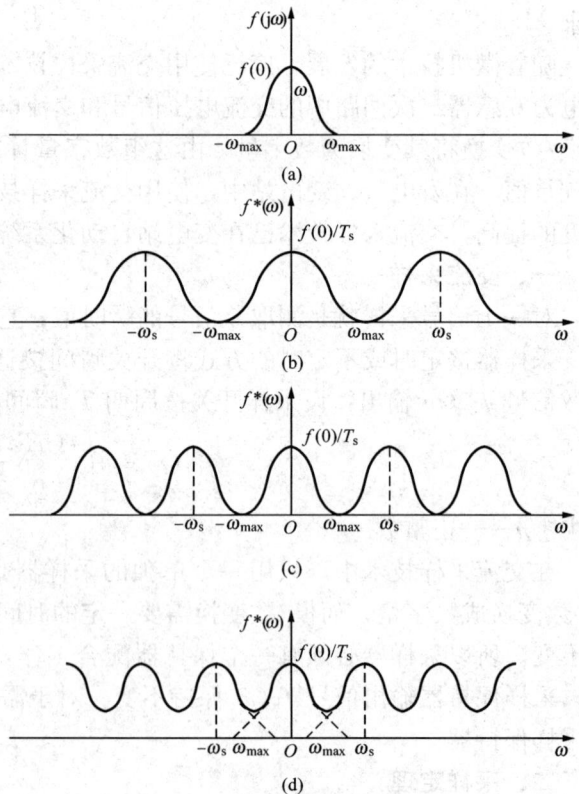

图 3-2 信号及其采样后的频谱
（a）信号频谱；（b）$\omega_s \geqslant 2\omega_{max}$；（c）$\omega_s = 2\omega_{max}$；（d）$\omega_s < 2\omega_{max}$

若被采样信号是频率为 50Hz 的正弦交流信号，则根据采样定理，在该正弦信号的一个周期内，任意多于两点的采样（$\omega_s \geqslant 2\omega_{max}$）就可以由采样所得的两点值确定正弦信号。设该正弦信号为

$$f(t) = A_m\sin(\omega t + \varphi) \tag{3-2}$$

其中 $\omega = 2\pi f = 314$（rad/s）。若在时刻 t_1 和 t_2，分别得到采样值 a_1 和 a_2，则

$$a_1 = A_m\sin(\omega t_1 + \varphi) \tag{3-3}$$

$$a_2 = A_m\sin(\omega t_2 + \varphi) \tag{3-4}$$

由式（3-3）、式（3-4）可得

$$A_m = \sqrt{\frac{(a_1^2 + a_2^2) - 2a_1a_2\cos(\omega\Delta t)}{\sin^2(\omega\Delta t)}}$$

其中 $\Delta t = t_2 - t_1$。令 $t_1 = 0$，可得

$$\varphi = \arcsin(a_1/A_m) \tag{3-5}$$

由式（3-4）和式（3-5）求得的 A_m 和 φ，可确定式（3-2）所假定的正弦信号。特别地，当 $\omega t = 90°$ 或 $270°$ 时，

$$A_m = \sqrt{a_1^2 + a_2^2}, \quad \varphi = \arcsin(a_1/\sqrt{a_1^2 + a_2^2})$$

于是式（3-2）将成为

$$f(t) = \sqrt{a_1^2 + a_2^2}\sin[\omega t + \arcsin(a_1/\sqrt{a_1^2 + a_2^2})]$$

应当指出，当 $a_1 = 0$，$a_2 = 0$ 时，不能求出 A_m。采样定理是选择采样频率的理论依据，实际应用中，采样频率总要选得比已知被采样信号最高频率高两倍以上。例如，采样工频交流信号，采样频率 f_s 一般为工频频率的 8～10 倍，甚至更高，使信号中高次谐波分量能在采样信号中反映出来。

第二节 交流采样时域算法

为了获得被测电量值，必须对采样所得的一组离散量进行计算。由交流采样计算电气量的算法比较多，例如：积分型算法、正交变换算法等。本节仅介绍交流信号有效值、三相功率、电能的积分型算法。同时，假定在一个周期内信号采样是等间隔的。

一、电压、电流时域算法

设 $f(t)$ 是一个周期信号，其周期为 T，最大值为 A_m。根据有效值的定义，$f(t)$ 的有效值 A 可表示为

$$A = \sqrt{\frac{1}{T}\int_0^T f^2(t)\mathrm{d}t} \tag{3-6}$$

当 $f(t)$ 是交流电压 $u(t)$ 和交流电流 $i(t)$ 时，可得到交流电压和交流电流的有效值 U 和 I，即

$$U = \sqrt{\frac{1}{T}\int_0^T u^2(t)\mathrm{d}t}$$

$$I = \sqrt{\frac{1}{T}\int_0^T i^2(t)\mathrm{d}t}$$

因此，有效值的计算主要包括积分运算和开方运算两部分。

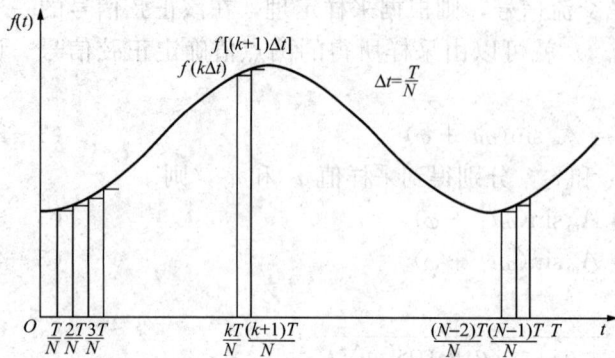

图 3-3　连续周期信号积分的离散化

计算机开方运算很方便，在此结合交流采样的离散值主要讨论积分算法。

在计算机中，运算的对象是离散的数字量。因此，计算机的积分运算首先必须离散化。对于式（3-6）中的积分 $\dfrac{1}{T}\displaystyle\int_0^T f^2(t)\mathrm{d}t$，将积分区间 $[0,T]$ 等分为 N 个子区间，每个子区间 $\Delta t = T/N$，则在时刻 $k\Delta t$ 时的被积函数值就是 $f^2(k\Delta t)$，其中 $k=1$，$2,\cdots,N$。若用 $f^2(k\Delta t)\Delta t$ 来近似 $\displaystyle\int_{k\Delta t}^{(k+1)\Delta t} f^2(t)\mathrm{d}t$，即用宽为 Δt、高为 $f^2(k\Delta t)$ 矩形脉冲面积近似相应时间宽度内 $f^2(t)$ 与时间轴围成的面积，如图 3-3 所示。于是

$$\frac{1}{T}\int_0^T f^2(t)\mathrm{d}t \approx \frac{1}{N\Delta t}\sum_{k=0}^{N-1} f^2(k\Delta t)\Delta t = \frac{1}{N}\sum_{k=1}^{N} f_k^2 \tag{3-7}$$

其中 $f_k = f(k\Delta t)$，它可由 $f(t)$ 一个周期内等间隔采样得到。

如果 $f(t)$ 是一个不含高次谐波的正弦信号，即

$$f(t) = A_{\mathrm{m}}\sin(\omega t + \varphi)$$

则

$$\frac{1}{T}\int_0^T f^2(t)\mathrm{d}t = \frac{1}{T}\int_0^T A_{\mathrm{m}}^2\sin^2(\omega t + \varphi)\mathrm{d}t = \frac{A_{\mathrm{m}}^2}{2} \tag{3-8}$$

在上述积分离散化过程中，N 取多大时才能使式（3-7）对于正弦信号成为严格等式呢？显然，当 $N=1$ 时，不符合采样定理；$N=2$ 时，除个别初相位外，式（3-7）不能保证严格相等。以下证明，当 $N\geqslant 3$ 时，正弦信号 $f(t)$ 在一个周期内的方均值与经 N 等分离散化的方均值相等，即

$$\frac{1}{T}\int_0^T f^2(t)\mathrm{d}t = \frac{1}{N}\sum_{k=1}^{N} f_k^2$$

事实上，根据欧拉公式，有

$$f(t) = A_{\mathrm{m}}\sin(\omega t + \varphi) = A_{\mathrm{m}}\frac{\mathrm{e}^{\mathrm{j}(\omega t + \varphi)} - \mathrm{e}^{-\mathrm{j}(\omega t + \varphi)}}{2\mathrm{j}}$$

考虑到

$$f_k = f(k\Delta t) = f\left(k\frac{T}{N}\right) = f\left(k\frac{2\pi}{\omega}\frac{1}{N}\right)$$

则

$$f_k = A_{\mathrm{m}}\frac{\mathrm{e}^{\mathrm{j}\left(\frac{2k\pi}{N}+\varphi\right)} - \mathrm{e}^{-\mathrm{j}\left(\frac{2k\pi}{N}+\varphi\right)}}{2\mathrm{j}}$$

于是

$$\frac{1}{N}\sum_{k=1}^{N} f_k^2 = \frac{1}{N}\sum_{k=1}^{N}\frac{A_{\mathrm{m}}^2}{(2\mathrm{j})^2}\left[\mathrm{e}^{\mathrm{j}\left(\frac{2k\pi}{N}+\varphi\right)} - \mathrm{e}^{-\mathrm{j}\left(\frac{2k\pi}{N}+\varphi\right)}\right]^2$$

$$= \frac{A_{\mathrm{m}}^2}{2} - \frac{A_{\mathrm{m}}^2}{4N}\sum_{k=1}^{N}\left[\mathrm{e}^{\mathrm{j}\left(\frac{4k\pi}{N}+2\varphi\right)} - \mathrm{e}^{-\mathrm{j}\left(\frac{4k\pi}{N}+2\varphi\right)}\right]$$

经化简，得

$$\frac{1}{N}\sum_{k=1}^{N}f_k^2 = \frac{A_m^2}{2} \tag{3-9}$$

比较式（3-8）和式（3-9）可知，当 $N \geqslant 3$ 时，该积分不存在离散化计算误差。

如果 $f(t)$ 是正弦交流电压

$$u(t) = U_m\sin(\omega t + \varphi_u)$$

或正弦电流

$$i(t) = I_m\sin(\omega t + \varphi_i)$$

则当 $N \geqslant 3$ 时，有

$$\frac{1}{T}\int_0^T u^2(t)\,dt = \frac{1}{N}\sum_{k=1}^{N}u_k^2$$

以及

$$\frac{1}{T}\int_0^T i^2(t)\,dt = \frac{1}{N}\sum_{k=1}^{N}i_k^2$$

其中，u_k、i_k 是在一个周期内交流电压、电流第 k 次采样值。

因此，交流电压有效值 U 和交流电流有效值 I 的交流采样算法分别为

$$U = \sqrt{\frac{1}{N}\sum_{k=1}^{N}u_k^2}$$

$$I = \sqrt{\frac{1}{N}\sum_{k=1}^{N}i_k^2}$$

若采样的信号是线电压或线电流，则按公式计算得到的就是线电压和线电流；若采样的信号是相电压或相电流，则按公式得到相电压或相电流。

二、有功功率时域算法

1. 单相有功功率时域算法

按单相有功功率定义

$$P = \frac{1}{T}\int_0^T p(t)\,dt = \frac{1}{T}\int_0^T u(t)i(t)\,dt = UI\cos\varphi$$

经离散化处理得交流采样算法

$$P = \frac{1}{N}\sum_{k=1}^{N}u_k i_k \tag{3-10}$$

式中 N——一个周期内等间隔采样次数；

u_k、i_k——一个周期内交流电压、交流电流第 k 次采样值，$k = 1, 2, \cdots, N$。

2. 三相有功功率时域算法

在厂站自动化系统中，现场提供的二次信号可能不同，在此讨论可取不同信号下的三相有功功率时域算法。

（1）采用两个线电压和两个线电流的情况。

1）$u_{uv}(t)$，$i_u(t)$；$u_{wv}(t)$，$i_w(t)$。

因为

$$\frac{1}{T}\int_0^T[u_{uv}(t)i_u(t) + u_{wv}(t)i_w(t)]\,dt$$

$$= \frac{1}{T}\int_0^T[U_{uvm}\sin(\omega t + \varphi_{u_{uv}})I_{um}\sin(\omega t + \varphi_{i_u})]\,dt$$

$$+\frac{1}{T}\int_0^T[U_{\mathrm{wvm}}\sin(\omega t+\varphi_{u_{\mathrm{wv}}})I_{\mathrm{wm}}\sin(\omega t+\varphi_{i_{\mathrm{w}}})]\mathrm{d}t$$

$$=[U_{\mathrm{uvm}}I_{\mathrm{um}}\cos(\varphi_{u_{\mathrm{uv}}}-\varphi_{i_{\mathrm{u}}})+U_{\mathrm{wvm}}I_{\mathrm{wm}}\cos(\varphi_{u_{\mathrm{wv}}}-\varphi_{i_{\mathrm{w}}})]/2$$

$$=U_{\mathrm{uv}}I_{\mathrm{u}}\cos(30°+\varphi_{\mathrm{u}})+U_{\mathrm{wv}}I_{\mathrm{w}}\cos(30°-\varphi_{\mathrm{w}})$$

$$=U_{\mathrm{L}}I_{\mathrm{L}}\cos(30°+\varphi)+U_{\mathrm{L}}I_{\mathrm{L}}\cos(30°-\varphi)$$

对称时，$U_{\mathrm{uv}}=U_{\mathrm{wv}}=U_{\mathrm{L}}$，$I_{\mathrm{u}}=I_{\mathrm{w}}=I_{\mathrm{L}}$，$\varphi_{\mathrm{u}}=\varphi_{\mathrm{w}}=\varphi$

故
$$\frac{1}{T}\int_0^T[u_{\mathrm{uv}}(t)i_{\mathrm{u}}(t)+u_{\mathrm{wv}}(t)i_{\mathrm{w}}(t)]\mathrm{d}t$$

$$=U_{\mathrm{L}}I_{\mathrm{L}}[(\cos30°\cos\varphi-\sin30°\sin\varphi)+(\cos30°\cos\varphi+\sin30°\sin\varphi)]$$

$$=2U_{\mathrm{L}}I_{\mathrm{L}}\cos30°\cos\varphi$$

$$=\sqrt{3}U_{\mathrm{L}}I_{\mathrm{L}}\cos\varphi=P$$

所以
$$P=\frac{1}{T}\int_0^T[u_{\mathrm{uv}}(t)i_{\mathrm{u}}(t)+u_{\mathrm{wv}}(t)i_{\mathrm{w}}(t)]\mathrm{d}t$$

$$=U_{\mathrm{uv}}I_{\mathrm{u}}\cos(30°+\varphi_{\mathrm{u}})+U_{\mathrm{wv}}I_{\mathrm{w}}\cos(30°-\varphi_{\mathrm{w}})\qquad(3-11)$$

电压对称时　　　$P=U_{\mathrm{L}}[I_{\mathrm{u}}\cos(30°+\varphi_{\mathrm{u}})+I_{\mathrm{w}}\cos(30°-\varphi_{\mathrm{w}})]$

将式（3-11）离散化处理，可得交流采样算法
$$P=\frac{1}{N}\sum_{k=1}^N[u_{\mathrm{uv}k}i_{\mathrm{u}k}+u_{\mathrm{wv}k}i_{\mathrm{w}k}]$$

2）$u_{\mathrm{vu}}(t)$，$i_{\mathrm{v}}(t)$；$u_{\mathrm{wu}}(t)$，$i_{\mathrm{w}}(t)$。

同理
$$P=\frac{1}{T}\int_0^T[u_{\mathrm{vu}}(t)i_{\mathrm{v}}(t)+u_{\mathrm{wu}}(t)i_{\mathrm{w}}(t)]\mathrm{d}t$$

$$=U_{\mathrm{vu}}I_{\mathrm{v}}\cos(\varphi_{u_{\mathrm{vu}}}-\varphi_{i_{\mathrm{v}}})+U_{\mathrm{wu}}I_{\mathrm{w}}\cos(\varphi_{u_{\mathrm{wu}}}-\varphi_{i_{\mathrm{w}}})\qquad(3-12)$$

电压对称时　　　$P=U_{\mathrm{L}}[I_{\mathrm{v}}\cos(30°-\varphi_{\mathrm{v}})+I_{\mathrm{w}}\cos(30°+\varphi_{\mathrm{w}})]$

将式（3-12）离散化处理，可得交流采样算法
$$P=\frac{1}{N}\sum_{k=1}^N[u_{\mathrm{vu}k}i_{\mathrm{v}k}+u_{\mathrm{wu}k}i_{\mathrm{w}k}]$$

3）$u_{\mathrm{uw}}(t)$，$i_{\mathrm{u}}(t)$；$u_{\mathrm{vw}}(t)$，$i_{\mathrm{v}}(t)$。

同理
$$P=\frac{1}{T}\int_0^T[u_{\mathrm{uw}}(t)i_{\mathrm{u}}(t)+u_{\mathrm{vw}}(t)i_{\mathrm{v}}(t)]\mathrm{d}t$$

$$=U_{\mathrm{uw}}I_{\mathrm{u}}\cos(\varphi_{u_{\mathrm{uw}}}-\varphi_{i_{\mathrm{u}}})+U_{\mathrm{vw}}I_{\mathrm{v}}\cos(\varphi_{u_{\mathrm{vw}}}-\varphi_{i_{\mathrm{v}}})\qquad(3-13)$$

电压对称时　　　$P=U_{\mathrm{L}}[I_{\mathrm{u}}\cos(30°-\varphi_{\mathrm{u}})+I_{\mathrm{v}}\cos(30°+\varphi_{\mathrm{v}})]$

将式（3-13）离散化处理，可得交流采样算法
$$P=\frac{1}{N}\sum_{k=1}^N[u_{\mathrm{uw}k}i_{\mathrm{u}k}+u_{\mathrm{vw}k}i_{\mathrm{v}k}]$$

（2）采用三个相电压和三个相电流的情况。因为三相功率是三个单相功率的代数和，即
$$P=P_{\mathrm{u}}+P_{\mathrm{v}}+P_{\mathrm{w}}$$

$$P=\frac{1}{T}\int_0^T[u_{\mathrm{u}}(t)i_{\mathrm{u}}(t)+u_{\mathrm{v}}(t)i_{\mathrm{v}}(t)+u_{\mathrm{w}}(t)i_{\mathrm{w}}(t)]\mathrm{d}t$$

$$=U_{\mathrm{u}}I_{\mathrm{u}}\cos\varphi_{\mathrm{u}}+U_{\mathrm{v}}I_{\mathrm{v}}\cos\varphi_{\mathrm{v}}+U_{\mathrm{w}}I_{\mathrm{w}}\cos\varphi_{\mathrm{w}}\qquad(3-14)$$

将式（3-14）离散化处理，可得交流采样算法

$$P = \frac{1}{N}\sum_{k=1}^{N}[u_{uk}i_{uk} + u_{vk}i_{vk} + u_{wk}i_{wk}]$$

（3）考虑三相四线中线电流 $i_N \neq 0$ 的情况。

1）对于 $u_{uv}(t)$，$i_u(t)$；$u_{wv}(t)$，$i_w(t)$。

因为 $p(t) = u_{uv}(t)i_u(t) + u_{wv}(t)i_w(t) + u_v(t)i_N(t)$

所以 $P = \frac{1}{T}\int_0^T [u_{uv}(t)i_u(t) + u_{wv}(t)i_w(t) + u_v(t)i_N(t)]dt$

$$= \{U_{uvm}I_{um}\cos(\varphi_{u_{uv}} - \varphi_{i_u}) + U_{wvm}I_{wm}\cos(\varphi_{u_{wv}} - \varphi_{i_w})$$

$$+ U_{vm}[I_{um}\cos(\varphi_{u_v} - \varphi_{i_u}) + I_{vm}\cos\varphi_v + I_{wm}\cos(\varphi_{u_v} - \varphi_{i_w})]\}/2 \quad (3-15)$$

或 $P = U_{uv}I_u\cos(\varphi_{u_{uv}} - \varphi_{i_u}) + U_{wv}I_w\cos(\varphi_{u_{wv}} - \varphi_{i_w})$

$$+ U_v[I_u\cos(\varphi_{u_v} - \varphi_{i_u}) + I_v\cos\varphi_v + I_w\cos(\varphi_{u_v} - \varphi_{i_w})]$$

将式（3-15）离散化处理，可得交流采样算法

$$P = \frac{1}{N}\sum_{k=1}^{N}[u_{uvk}i_{uk} + u_{wvk}i_{wk} + u_{vk}i_{Nk}]$$

2）对于 $u_{vu}(t)$，$i_v(t)$；$u_{wu}(t)$，$i_w(t)$。

同理 $p(t) = u_{vu}(t)i_v(t) + u_{wu}(t)i_w(t) + u_u(t)i_N(t)$

$$P = \frac{1}{T}\int_0^T [u_{vu}(t)i_v(t) + u_{wu}(t)i_w(t) + u_u(t)i_N(t)]dt \quad (3-16)$$

或 $P = U_{vu}I_v\cos(\varphi_{u_{vu}} - \varphi_{i_v}) + U_{wu}I_w\cos(\varphi_{u_{wu}} - \varphi_{i_w})$

$$+ U_u[I_u\cos\varphi_u + I_v\cos(\varphi_{u_u} - \varphi_{i_v}) + I_w\cos(\varphi_{u_u} - \varphi_{i_w})]$$

将式（3-16）离散化处理，可得交流采样算法

$$P = \frac{1}{N}\sum_{k=1}^{N}[u_{vuk}i_{vk} + u_{wuk}i_{wk} + u_{uk}i_{Nk}]$$

3）对于 $u_{uw}(t)$，$i_u(t)$；$u_{vw}(t)$，$i_v(t)$。

同理 $p(t) = u_{uw}(t)i_u(t) + u_{vw}(t)i_v(t) + u_w(t)i_N(t)$

$$P = \frac{1}{T}\int_0^T [u_{uw}(t)i_u(t) + u_{vw}(t)i_v(t) + u_w(t)i_N(t)]dt \quad (3-17)$$

或 $P = U_{uw}I_u\cos(\varphi_{u_{uw}} - \varphi_{i_u}) + U_{vw}I_v\cos(\varphi_{u_{vw}} - \varphi_{i_v})$

$$+ U_w[I_u\cos(\varphi_{u_{uw}} - \varphi_{i_u}) + I_v\cos(\varphi_{u_{vw}} - \varphi_{i_v}) + I_w\cos\varphi_w]$$

将式（3-17）离散化处理，可得交流采样算法

$$P = \frac{1}{N}\sum_{k=1}^{N}[u_{uwk}i_{uk} + u_{vwk}i_{vk} + u_{wk}i_{Nk}]$$

三、无功功率时域算法

1. 单相无功功率时域算法

考虑到有功功率和无功功率之间电压和电流相位差 90°的简单关系

即 $P = UI\cos\varphi$

$$Q = UI\sin\varphi$$

可得

$$Q = \frac{1}{T}\int_0^T u(t)i(t+T/4)\mathrm{d}t = UI\sin\varphi$$

同理，经离散化处理得交流采样算法

$$Q = \frac{1}{N}\sum_{k=1}^N u_k i_{(k+\frac{N}{4})}$$

当 $\left(k+\dfrac{N}{4}\right) > N$ 时，$\left(k+\dfrac{N}{4}\right)$ 取 $\left(k-\dfrac{3N}{4}\right)$，下同。

2. 三相无功功率时域算法

(1) 采用两个线电压和两个线电流的情况。

1) $u_{uv}(t)$，$i_u(t)$；$u_{wv}(t)$，$i_w(t)$。

因为
$$\frac{1}{T}\int_0^T [u_{uv}(t)i_u(t+T/4) + u_{wv}(t)i_w(t+T/4)]\mathrm{d}t$$

$$= \frac{1}{T}\int_0^T [U_{uvm}\sin(\omega t + \varphi_{u_{uv}})I_{um}\sin(\omega t + 90° + \varphi_{i_u})]\mathrm{d}t$$

$$+ \frac{1}{T}\int_0^T [U_{wvm}\sin(\omega t + \varphi_{u_{wv}})I_{wm}\sin(\omega t + 90° + \varphi_{i_w})]\mathrm{d}t$$

$$= U_{uv}I_u\cos(\varphi_{u_{uv}} - \varphi_{i_u} - 90°) + U_{wv}I_w\cos(\varphi_{u_{wv}} - \varphi_{i_w} - 90°)$$

$$= U_{uv}I_u\sin(\underline{U}_{uv}, \overset{*}{I}_u) + U_{wv}I_w\sin(\underline{U}_{wv}, \overset{*}{I}_w)$$

$$= U_{uv}I_u\sin(30° + \varphi_u) + U_{wv}I_w\sin(\varphi_w - 30°)$$

对称时，$U_{uv} = U_{wv} = U_L$，$I_u = I_w = I_L$，$\varphi_u = \varphi_w = \varphi$

故
$$\frac{1}{T}\int_0^T [u_{uv}(t)i_u(t+T/4) + u_{wv}(t)i_w(t+T/4)]\mathrm{d}t$$

$$= \sqrt{3}U_L I_L\sin\varphi = Q$$

所以
$$Q = \frac{1}{T}\int_0^T [u_{uv}(t)i_u(t+T/4) + u_{wv}(t)i_w(t+T/4)]\mathrm{d}t$$

$$= U_{uv}I_u\sin(\underline{U}_{uv}, \overset{*}{I}_u) + U_{wv}I_w\sin(\underline{U}_{wv}, \overset{*}{I}_w) \tag{3-18}$$

将式 (3-18) 离散化处理，可得交流采样算法

$$Q = \frac{1}{N}\sum_{k=1}^N [u_{uvk}i_{u(k+\frac{N}{4})} + u_{wvk}i_{w(k+\frac{N}{4})}]$$

2) $u_{vu}(t)$，$i_v(t)$；$u_{wu}(t)$，$i_w(t)$。

同理
$$Q = \frac{1}{T}\int_0^T [u_{vu}(t)i_v(t+T/4) + u_{wu}(t)i_w(t+T/4)]\mathrm{d}t \tag{3-19}$$

将式 (3-19) 离散化处理，可得交流采样算法

$$Q = \frac{1}{N}\sum_{k=1}^N [u_{vuk}i_{v(k+\frac{N}{4})} + u_{wuk}i_{w(k+\frac{N}{4})}]$$

3) $u_{uw}(t)$，$i_u(t)$；$u_{vw}(t)$，$i_v(t)$。

同理
$$Q = \frac{1}{T}\int_0^T [u_{uw}(t)i_u(t+T/4) + u_{vw}(t)i_v(t+T/4)]\mathrm{d}t \tag{3-20}$$

将式 (3-20) 离散化处理，可得交流采样算法

$$Q = \frac{1}{N}\sum_{k=1}^{N}\left[u_{uwk}i_{u(k+\frac{N}{4})} + u_{vwk}i_{v(k+\frac{N}{4})}\right]$$

4) $u_{vw}(t)$, $i_u(t)$; $u_{uv}(t)$, $i_w(t)$。

因为

$$\frac{1}{T}\int_{0}^{T}\left[u_{vw}(t)i_u(t) + u_{uv}(t)i_w(t)\right]dt = \frac{2}{\sqrt{3}}Q$$

所以

$$Q = \frac{\sqrt{3}}{2}\frac{1}{T}\int_{0}^{T}\left[u_{vw}(t)i_u(t) + u_{uv}(t)i_w(t)\right]dt \tag{3-21}$$

将式 (3-21) 离散化处理，可得交流采样算法

$$Q = \frac{\sqrt{3}}{2N}\sum_{k=1}^{N}\left[u_{vwk}i_{uk} + u_{uvk}i_{wk}\right]$$

5) $u_{wu}(t)$, $i_v(t)$; $u_{uv}(t)$, $i_w(t)$。

同理

$$Q = \frac{\sqrt{3}}{2}\frac{1}{T}\int_{0}^{T}\left[u_{wu}(t)i_v(t) + u_{uv}(t)i_w(t)\right]dt \tag{3-22}$$

将式 (3-22) 离散化处理，可得交流采样算法

$$Q = \frac{\sqrt{3}}{2N}\sum_{k=1}^{N}\left[u_{wuk}i_{vk} + u_{uvk}i_{wk}\right]$$

6) $u_{wu}(t)$, $i_v(t)$; $u_{vw}(t)$, $i_u(t)$。

同理

$$Q = \frac{\sqrt{3}}{2}\frac{1}{T}\int_{0}^{T}\left[u_{wu}(t)i_v(t) + u_{vw}(t)i_u(t)\right]dt \tag{3-23}$$

将式 (3-23) 离散化处理，可得交流采样算法

$$Q = \frac{\sqrt{3}}{2N}\sum_{k=1}^{N}\left[u_{wuk}i_{vk} + u_{vwk}i_{uk}\right]$$

(2) 采用三个线电压和三个线电流的情况。

三个线电压和三个线电流是 $u_{uv}(t)$, $i_w(t)$; $u_{vw}(t)$, $i_u(t)$; $u_{wu}(t)$, $i_v(t)$。

因为

$$\frac{1}{T}\int_{0}^{T}\left[u_{uv}(t)i_w(t) + u_{vw}(t)i_u(t) + u_{wu}(t)i_v(t)\right]dt = \frac{3}{\sqrt{3}}Q$$

所以

$$Q = \frac{\sqrt{3}}{3T}\int_{0}^{T}\left[u_{uv}(t)i_w(t) + u_{vw}(t)i_u(t) + u_{wu}(t)i_v(t)\right]dt \tag{3-24}$$

将式 (3-24) 离散化处理，可得交流采样算法

$$Q = \frac{\sqrt{3}}{3N}\sum_{k=1}^{N}\left[u_{uvk}i_{wk} + u_{vwk}i_{uk} + u_{wuk}i_{vk}\right]$$

(3) 采用三个相电压和三个相电流的情况。

$$Q = \frac{1}{N}\sum_{k=1}^{N}\left[u_{uk}i_{u(k+\frac{N}{4})} + u_{vk}i_{v(k+\frac{N}{4})} + u_{wk}i_{w(k+\frac{N}{4})}\right]$$

四、电能量时域算法

在交流采样技术中，计算电能量 W 比较简单。根据定义，有

$$W = \int_{t_1}^{t_2} p(t)\,\mathrm{d}t$$

设 $t_1=0$，$t_2=t$，$MT \leqslant t \leqslant (M+1)\,T$

$$W = \int_0^{MT} p(t)\,\mathrm{d}t + \Delta \approx \int_0^{MT} p(t)\,\mathrm{d}t$$

$$= \sum_{k=1}^{M} \int_{(k-1)T}^{kT} p(t)\,\mathrm{d}t = \sum_{k=1}^{M} TP(k) \tag{3-25}$$

式中　M——电能计量时间起点至时刻 t 经过的正弦信号周期数，即 $MT \leqslant t \leqslant (M+1)T$；

　　$P(k)$——第 k 个周期内的平均功率。

由于电力系统线路的电压或电流的周期随时间会发生波动，故式（3-25）应改写成

$$W = \sum_{k=1}^{M} T(k)P(k) \tag{3-26}$$

其中 $T(k)$ 为第 k 个周期的时间长度。当 $P(k)$ 用 kW 而 T 用 h 作单位时，则 W 单位就是 kWh，即电能单位；当 $P(k)$ 用 W 而 T 用 s 作单位时，W 仍用 kWh 作单位，但式（3-26）必须乘以系数。因此可得到有功电能 W_p（kWh）为

$$W_p = \frac{1}{3\,600\,000} \sum_{k=1}^{M} T(k)P(k) \tag{3-27}$$

同理，可得无功电能 W_q（kvarh）为

$$W_q = \frac{1}{3\,600\,000} \sum_{k=1}^{M} T(k)Q(k) \tag{3-28}$$

从电能量计算公式可知，只要计算出每个周期的周期长度 $T(k)$ 和该周期内的功率 $P(k)$ 或 $Q(k)$，就可以通过乘积和累加得到 W_p 或 W_q。

对潮流方向可能改变的线路，按式（3-27）和式（3-28）计算出的电能量仅是参考方向下的电能量代数值。为了计量两个方向的电能量大小，可按功率符号的不同分别加以计算。设 W_{pp}（kWh）和 W_{pn}（kWh）分别表示正向和反向有功电能，W_{qp}（kvarh）和 W_{qn}（kvarh）分别表示正向和反向无功电能，则可得

$$W_{pp} = \frac{1}{3\,600\,000} \sum_{P(k)\geqslant 0} T(k)P(k) \tag{3-29}$$

$$W_{pn} = \frac{-1}{3\,600\,000} \sum_{P(k)<0} T(k)P(k) \tag{3-30}$$

$$W_{qp} = \frac{1}{3\,600\,000} \sum_{Q(k)\geqslant 0} T(k)Q(k) \tag{3-31}$$

$$W_{qn} = \frac{-1}{3\,600\,000} \sum_{Q(k)<0} T(k)Q(k) \tag{3-32}$$

交流信号是连续的模拟信号，在相当短的时间内，交流信号的周期和有效值几乎不变。因此，交流信号不需要每个周期都采样。若每隔 n 个周期采样一个周期，并用该周期的周期长度和功率代替相继 $n-1$ 个周期内的相应量，则式（3-25）可改写为

$$W = n \sum_{k=1}^{[M/n]} T(nk)P(nk) \tag{3-33}$$

式中　$T(nk)$——第 (nk) 个周期长度；

　　$P(nk)$——第 (nk) 个周期内的平均功率；

　　$[M/n]$——M/n 的整数部分。

据式（3-33），式（3-27）～式（3-32）可改写成

$$W_{p} = \frac{n}{3\,600\,000} \sum_{k=1}^{[M/n]} \overline{T}(nk)P(nk)$$

$$W_{q} = \frac{n}{3\,600\,000} \sum_{k=1}^{[M/n]} \overline{T}(nk)Q(nk)$$

$$W_{pp} = \frac{n}{3\,600\,000} \sum_{P(nk)\geqslant 0} \overline{T}(nk)P(nk)$$

$$W_{pn} = \frac{-n}{3\,600\,000} \sum_{P(nk)<0} \overline{T}(nk)P(nk)$$

$$W_{qp} = \frac{n}{3\,600\,000} \sum_{Q(nk)\geqslant 0} \overline{T}(nk)Q(nk)$$

$$W_{qn} = \frac{-n}{3\,600\,000} \sum_{Q(nk)<0} \overline{T}(nk)Q(nk)$$

其中，$\overline{T}(nk)$ 为相应 n 个周期的平均值。

在考虑了线路电压、电流至模/数变换输出数字量之间的变换系数后，若令

$$k_{w} = \frac{nk_{nu}k_{ni}}{3\,600\,000 k_{u1}k_{i1}(k_{ad})^{2}}$$

则可得到一组计算相应实际电能量 W_{e} 的公式为

$$W_{ep} = k_{w} \sum_{k=1}^{[M/n]} \overline{T}(nk)P(nk)$$

$$W_{eq} = k_{w} \sum_{k=1}^{[M/n]} \overline{T}(nk)Q(nk)$$

$$W_{epp} = k_{w} \sum_{P(nk)\geqslant 0} \overline{T}(nk)P(nk)$$

$$W_{epn} = k_{w} \sum_{P(nk)<0} \overline{T}(nk)P(nk)$$

$$W_{eqp} = k_{w} \sum_{Q(nk)\geqslant 0} \overline{T}(nk)Q(nk)$$

$$W_{eqn} = k_{w} \sum_{Q(nk)<0} \overline{T}(nk)Q(nk)$$

第三节 交流采样频域算法

根据富氏级数理论，任何一个周期为 T 的函数 $f(t)$，如果在 $[-T/2，T/2]$ 上满足狄里赫里条件，那么在 $[-T/2，T/2]$ 上就可以展开为富氏级数。在 $f(t)$ 的连续点上

$$f(t) = A_0 + \sum_{n=1}^{\infty} [A_n \cos(n\omega t) + B_n \sin(n\omega t)] \qquad (3-34)$$

其中，$\omega = 2\pi/T$。

电力系统的交流信号是周期信号 $f(t)$，满足狄里赫里条件，那么在 $[-T/2，T/2]$ 上就可以展开为富氏级数，即

$$f(t) = A_m \sin(\omega t + \varphi) \qquad (3-35)$$

式（3-35）可展开为式（3-34）的形式，并考虑平移到区间上，于是有

$$f(t) = A_0 + \sum_{n=1}^{\infty} \left[A_n \cos(n\omega t) + B_n \sin(n\omega t) \right]$$

其中,

$$A_0 = \frac{1}{T} \int_{-T/2}^{T/2} f(t)\,\mathrm{d}t = \frac{1}{T} \int_0^T f(t)\,\mathrm{d}t$$

对于交流信号 A_0,有 $A_0 = 0$

$$A_n = \frac{2}{T} \int_{-T/2}^{T/2} f(t) \cos(n\omega t)\,\mathrm{d}t = \frac{2}{T} \int_0^T f(t) \cos(n\omega t)\,\mathrm{d}t$$

$$B_n = \frac{2}{T} \int_{-T/2}^{T/2} f(t) \sin(n\omega t)\,\mathrm{d}t = \frac{2}{T} \int_0^T f(t) \sin(n\omega t)\,\mathrm{d}t$$

将 A_n、B_n 离散化,得

$$A_n = \frac{2}{N} \sum_{k=1}^{N} f_k \cos\left(\frac{2nk\pi}{N}\right)$$

$$B_n = \frac{2}{N} \sum_{k=1}^{N} f_k \sin\left(\frac{2nk\pi}{N}\right)$$

特别地,基波时 $n=1$

$$A_1 = \frac{2}{N} \sum_{k=1}^{N} f_k \cos\left(\frac{2k\pi}{N}\right)$$

$$B_1 = \frac{2}{N} \sum_{k=1}^{N} f_k \sin\left(\frac{2k\pi}{N}\right)$$

则

$$f(t) = A_1 \cos\omega t + B_1 \sin\omega t$$

可见,$f(t)$ 可看成为两个旋转相量之和,两个旋转相量的模分别为 A_1 和 B_1,相位差为 90°。其相量图如图 3-4 所示。

但

$$f(t) = A_m \sin(\omega t + \varphi) = A_m \sin\varphi \cos(\omega t) + A_m \cos\varphi \sin(\omega t)$$

比较可得

$$A_1 = A_m \sin\varphi, \quad B_1 = A_m \cos\varphi$$

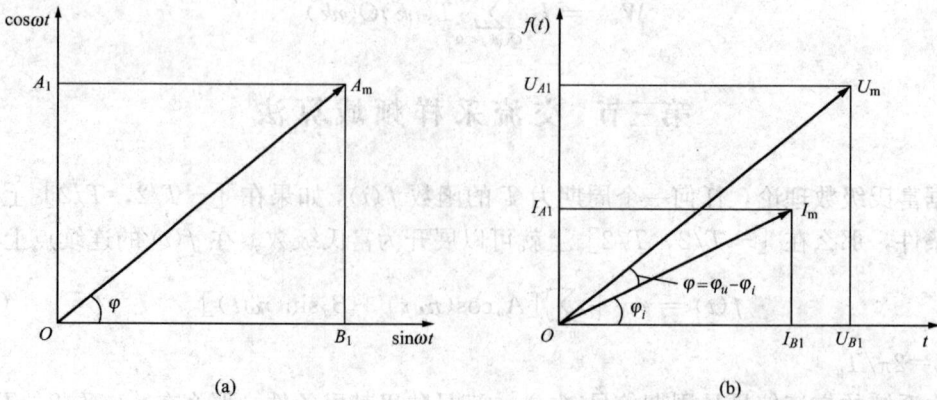

图 3-4　$f(t)$ 基波分解的相量图

(a) $\omega t = 0$ 时的初始状态;(b) 极值与系数的关系

一、电压、电流有效值频域算法

由图 3-4 可得电压有效值 U 的频域计算式

$$U = \frac{\sqrt{U_{A_1}^2 + U_{B_1}^2}}{\sqrt{2}}$$

其中

$$U_{A_1} = \frac{2}{N} \sum_{k=1}^{N} u_k \cos\left(\frac{2k\pi}{N}\right)$$

$$U_{B_1} = \frac{2}{N} \sum_{k=1}^{N} u_k \sin\left(\frac{2k\pi}{N}\right)$$

同理可得电流有效值 I 的频域计算式

$$I = \frac{\sqrt{I_{A_1}^2 + I_{B_1}^2}}{\sqrt{2}}$$

式中

$$I_{A_1} = \frac{2}{N} \sum_{k=1}^{N} i_k \cos\left(\frac{2k\pi}{N}\right)$$

$$I_{B_1} = \frac{2}{N} \sum_{k=1}^{N} i_k \sin\left(\frac{2k\pi}{N}\right)$$

二、单相功率频域算法

1. 单相有功功率

根据图 3-4，有

$$
\begin{aligned}
U_{A_1} I_{A_1} + U_{B_1} I_{B_1} &= U_m \sin(\varphi + \varphi_i) I_m \sin\varphi_i + U_m \cos(\varphi + \varphi_i) I_m \cos\varphi_i \\
&= U_m I_m [\cos(\varphi + \varphi_i)\cos\varphi_i + \sin(\varphi + \varphi_i)\sin\varphi_i] \\
&= U_m I_m \cos[(\varphi + \varphi_i) - \varphi_i] \\
&= U_m I_m \cos\varphi = 2UI\cos\varphi
\end{aligned}
$$

所以，单相有功功率 P 的频域计算式

$$P = UI\cos\varphi = \frac{1}{2}(U_{A_1} I_{A_1} + U_{B_1} I_{B_1})$$

2. 单相无功功率

根据图 3-4，有

$$
\begin{aligned}
U_{A_1} I_{B_1} - U_{B_1} I_{A_1} &= U_m \sin(\varphi + \varphi_i) I_m \cos\varphi_i - U_m \cos(\varphi + \varphi_i) I_m \sin\varphi_i \\
&= U_m I_m [\sin(\varphi + \varphi_i)\cos\varphi_i - \cos(\varphi + \varphi_i)\sin\varphi_i] \\
&= U_m I_m \sin[(\varphi + \varphi_i) - \varphi_i] \\
&= U_m I_m \sin\varphi = 2UI\sin\varphi
\end{aligned}
$$

所以，单相无功功率 Q 的频域计算式

$$Q = UI\sin\varphi = \frac{1}{2}(U_{A_1} I_{B_1} - U_{B_1} I_{A_1})$$

三、三相有功功率频域算法

1. 采用一个线电压和两个线电流的情况

(1) $u_{wu}(t)$，$-i_u(t)$，$i_w(t)$。

因为

$$P = \frac{1}{T} \int_0^T u_{wu}(t)[i_w(t) - i_u(t)]\mathrm{d}t$$

所以
$$P = \frac{1}{2}(U_{wuA_1}I_{wA_1} + U_{wuB_1}I_{wB_1} - U_{wuA_1}I_{uA_1} - U_{wuB_1}I_{uB_1})$$

(2) $u_{uv}(t)$, $i_u(t)$, $-i_v(t)$。

同理
$$P = \frac{1}{T}\int_0^T u_{uv}(t)[i_u(t) - i_v(t)]\mathrm{d}t$$

所以
$$P = \frac{1}{2}(U_{uvA_1}I_{uA_1} + U_{uvB_1}I_{uB_1} - U_{uvA_1}I_{vA_1} - U_{uvB_1}I_{vB_1})$$

(3) $u_{vw}(t)$, $i_v(t)$, $-i_w(t)$。

同理
$$P = \frac{1}{T}\int_0^T u_{vw}(t)[i_v(t) - i_w(t)]\mathrm{d}t$$

所以
$$P = \frac{1}{2}(U_{vwA_1}I_{vA_1} + U_{vwB_1}I_{vB_1} - U_{vwA_1}I_{wA_1} - U_{vwB_1}I_{wB_1})$$

2. 采用两个线电压和两个线电流

(1) $u_{uv}(t)$, $i_u(t)$; $u_{wv}(t)$, $i_w(t)$。

因为
$$P = \frac{1}{T}\int_0^T [u_{uv}(t)i_u(t) + u_{wv}(t)i_w(t)]\mathrm{d}t$$

所以
$$P = \frac{1}{2}(U_{uvA_1}I_{uA_1} + U_{uvB_1}I_{uB_1} + U_{wvA_1}I_{wA_1} + U_{wvB_1}I_{wB_1})$$

(2) $u_{vu}(t)$, $i_v(t)$; $u_{wu}(t)$, $i_w(t)$。

同理
$$P = \frac{1}{T}\int_0^T [u_{vu}(t)i_v(t) + u_{wu}(t)i_w(t)]\mathrm{d}t$$

所以
$$P = \frac{1}{2}(U_{vuA_1}I_{vA_1} + U_{vuB_1}I_{vB_1} + U_{wuA_1}I_{wA_1} + U_{wuB_1}I_{wB_1})$$

(3) $u_{uw}(t)$, $i_u(t)$; $u_{vw}(t)$, $i_v(t)$。

因为
$$P = \frac{1}{T}\int_0^T [u_{uw}(t)i_u(t) + u_{vw}(t)i_v(t)]\mathrm{d}t$$

所以
$$P = \frac{1}{2}(U_{uwA_1}I_{uA_1} + U_{uwB_1}I_{uB_1} + U_{vwA_1}I_{vA_1} + U_{vwB_1}I_{vB_1})$$

3. 采用三个相电压和三个相电流

因为
$$P = P_u + P_v + P_w$$

所以
$$P = \frac{1}{T}\int_0^T [u_u(t)i_u(t) + u_v(t)i_v(t) + u_w(t)i_w(t)]\mathrm{d}t$$

$$P = \frac{1}{2}(U_{uA_1}I_{uA_1} + U_{uB_1}I_{uB_1} + U_{vA_1}I_{vA_1} + U_{vB_1}I_{vB_1} + U_{wA_1}I_{wA_1} + U_{wB_1}I_{wB_1})$$

4. 三相四线制中线电流 $i_N \neq 0$

(1) 对于 $p(t) = u_{uv}(t)i_u(t) + u_{wv}(t)i_w(t) + u_v(t)i_N(t)$，则
$$P = \frac{1}{2}(U_{uvA_1}I_{uA_1} + U_{uvB_1}I_{uB_1} + U_{wvA_1}I_{wA_1} + U_{wvB_1}I_{wB_1} + U_{vA_1}I_{NA_1} + U_{vB_1}I_{NB_1})$$

(2) 对于 $p(t) = u_{vu}(t)i_v(t) + u_{wu}(t)i_w(t) + u_u(t)i_N(t)$，则
$$P = \frac{1}{2}(U_{vuA_1}I_{vA_1} + U_{vuB_1}I_{vB_1} + U_{wuA_1}I_{wA_1} + U_{wuB_1}I_{wB_1} + U_{uA_1}I_{NA_1} + U_{uB_1}I_{NB_1})$$

(3) 对于 $p(t) = u_{uw}(t)i_u(t) + u_{vw}(t)i_v(t) + u_w(t)i_N(t)$，则

$$P = \frac{1}{2}(U_{uwA_1} I_{uA_1} + U_{uwB_1} I_{uB_1} + U_{vwA_1} I_{vA_1} + U_{vwB_1} I_{vB_1} + U_{wA_1} I_{NA_1} + U_{wB_1} I_{NB_1})$$

四、三相无功功率频域算法

1. 采用一个线电压和两个线电流的情况

(1) $u_{wu}(t)$, $-i_u(t)$, $-i_w(t)$。

因为
$$Q = \frac{\sqrt{3}}{T}\int_0^T [u_{wu}(t)(-i_w(t) - i_u(t)]dt$$

所以
$$Q = -\frac{\sqrt{3}}{2}(U_{wuA_1} I_{uA_1} + U_{wuB_1} I_{uB_1} + U_{wuA_1} I_{wA_1} + U_{wuB_1} I_{wB_1})$$

(2) $u_{uv}(t)$, $-i_u(t)$, $-i_v(t)$。

因为
$$Q = \frac{\sqrt{3}}{T}\int_0^T \{u_{uv}(t)[-i_u(t) - i_v(t)]\}dt$$

所以
$$Q = -\frac{\sqrt{3}}{2}(U_{uvA_1} I_{uA_1} + U_{uvB_1} I_{uB_1} + U_{uvA_1} I_{vA_1} + U_{uvB_1} I_{vB_1})$$

(3) $u_{vw}(t)$, $-i_v(t)$, $-i_w(t)$

因为
$$Q = \frac{\sqrt{3}}{T}\int_0^T \{u_{vw}(t)[-i_v(t) - i_w(t)]\}dt$$

所以
$$Q = -\frac{\sqrt{3}}{2}(U_{vwA_1} I_{vA_1} + U_{vwB_1} I_{vB_1} + U_{vwA_1} I_{wA_1} + U_{vwB_1} I_{wB_1})$$

2. 采用两个线电压和两个线电流的情况

(1) $u_{uv}(t)$, $i_u(t)$; $u_{wv}(t)$, $i_w(t)$。

因为
$$Q = \frac{1}{T}\int_0^T [u_{uv}(t)i_u(t + T/4) + u_{wv}(t)i_w(t + T/4)]dt$$

所以
$$Q = \frac{1}{2}(U_{uvA_1} I_{uB_1} - U_{uvB_1} I_{uA_1} + U_{wvA_1} I_{wB_1} - U_{wvB_1} I_{wA_1})$$

(2) $u_{vu}(t)$, $i_v(t)$; $u_{wu}(t)$, $i_w(t)$。

因为
$$Q = \frac{1}{T}\int_0^T [u_{vu}(t)i_v(t + T/4) + u_{wu}(t)i_w(t + T/4)]dt$$

所以
$$Q = \frac{1}{2}(U_{vuA_1} I_{vB_1} - U_{vuB_1} I_{vA_1} + U_{wuA_1} I_{wB_1} - U_{wuB_1} I_{wA_1})$$

(3) $u_{uw}(t)$, $i_u(t)$; $u_{vw}(t)$, $i_v(t)$。

因为
$$Q = \frac{1}{T}\int_0^T [u_{uw}(t)i_u(t + T/4) + u_{vw}(t)i_v(t + T/4)]dt$$

所以
$$Q = \frac{1}{2}(U_{uwA_1} I_{uB_1} - U_{uwB_1} I_{uA_1} + U_{vwA_1} I_{vB_1} - U_{vwB_1} I_{vA_1})$$

(4) $u_{vw}(t)$, $i_u(t)$; $u_{uv}(t)$, $i_w(t)$。

因为
$$Q = \frac{\sqrt{3}}{2}\frac{1}{T}\int_0^T [u_{vw}(t)i_u(t) + u_{uv}(t)i_w(t)]dt$$

所以
$$Q = \frac{\sqrt{3}}{4}(U_{vwA_1} I_{uA_1} + U_{vwB_1} I_{uB_1} + U_{uvA_1} I_{wA_1} + U_{uvB_1} I_{wB_1})$$

(5) $u_{wu}(t)$, $i_v(t)$; $u_{uv}(t)$, $i_w(t)$。

因为
$$Q = \frac{\sqrt{3}}{2} \frac{1}{T} \int_0^T \left[u_{wu}(t) i_v(t) + u_{uv}(t) i_w(t) \right] dt$$

所以
$$Q = \frac{\sqrt{3}}{4} (U_{wuA_1} I_{vA_1} + U_{wuB_1} I_{vB_1} + U_{uvA_1} I_{wA_1} + U_{uvB_1} I_{wB_1})$$

(6) $u_{wu}(t)$，$i_v(t)$；$u_{vw}(t)$，$i_u(t)$。

因为
$$Q = \frac{\sqrt{3}}{2} \frac{1}{T} \int_0^T \left[u_{wu}(t) i_v(t) + u_{vw}(t) i_u(t) \right] dt$$

所以
$$Q = \frac{\sqrt{3}}{4} (U_{wuA_1} I_{vA_1} + U_{wuB_1} I_{vB_1} + U_{vwA_1} I_{uA_1} + U_{vwB_1} I_{uB_1})$$

3. 已知三个相电压和三个相电流的算法

因为
$$Q = \frac{1}{T} \int_0^T \left[u_u(t) i_u(t + T/4) + u_v(t) i_v(t + T/4) + u_w(t) i_w(t + T/4) \right] dt$$

所以
$$Q = \frac{1}{2} (U_{uA_1} I_{uB_1} - U_{uB_1} I_{uA_1} + U_{vA_1} I_{vB_1} - U_{vB_1} I_{vA_1} + U_{wA_1} I_{wB_1} - U_{wB_1} I_{wA_1})$$

4. 已知三个线电压和三个线电流的算法

三个线电压和三个线电流分别是 $u_{uv}(t)$，$i_w(t)$；$u_{vw}(t)$，$i_u(t)$；$u_{wu}(t)$，$i_v(t)$。

因为
$$Q = \frac{\sqrt{3}}{3} \frac{1}{T} \int_0^T \left[u_{uv}(t) i_w(t) + u_{vw}(t) i_u(t) + u_{wu}(t) i_v(t) \right] dt$$

所以
$$Q = \frac{\sqrt{3}}{6} (U_{uvA_1} I_{wA_1} + U_{uvB_1} I_{wB_1} + U_{vwA_1} I_{uA_1} + U_{vwB_1} I_{uB_1} + U_{wuA_1} I_{vA_1} + U_{wuB_1} I_{vB_1})$$

第四节 交流采样硬件电路

在厂站监控系统中，交流采样电路由单片微机为核心的硬件构成，它由中间电压互感器、中间电流互感器、多路模拟开关、采样保持器、模/数（A/D）转换器、单片微机以及频率跟踪等电路组成，如图 3-5 所示。

1. 信号调理电路

交流采样信号取自二次回路。对于线电压信号其额定值是 100V，对于相电压信号其额定值是 57.7V；对于电流信号其额定值是 5A，也有额定值是 1A 的。这些二次信号首先经中间电压互感器 TV_m、中间电流互感器 TA_m 等环节，将其变换成数伏的交流电压信号。在交流采样硬件电路中，前向通道的核心元件是 A/D 转换器，信号调理电路应该输出与 A/D 输入相同的信号。当 A/D 转换器输入量程是 10V 时，信号调理电路的输出（峰—峰值）也应该是 10V 量程。

2. 多路模拟开关

多路模拟开关的功能是根据输入的地址信号，选择多个输入信号之一与输出端接通作为输出信号；或将一路输入信号与多个输出之一接通作为输出信号。在交流采样电路中，多路模拟开关完成选择多路输入之一作为输出。因为构成功率的电压和电流应该是同时刻的电气量，故单相功率至少要用两个多路模拟开关，要测量三相功率，需要多达 6 个多路模拟开关，它们同时采集同一线路上的电压和电流，以便同时进行采样和保持。

3. 采样保持器

采样保持器是在逻辑电平控制下，处于"采样"或"保持"两种状态的电路器件。在采样状态下，输出跟随输入的变化而变化；在保持状态下，输出等于输入保持状态时输入的瞬时值。

采样保持器的电路原理如图 3-6 (a) 所示，它由一个电子模拟开关 A_s 和保持电容 C_h 以及阻抗变换器 I、II 组成。开关 A_s 受逻辑电平控制。当逻辑电平为采样电平时，A_s 闭合，电路处于采样状态，经过很短时间（捕捉时间）C_h 迅速充电或放电到输入电压 U，随后，电容电压跟随 U 变化，故整个采样时间应大于捕捉时间。显然，捕捉时间越短意味着 C_h 越小。当逻辑电平为保持电平时，A_s 断开，电路处于保持状态，将保持 A_s 时的电压。从维持电压考虑，C_h 容量越大越好。因此，为使采样保持器采样时间短，保持性能好，C_h 的容量要选择合适，质

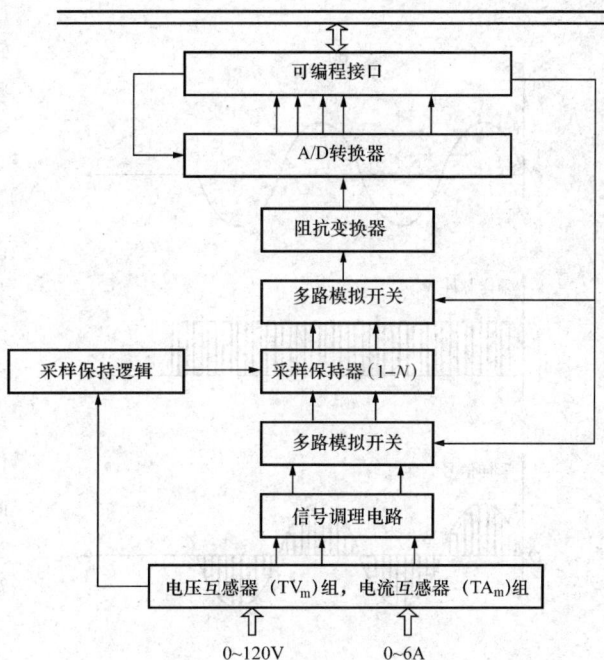

图 3-5 交流采样硬件电路框图

量要好。当 C_h 选定后，为了缩短捕捉时间，要求采样回路的时间常数小，故用阻抗变换器 I，其输出阻抗极小；为使保持性能好，保持回路时间常数要大，故用阻抗变换器 II，它有极高的输入阻抗。

从上述分析可知，实际的采样器虽然采样时间做得很小，但不能为零。图 3-6 (b) 所示给出了实际采样保持器的工作波形。

4. 阻抗变换器

阻抗变换器介于多路模拟开关与 A/D 转换器之间，功能在于多路模拟开关与 A/D 转换器之间的阻抗匹配。通常，多路模拟开关的输出阻抗 R_o 不小于几十欧姆，A/D 转换器的输入阻抗不大于几十千欧姆，如果将它们直接相连，如图 3-7 所示，则多路模拟开关输出阻抗将损耗近 1% 的信号。事实上

$$U_o = \frac{R_i}{R_i + R_o} U_i$$

设

$$R_i = 5\text{k}\Omega, R_o = 50\Omega$$

则

$$U_o = 0.99 U_i$$

阻抗变换器的特点是具有极大的输入阻抗和极小的输出阻抗，当阻抗变换器介于多路模拟开关与 A/D 转换器之间时，其输入阻抗远大于多路模拟开关的输出阻抗，信号将几乎全部加载在阻抗变换器上；其输出阻抗远小于 A/D 转换器的输入阻抗，信号将几乎全部加载在 A/D 转换器上，实现了理想的阻抗匹配。

5. A/D 转换电路

A/D 转换器将输入模拟信号转换为数字量。其主要特性体现在下列几个方面：

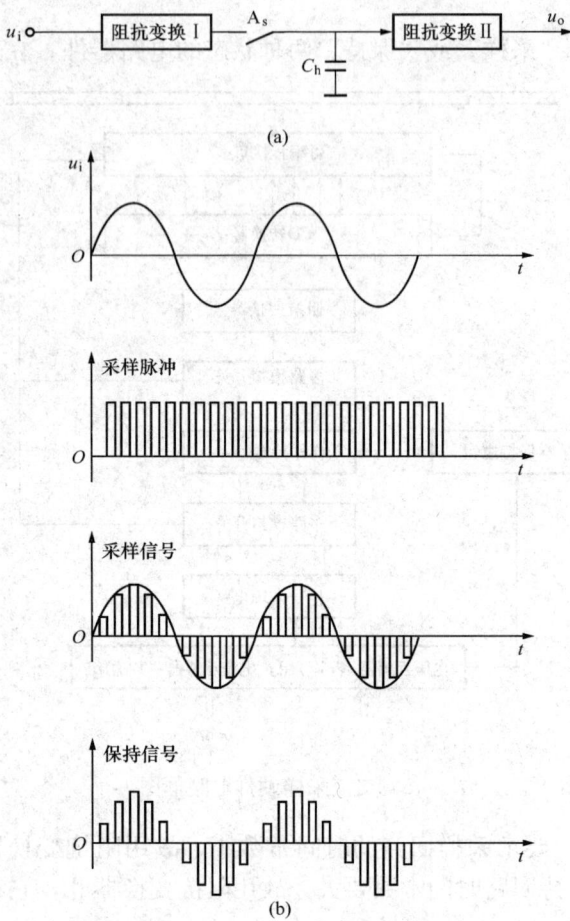

图 3-6　交流信号的采样与保持
（a）电路原理；（b）工作波形

（1）量化误差与分辨率。A/D 转换器的分辨率用两种方式表示，其一是输出数字量二进制位数。例如，12 位 A/D 转换器的分辨率是 12 位。另一种是百分数表示。例如，10 位 A/D 转换器的分辨率（百分数）为

$$\frac{1}{2^{10}} \times 100\% = 0.1\%$$

可见，A/D 转换器的二进制位数越多，其分辨率越高。

量化误差是由于有限数字对模拟量进行离散取值而引起的误差。从理论上来说，A/D 转换器的量化误差是一个单位分辨率，即 $\pm 1/2LSB$。当分辨率越高，每个单位数字所代表的模拟值越小，量化误差就越小。因此，量化误差与分辨率在本质上是一致的。

（2）转换精度。A/D 转换器的转换精度描述实际 A/D 转换器与理想 A/D 转换器之间的转换误差，故转换精度中不包括量化误差。转换精度用最小有效位 LSB 表示，也有用相对误差表示的。若 8 位 A/D 转换器的精度为 $\pm 1LSB$，则其相对误差为

$$\frac{1}{2^8} \times 100\% = 0.4\%$$

当同时考虑了量化误差后，其最大偏差可以从图 3-8 中求得。图中 Δ 为数字量 D 的最小有效位当量，对于 8 位 A/D 转换器 $\Delta = 0.003\,9U_m$。图 3-8 表明，对于精度为 $\pm 1LSB$ 的 8 位 A/D 转换器，当输入模拟量在 D 的标称当量值 Δ（$\pm 0.005\,86U_m$）范围内时，都可能产生相同的数字量输出。

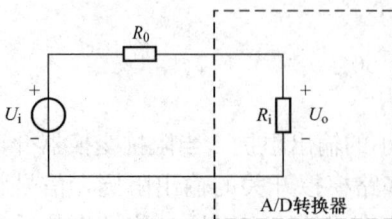

图 3-7　多路模拟开关与 A/D 转换器直接相连

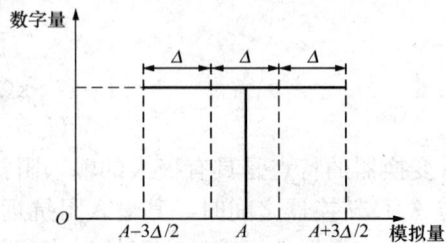

图 3-8　精度为 $\pm 1LSB$ 的 A/D 转换动态特性

（3）转换时间。A/D 转换器转换时间是完成一次 A/D 转换所需的时间。转换原理相同，分辨率不同，转换时间也不同。对于常用的逐位比较式 A/D 转换器，转换时间 t_A 一般为几十至上百微秒。例如，对于 ADC0801～0805 和 ADC0808～0809 8 位 A/D 转换器，为 66～73 个转换时钟周期。转换时钟可以外部输入，也可以通过外接 RC 电路产生。当转换时钟取典型频率 $f_{clk}=640\text{Hz}$ 的方波信号时，$t_A\approx100\mu s$。AD574 是 12 位 A/D 转换器，转换时钟由内部产生，其 $t_A\approx25\mu s$。高速 12 位 A/D 转换器 AD578J 的转换时间不大于 $6\mu s$。

6. 频率跟踪电路

交流采样的算法是按连续信号积分等间隔离散化而得，因此，交流采样必须在一个周期内等间隔完成。然而，交流信号的频率

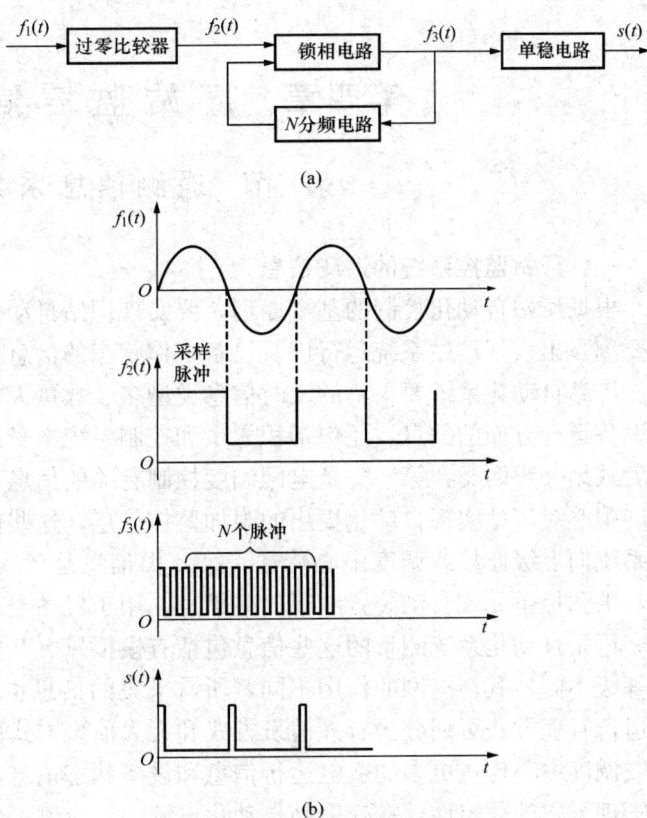

图 3-9 频率跟踪及采样保持电路原理
（a）电路原理框图；（b）频率跟踪及采样保持信号波形

是随时变化的，不能按照事先固定的频率去采样电压、电流信号，而是应根据当前信号频率确定采样间隔，即应实现当前频率的跟踪测量。图 3-9 是频率跟踪和采样信号形成电路及相关波形。

将交流信号输入过零比较器，其输出是与交流信号同频率的方波信号，将该方波作为锁相电路的一个输入信号，锁相电路输出信号经 N 分频后与输入方波相比较，适当地选择电路元件参数，可将输出信号锁定。即锁相电路输出信号以 N 倍的频率跟踪输入信号的变化，将这个输出信号经单稳态电路变换得到一定占空比的脉冲信号，作为采样保持器的采样保持控制信号，可实现一个周期内 N 次等间隔采样。

第四章　厂站监控信息采集

第一节　遥测信息采集电路

一、厂站监控系统的遥测信息

根据厂站自动化控制的基本原理，要实现厂站自动化，必须掌握厂站的运行状况，即首先要测量出表征厂站系统运行以及设备工作状态的信息。

厂站自动化系统要采集的实时信息类型多、数量大，既有系统运行方面的信息，也有电气设备运行方面的信息，还包括积累量和控制系统本身运行状态信息。这些错综复杂的信息可大致划分为两类：第一类是电网调度控制有关的信息，包括常规的远动信息和上级监控或调度中心对厂站实现自动化提出的附加监控信息。这些信息在厂站测量采集后，由厂站自动化系统向上级监控或调度中心传送。第二类信息是为实现厂站自动化站内监控所使用的信息，由测控单元或自动装置测得这些信息，用于厂站当地监视和控制。

厂站自动化系统测量的这些信息包括有模拟量、开关量、脉冲量以及设备状态量等。厂站等级不同，其在电网的作用不同，所需采集的信息也不同。对于数量众多的变电站而言，按运行管理方式可划分为有人值班方式和无人值班方式两大类，通常无人值班需要向上级监控或调度中心传送更多的变电运行信息和设备状态信息，考虑到变电站自动化系统对变电运行管理方式的兼容性，在变电站自动化系统中，应测量并采集变电运行设备状态和系统自身运行状态等较完整的信息。

厂站自动化系统测量的模拟量主要包括：①联络线的有功功率、无功功率和有功电能；②线路及旁路的有功功率、无功功率和电流；③不同电压等级的母线各段线电压及相电压；④三绕组变压器三侧或高压、中压侧有功功率、无功功率及电流；两绕组变压器两侧或高压侧有功功率、无功功率及电流；⑤直流母线段电压；⑥所用变低压侧电压；⑦母联电流、分段电流、分支断路器电流；⑧出线的有功功率或电流；⑨并联补偿装置电流；⑩变压器上层油温等。

变电站自动化系统采集的数字量主要指系统频率信号和电能脉冲信号，前者主要用于保护和低周减载装置，电能脉冲则用于远程对系统电能的计量。

二、模拟量遥测信息的采集

模拟遥测量可以采用电量变送器或通过交流采样方式进行测量。所以，模拟遥测量分为直流采集和交流采样两种。

1. 直流变送采集模拟遥测量

直流变送采集模拟遥测量是指采用变送器对电气量进行测量变送，采用微机及外围电路将变送器输出的直流信号进行模数转换成数字量，并输入厂站监控装置。采用变送器采集64 路模拟遥测量的原理框图如图 4-1 所示。

在图 4-1 所示的遥测输入电路中，A/D 转换器是核心部件，在此采用的 AD574 具有 12 位分辨率和较高的转换速度（典型值 $25\mu s$）。由图可见，该采集电路由输入保护和滤波电路、模拟多路电子开关、电平变换、缓冲放大器、模数转换器及接口电路等部分组成。以下先介绍各部分电路，然后阐明整个遥测输入电路的工作原理。

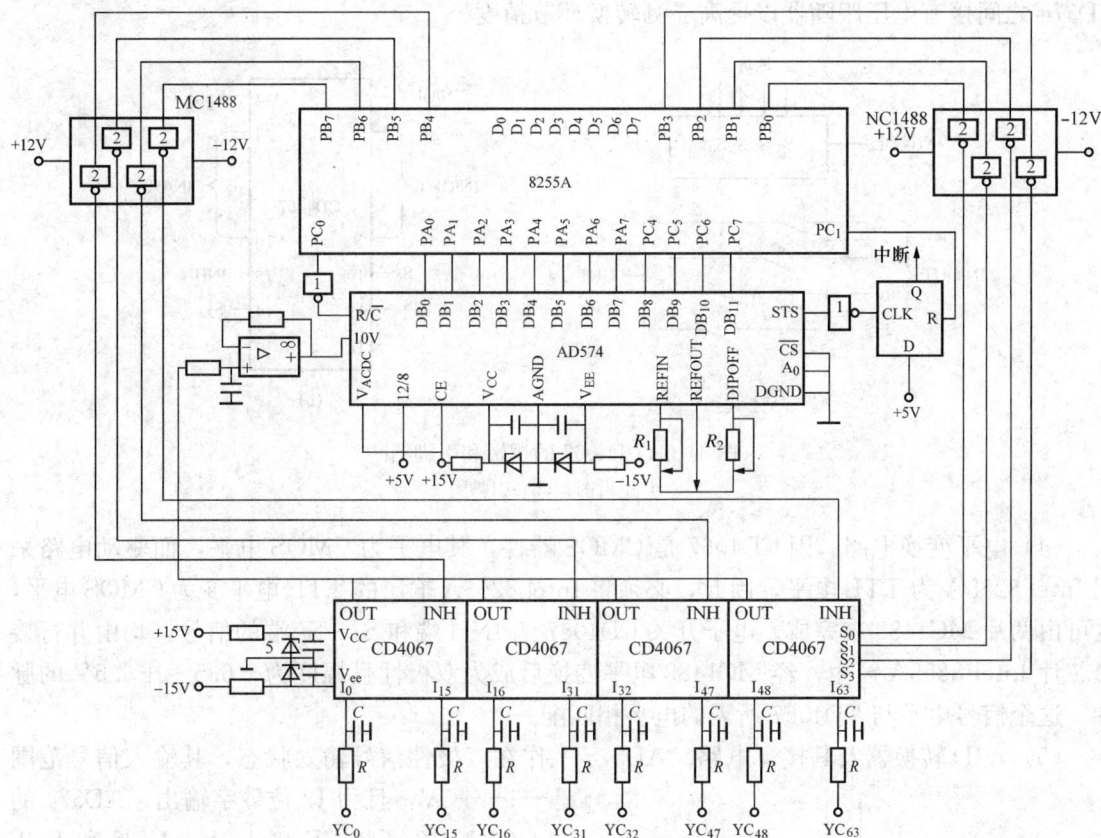

图 4-1　直流变送采集模拟遥测量原理框图

（1）输入保护和滤波电路。输入保护和滤波电路由 RC 低通滤波器构成，它可以用来滤除由变送器输出直流信号中的纹波及其他干扰。电阻 R 也起到一定的保护作用，若变送器的输出信号除送监控装置外，还送给其他装置，则当本监控装置接口故障时不致造成变送器输出短路而影响其他装置工作。

（2）多路模拟电子开关。遥测输入回路中，多路模拟电子开关采用 CD4067。CD4067 是 COMS 单 16 路通道模拟开关。图 4-2 所示是 CD4067 的逻辑和引脚图。其中 IN/OUT0～15 作为输入端，OUT/IN 作为公共输出端。S_0～S_3 为 16 选 1 的控制端，INH 为禁止端，当 INH＝1 时，16 个通道全部不通。因为每片 CD4067 可完成 16 路模拟信号的分时输入，故在此采用 4 片 CD4067。

（3）缓冲放大器。因 AD574 的输入阻抗较低，当输入电压为双极性且范围为－5V～＋5V 时，其输入阻抗为 5kΩ 左右。由于输入滤波回路和模拟电子开关均有一定的电阻，若将模拟电子开关的输出直接接到 AD574，则将因变送器内阻、传输线的内阻、滤波回路以及模拟电子开关的电阻上所产生的压降而影响遥测转换精度。为此，在模拟电子开关与 AD574 之间接入一个缓冲放大器。缓冲放大器采用运算放大器构成的电压跟随器，它具有极高的输入阻抗和极低的输出阻抗。由于输入阻抗极高，几乎不从信号源吸收电流，因而在变送器内阻、模拟电子开关电阻等上的压降可以忽略不计。因电压跟随器输出阻抗极小，近似恒压源,其电压输出到 AD574 时,在输出内阻上的压降可忽略不计。因此,CD4067 与 AD574 之间接有电压跟随器以提高遥测转换环节精度。

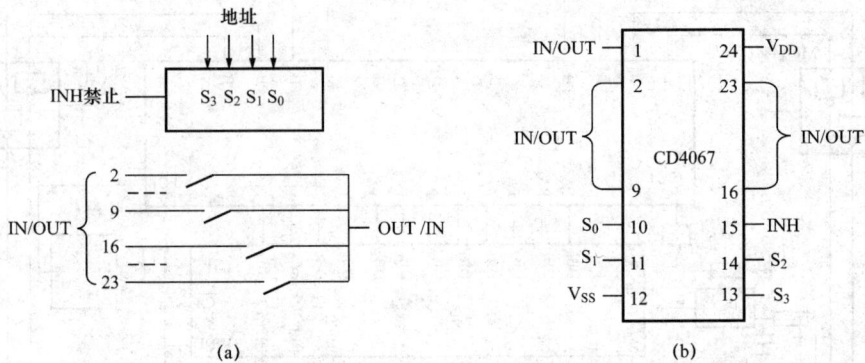

图 4-2 CD4067 的逻辑和引脚图
(a) 逻辑图;(b) 引脚图

(4) 电平变换电路。因 CD4067 是 CMOS 器件,其电平为 CMOS 电平,而驱动电路采用 Intel 8255A 为 TTL 电平,因此,必须将 Intel 8255A 输出的 TTL 电平变为 CMOS 电平,这可由两片 MC1488 来完成。电子开关 CD4067 的 INH 端和 $S_0 \sim S_3$ 端的信号,均由并行接口芯片 Intel 8255A 产生,经 MC1488 电平变换后成为双极性且幅度为 $-6.5 \sim +6.5V$ 的脉冲。这个信号电平与 CD4067 所需的电平相匹配。

(5) A/D 转换器及其接口电路。AD574 工作在双极性信号输入状态,其输入信号范围是 $-5 \sim +5V$,且为 12 位数字输出。AD574 的 VLOGIC、12/8 和 CE 接 $+5V$,VCC 和 VEE 分别经 15V 稳压后得到,CS、A_0、AGND 和 DGND 接地,R_1 和 R_2 均为 100Ω 可调电阻,用于调整双极性输入时的零点和转换误差。

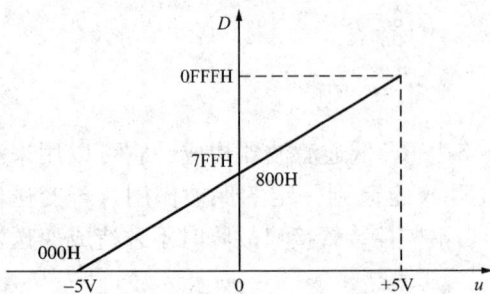

图 4-3 AD574 在 $0 \sim \pm 5V$ 双极性
输入时的输入/输出特性

$DB_0 \sim DB_{11}$ 依次为最低位(LSB)和最高位(MSB)。DB_{11} 是极性位,$DB_{11}=1$ 代表正极性输入;$DB_{11}=0$ 代表负极性输入。当输入为 $+5V$ 时,输出为满码(即 0FFFH);当输入为 $+0V$ 时,输出为 800H;当输入为 $-0V$ 时,输出为 7FFH;输入为 $-5V$ 时,为输出为 000H。高于 $+5V$ 和低于 $-5V$ 输入时,输出超出范围,因而结果不正确。图 4-3 所示是 AD574 在 $0 \sim \pm 5V$ 双极性输入时的输入/输出特性。

与 AD574 接口的是 Intel 8255A,AD574 的 12 位数据线连到 Intel 8255A 的端口 A 和端口 C 的高 4 位。端口 A 和端口 C 的高 4 位设定为方式 0 输入,端口 B 用来产生电子开关的 16 选 1 的选择信号以及开放禁止端信号,设定为方式 0 输出。PC_0 有软件产生一宽度为 $1\mu s$ 左右的脉冲,经反相器反相后接到 AD574 的 R/C 端,作为 AD574 的启动转换脉冲。

(6) 中断请求电路。AD574 在 CE=1、CS=0 时,若 R/C 端来一负阶跃,转换便开始了,经 $30\mu s$ 左右(典型值 $25\mu s$)转换结束,STS 端由高电平变为低电平。STS 的负阶跃可作为中断请求信号。由图 4-1 可见，STS 信号经反相整形后接到 D 触发器的 CLK 端，D 触发器的 D 端接高电平。当 STS 负跳变时，D 触发器 Q 端置"1"，该 Q 端的"1"可作为中断控制器的输入端，它一直维持高电平，直到 CPU 响应中断。在 A/D 结束中断服务程序中，通过 Intel 8255A C 端口 PC_1 产生一负脉冲，使 D 触发器置"0"，从而撤销中断请求。

(7) 遥测输入电路的工作过程。由 Intel 8255A 产生的解除禁止信号和 16 选 1 的选择信号经电平变换后送到模拟电子开关 CD4067 的控制器，被选中的 CD4067 的禁止端被解除，该 CD4067 将与选择地址相对应的遥测模拟电压送入 AD574。AD574 在 Intel 8255A 的 PC_0 产生的启动脉冲作用下，对输入信号电压进行转换，转换结束后，$DB_0 \sim DB_{11}$ 将输出稳定的数字信号给 Intel 8255A 的 A 组端口，并产生中断请求信号，另一方面读取 PA 口和 PC 口的数据，并作相应的处理。

2. 交流采样采集模拟遥测量

在第三章第四节介绍了交流采样的硬件电路图。从图 3-5 可见，交流信号输入后，CPU 发出选择地址，即可选通一条线路的交流电气量进入采样保持，并再次通过选择地址选择其中一路进行 A/D 转换，获得数字量信号，将一周期内所有采样点的数据按时域或频域进行计算，即可得到各遥测量的数字值。

三、电能量的采集

1. 电能脉冲接入监控装置

电能是功率的时间积分，将频率与功率成正比的脉冲进行计数，相当于对功率的时间积分。因此，对电能变送器或电能表输出的脉冲进行计数，即可实现电能量的采集。

(1) 检测电能脉冲跳变采集电能量。图 4-4 所示是监控装置采用 Intel 8253 检测电能脉冲跳变的脉冲量输入电路。该电路可实现对 8 个电能脉冲计数，输入阻抗为 $10k\Omega$，允许输入脉冲的幅度为 5V 或 12V。输入的 8 路脉冲各自接到由光耦器和限流电阻构成的输入回路。光敏三极管和发射极电阻构成射极输出器，其输出接到比较器的同相输入端。比较器的反相输入端接入 2.5V 左右的基准电压。比较器具有良好的波形整形作用，它能将光耦输出的波形较差的脉冲整形成前后沿都很陡的脉冲。一般比较器输出波形的前后沿均在 $0.5 \sim 2.0\mu s$，这样可有效地克服传输过程中所产生的小幅度干扰。

可编程定时器/计数器 Intel 8253 具有 3 个独立的 16 位计数器，即计数器 0、计数器 1 和计数器 2，将 Intel 8253 均设置成模式 0 的工作方式，并采用二进制计数，计数脉冲从 CLK 端输入，门控信号 GATE 对计数器计数产生作用，在此置为高电平。计数器对 CLK 端输入的电能脉冲跳变进行减计数。

装置 CPU 定时读取 Intel 8253 的计数值，就能实现对输入脉冲的采集。为了正确地读取计数值，且不影响正常的计数操作，在读操作之前，对计数器写锁命令，即做一次锁操作。

(2) 扫描电能脉冲电平采集电能量。采用定时扫描脉冲电平方式采集电能量的电路如图 4-5 所示。图中光耦与整形电路与图 4-4 中间部分相同，Intel 8255 端口 A 工作在输入方式，输入已整形的电能脉冲信号。CPU 定时扫描 Intel 8255 端口 A 的输入电平状态，用以识别是否已有脉冲输入。为了区别偶然干扰电平输入，采用连续 2 次及以上均为相同电平，才确认电能脉冲的有效电平，并根据有效电平的变化，判断有效脉冲的输入。否则，偶然一次采集的高电平被认为是干扰电平而不计数，如图 4-6 所示。因此，CPU 定时对 Intel 8255

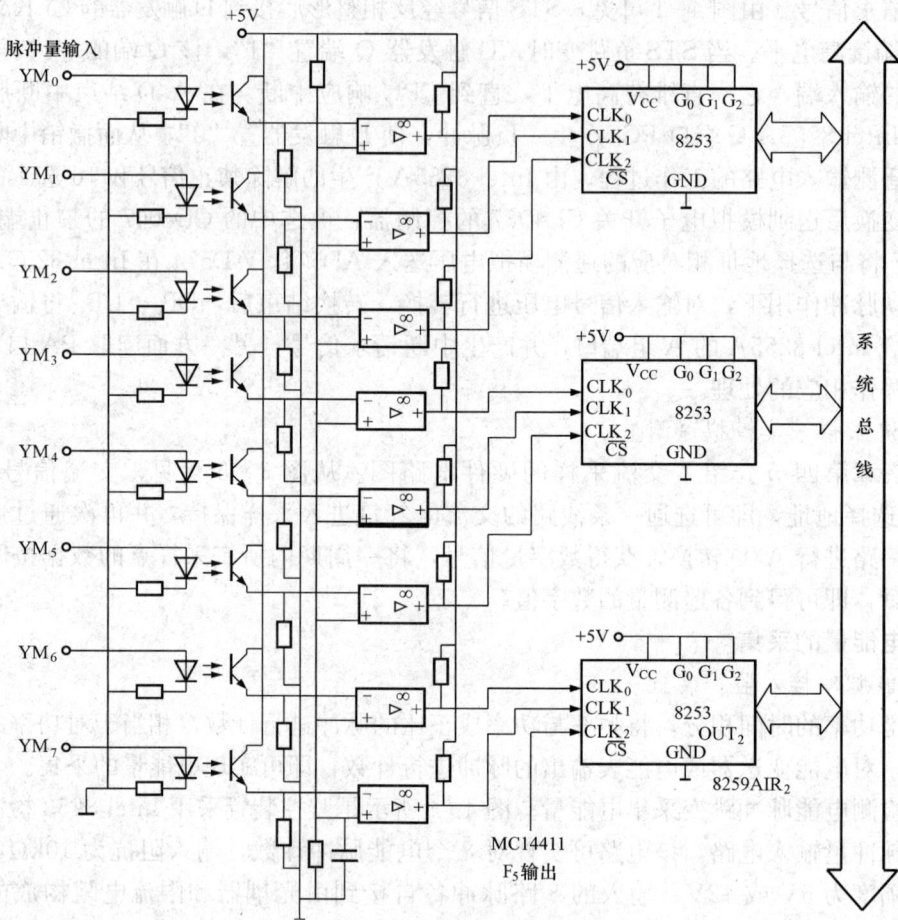

图 4-4　采用 Intel 8253 检测电能脉冲跳变的脉冲量输入电路

端口 A 进行输入操作，定时时间可根据对电能脉冲信号部颁要求确定。例如，要求电能脉冲宽度不小于 10ms，则可以每隔小于 5ms 对 Intel 8255 端口 A 进行输入操作。采用这种方法采集电能脉冲，可靠性高，但 CPU 开销较大。

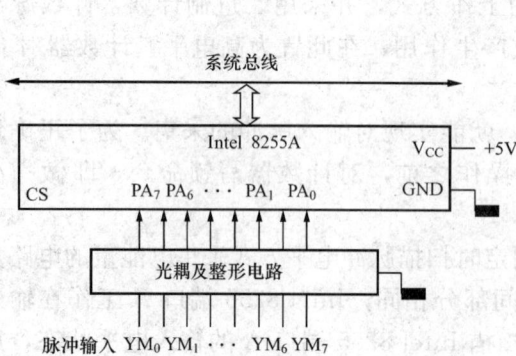

图 4-5　扫描脉冲电平方式采集电能量

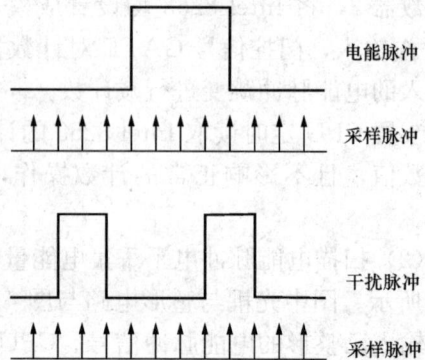

图 4-6　电能脉冲与干扰脉冲的区别

2. 交流采样采集电能量

在交流采样技术小节中，已详细地阐明了各电气量的多种算法，其中包括电能量的算法，故在此不再赘述。

3. 从电子式或智能电能表采集电能量

在电网监控系统的厂站端，已广泛使用电子式电能表或智能电能表，这些电能表已将流过线路的电能量进行测量计算，已获得数字形式的电能量值。从电子式或智能电能表采集电能量，通过与电子式或智能电能表通信，实现电能量的采集。图 4-7 是从电子式或智能电能表采集电能量的原理框图。

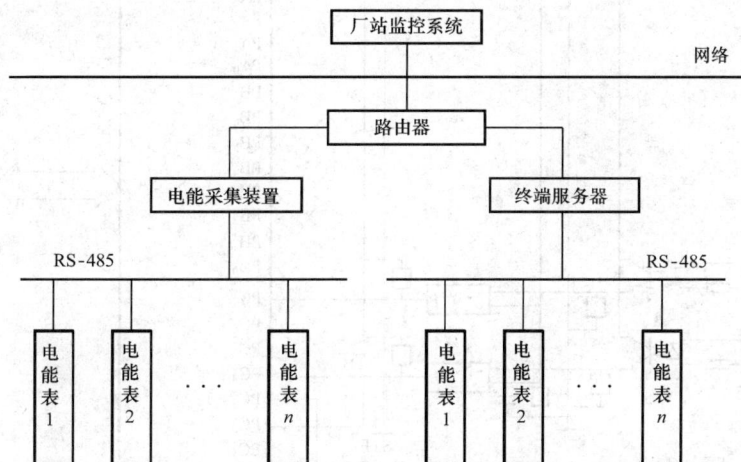

图 4-7 从电子式或智能电能表采集电能量的原理框图

电能采集装置通过 RS-485 总线与厂站电能表相连，电能采集装置与厂站电能表进行通信，采集电能表的电能信息；或监控系统经过终端服务器通过 RS-485 总线与厂站电能表相连，直接读取电能表电能数据。以上电能表的数据都是通过 RS-485 总线读取的，所以 RS-485 是电能采集系统的重要组成部分。

RS-485 标准是 EIA 在 RS-422 基础上发展起来的，它增加了多点、双向通信能力，在通信距离为几十至上千米时，广泛采用 RS-485 收发器，RS-485 电气接线方式如图 4-8 所示。RS-485 收发器采用平衡发送和差分接收，即在发送端，驱动器将 TTL 电平信号转换成差分信号输出；在接收端，接收器将差分信号变成 TTL 电平，因此具有抑制共模干扰的能力，加上接收器具有高灵敏度，能检测低达 200mV 的电压，故数据传输可达数千米。RS-485 总线最大传输速率为 100Mb/s，当波特率为 1200b/s 时，最大传输距离理论上

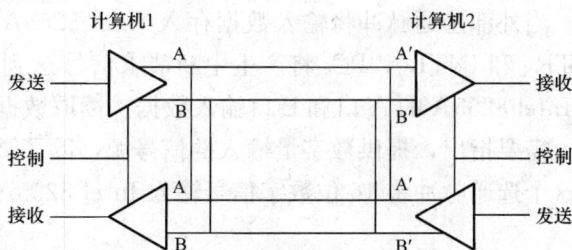

图 4-8 RS-485 电气接线方式

可达 15km，在 RS-485 总线上可连接多达 32 个设备，这些特性完全能满足厂站电能信息的传输要求。

四、数字量信息的采集

在电网调度自动化系统中，数字量信息主要指电网频率和水库水位信息。这些数字量信息通常是 4 位 BCD 码或 16 位二进制数，采集这些数字量可采用图 4-9 所示的电路实现。

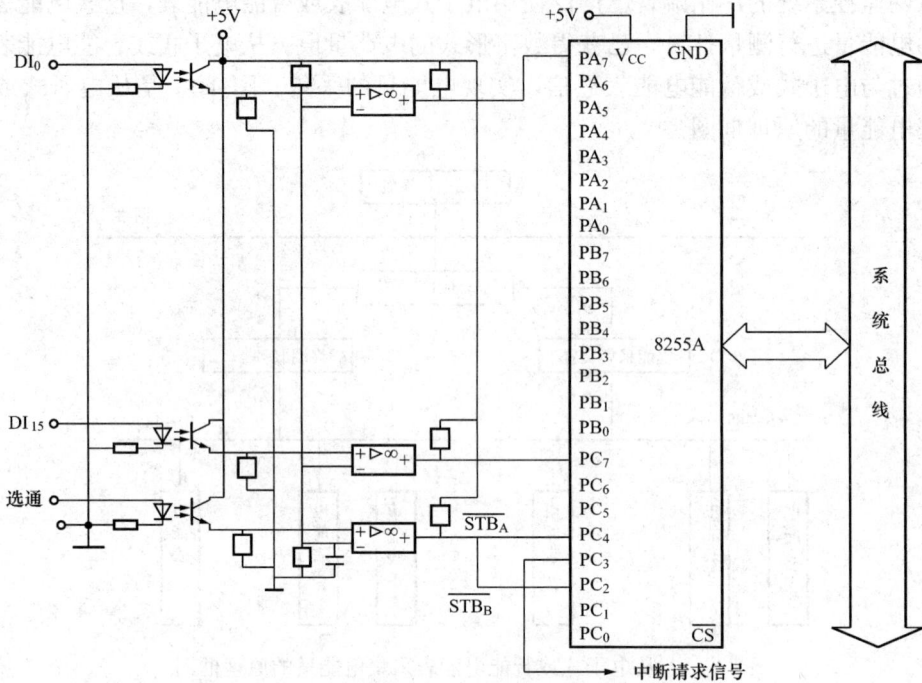

图 4-9　数字量输入电路原理图

由图 4-9 可见，数字量输入电路由光耦隔离、比较器整形和并行输入电路等部分组成。其中光耦隔离和比较器整形与图 4-8 对应的部分相同。Intel 8255A 并行输入 16 位数字量，设置 Intel 8255A 工作方式 1 输入，A 口和 B 口都作为输入口。因此，PC_4 和 PC_2 分别为 A 口和 B 口的选通口，PC_3 和 PC_0 分别为 A 口和 B 口的中断请求输出口。由于 A 口和 B 口合用一个选通信号，故可只用 PC_3 作为中断请求线。

当外部选通脉冲将输入数据存入 Intel 8255A 的 A 口和 B 口以后，产生中断请求信号 $INTR_A$ 和 $INTR_B$，PC_3 将产生中断请求信号送到中断控制器，CPU 响应数字量输入请求，从 Intel 8255A 的 A 口和 B 口输入数据。读取数据后，Intel 8255A 的 PC_3 和 PC_0 自动复位。

需要指出，提供数字量输入的信号源，除了要准备好数据外，还需提供一个选通脉冲，由这个选通脉冲将 16 位数字信号输入 Intel 8255A 的输入锁存器中。

第二节　遥信信息采集电路

在电网调度自动化系统中，厂站的状态量信息主要包括传统概念的遥信信息和自动化系统设备运行状态信息等。在厂站自动化系统中，不仅要采集表征电网当前拓扑的开关位置等遥信信息，还要将反映测量、保护、监控等系统工作状态的信息进行采集、监视。

一、电网监控系统的遥信信息及其采集

1. 遥信信息

遥信信息用来传送断路器、隔离开关的位置状态，传送继电保护、自动装置的动作状态，以及系统、设备等运行状态信号。如厂站端事故总信号，发电机组开、停状态信号，以及远动终端、通道设备的运行和故障等信号。这些位置状态、动作状态和运行状态都只取两种状态值。如开关位置只取"合"或"分"，设备状态只取"运行"或"停止"。因此，可用一位二进制数即码字中的一个码元就可以传送一个遥信对象的状态。

遥信主要包括下列信息：①变电站事故总信号，变压器保护动作总信号，断路器事故跳闸总信号；②线路、母联、旁路和分段断路器位置信号，变压器的断路器位置信号，变压器中心点接地刀闸位置信号，重要隔离开关位置信号；③线路及旁联重合闸动作信号，线路及旁联保护动作信号；④枢纽母线保护动作信号；⑤变压器内部故障综合信号，断路器失灵保护动作信号；⑥有关过电压、过负荷越限信号；⑦有载调压变压器分接头位置信号；⑧直流系统接地信号；⑨控制方式由遥控转为当地控制信号；⑩断路器闭锁信号等。

遥信还包括设备异常和故障预告信息：①有关控制回路断线总信号；②有关操作机构故障总信号；③变压器油温过高、绕组温度过高总信号；④轻瓦斯动作信号；⑤变压器或变压器调压装置油温过低总信号；⑥继电保护系统故障总信号；⑦距离保护闭锁信号，高频保护闭锁信号；⑧消防报警信号，大门打开信号；⑨站内 UPS 交流电源消失信号；⑩通信线路故障信号等。

2. 遥信状态采集

（1）断路器状态信息的采集。断路器的合闸、分闸位置状态决定着电力线路的接通和断开，断路器状态是电网调度自动化的重要遥信信息。断路器的位置信号通过其辅助触点引出，辅助触点是在断路器的操动机构中与断路器的传动轴联动的，所以，辅助触点位置与断路器位置一一对应。

（2）继电保护动作状态的采集。采集继电保护动作的状态信息，就是采集继电器的触点状态信息，并记录动作时间，对调度员处理故障及事后的事故分析有很重要的意义。

（3）事故总信号的采集。发电厂或变电站任一断路器发生事故跳闸，就将启动事故总信号。事故总信号用以区别正常操作与事故跳闸，对调度员监视系统运行十分重要。事故总信号的采集同样是触点位置的采集。

（4）其他信号的采集。当变电站采用无人值班方式运行后，还要增加包括大门开关状态等多种遥信信息。

由上述分析可见，断路器位置状态，继电保护动作信号以及事故总信号，最终都可以转化为辅助触点或信号继电器触点的位置信号，故只要采集触点位置，就完成了遥信信息的采集。图 4-10 所示就是遥信信息采集的输入电路。

为了防止干扰，在二次回路的触点信息输入时要采取隔离措施，目前常用光电耦合器实现内外电气隔离。在图 4-10 中，遥信触点串接在输入电路中，T 型 RC 网络构成低通滤波器，用来滤掉遥信回路的高频干扰。电阻还有限流作用，使进入发光二极管的电流限制在毫安级。两个二极管起保护光耦的作用。在这个电路中，+24V 和 +5V 是两个独立的电源，且不共地，使光耦真正起到隔离作用。此外，电容 C 的选择要全面考虑。C 的容量太大，则时间常数大，反应遥信变化的速度慢；C 的容量太小，不易滤除干扰信号，从而产生误遥

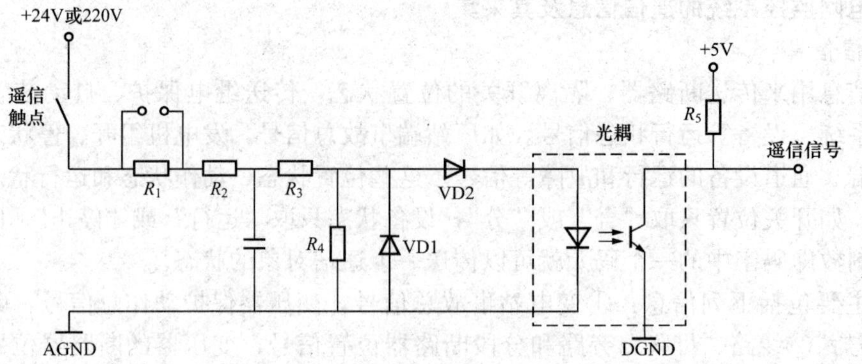

图 4 - 10　遥信状态输入电路

信。现以采集断路器状态来说明输入电路的工作原理：设断路器处于分闸状态，其辅助接点闭合，+24V 经过 RC 网络后输入到光耦，光耦中发光二极管发光，光敏三极管导通，遥信输出端输出低电平"0"；若断路器处于合闸状态，其辅助接点断开，发光二极管无电不发光，光敏截止，遥信输出端输出高电平"1"，从而完成了遥信状态的采集。上述关系见表 4 - 1。

表 4 - 1　　　　　　　　　　　　断路器状态与遥信码

断路器状态	辅助接点状态	光耦状态	遥信码
合闸	断开	截止	1
分闸	闭合	导通	0

二、遥信信息采集电路

1. 采用定时扫查方式采集遥信

在厂站自动化系统中，通常采用定时扫查方式采集遥信状态信息。如某厂站 128 个遥信输入电路如图 4 - 11 所示。这个采集电路由以下三个部分组成：①遥信状态采集电路；②多路选择开关；③并行接口电路 Intel 8255A。其中遥信状态采集电路已讨论过。

多路选择开关采用 74150，它是 16 选 1 数据选择器，实现多路输入切换输出功能，74150 有 16 个数字量输入端（$DI_0 \sim DI_{15}$），1 个数字量输出端 D_0，有 4 个地址选择输入端（A、B、C、D）。当 4 位地址输入后，与地址相对应的输入数据反相后由输出端 D_0 输出。74150 的输入输出关系见表 4 - 2。图 4 - 11 显示采集 128 个遥信状态，而每个 74150 只能输入 16 个遥信，所以共使用 8 个 74150 输入 128 个遥信。

表 4 - 2　　　　　　　　　　　　74150 输入/输出关系

$D_0 =$	D_0	D_1	D_2	D_3	D_4	D_5	D_6	D_7	D_8	D_9	D_{10}	D_{11}	D_{12}	D_{13}	D_{14}	D_{15}
A	0	0	0	1	0	1	0	1	0	1	0	1	0	1	0	1
B	0	1	1	1	0	0	1	1	0	0	1	1	0	0	1	1
C	0	0	0	0	1	1	1	1	0	0	0	0	1	1	1	1
D	0	0	0	0	0	0	0	0	1	1	1	1	1	1	1	1

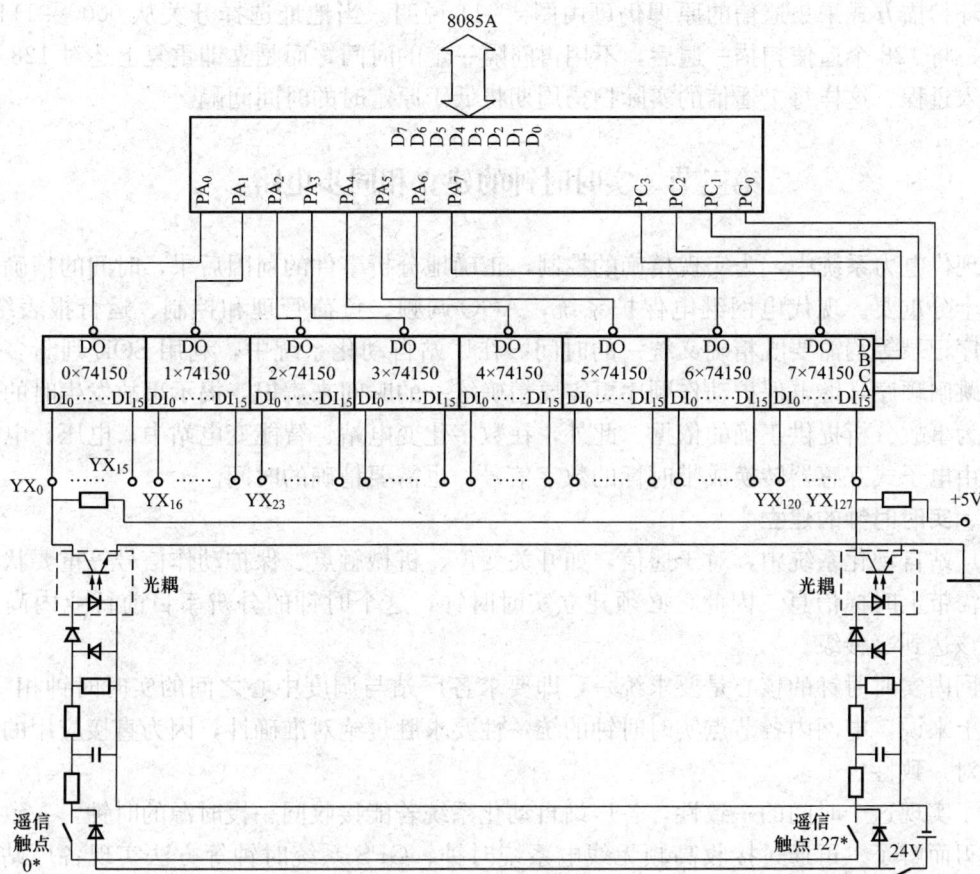

图 4 - 11 定时扫查采集遥信电路

Intel 8255A 用作遥信输入电路与 CPU 的接口。设置 Intel 8255A 工作在方式 0——基本输入输出方式，端口 A 为输入方式，端口 B 和端口 C 均为输出方式。

端口 C 的低 4 位 $PC_0 \sim PC_3$ 与每个 74150 的地址输入端 A、B、C 相连，用 $PC_0 \sim PC_3$ 向 74150 输出选择地址。端口 A 的 $PA_0 \sim PA_7$ 分别与 0 号~7 号的 74150 输出端相连，用 $PA_0 \sim PA_7$ 输入遥信信息，通过数据总线输入 CPU。

在扫描开始时，$PC_0 \sim PC_3$ 输出 0000B，8 个 74150 分别将各自的 DI 送入 Intel 8255A 的 A 口，CPU 可读取 8 个遥信信息，选择地址加 1，又可输入 8 个遥信信息。当 $PC_0 \sim PC_3$ 从 0000B 变化到 1111B 时，128 个遥信全部输入一遍，即实现对遥信码的一次扫描。

遥信定时扫查工作在实时时钟中断服务程序中进行，每 5ms 执行一次。每当发现有遥信变位，就更新遥信数据区，按规定插入传送遥信信息。同时，记录遥信变位时间，以便完成事件顺序记录信息的发送。

2. 循环扫描采集遥信

按定时扫描采集遥信，只要定时间隔合适，完全能满足分辨率要求，采集以外的时间 CPU 尚可完成其他工作。但是，目前投运的厂站自动化系统，无论是集中式还是分散式，绝大多数有智能子模块完成遥信状态的采集和处理工作，CPU 有更多的时间，以循环方式对遥信状态进行更短周期的采集，有利于提高站内遥信变位的分辨率。

　　循环扫描方式采集遥信的原理仍可由图 4-11 说明。当地址选择开关从 0000～1111 变化一周，将 128 个遥信扫描一遍后，不用再间隔一定的时间，而是立即重复上述对 128 个遥信的输入过程。这样每个遥信的实际扫描周期将低于原定时的时间间隔。

第三节　实时时钟的建立和同步电路

　　在现代电力系统中，为实现精确的控制，正确地分析事件的前因后果，时间的精确性和统一性十分重要。现代电网继电保护系统，AGC 调频、负荷管理和控制、运行报表统计、事件顺序记录等均需要既精确又统一的时间。在厂站自动化系统中，利用 SOE 判断多个断路器的跳闸顺序，继电保护动作顺序更需要精确统一的时间来辨识，揭示事故发生时的真实情况，为事故分析提供正确的依据。此外，在数字化变电站、智能变电站中，电压、电流等遥测量由电子式互感器转换成带时标的数字信号，也需要精确的时间。

一、实时时钟的建立

　　在厂站自动化系统中，对于遥信，如开关变位、机械触点、保护动作信号等重要状态量变化均需带上时标信息，因此，必须建立实时时钟，这个时钟的分辨率目前行业内尚无标准，应该达到毫秒级。

　　电网内实时时钟的核心是要求统一，即要求各厂站与调度中心之间的实时时钟相一致。从原理上来说，电网内各节点实时时钟的统一性要求胜过绝对准确性，因为直接应用的是时钟的相对一致性。

　　为了实现这个时间的一致性，各厂站自动化系统若能接收同一授时源的时钟，一致性问题便迎刃而解了。可通过接收高频无线电系统时钟、GPS 系统时钟等方法实现各厂站、各自动化装置统一时钟。比较而言，GPS 系统时间精度高，接收方便，在厂站自动化系统中应用广泛。

　　1. GPS 系统时间的接收

　　GPS 是全球定位系统（global positioning system）的简称，这个系统是美国经过了 20 年的研究、实验和实施，于 1993 年 7 月完成的新一代卫星导航、定位和授时系统。它由空间卫星、地面测控站和用户设备三大部分组成。

　　GPS 系统空间导航卫星部分由 24 颗工作卫星和 3 个备用卫星组成。工作卫星均匀分布在 6 条近似圆形轨道上，轨道距地面平均高度约为 20 200km，每 12h 绕地球运行一周，在全球的任何地方，任何时刻能同时收到 4 个以上的卫星信号，一旦某个导航卫星出故障，备用卫星可立即根据地面测控站的命令飞赴指定轨道进入工作状态。

　　在地面测控站的监控下，GPS 传递的时间能与国际标准时间（universal coordinated time，UCT）保持高度同步，误差仅为 1～10ns，这一点可直接用来为电力系统的控制、保护、监控、SOE 等服务。

　　为了获得这个精确的授时信号，已有民用定时型 GPS 接收器可供选择使用。这种接收器由接收模块和天线构成，其内部硬件电路和处理软件通过对接收到的信号进行解码和处理，从中提取并输出两种时间信号：一是间隔为 1s 的脉冲信号 1PPS，其脉冲前沿与国际标准时间的同步误差不超过 1μs；二是经 RS-232 串行口输出的与 1PPS 脉冲前沿对应的国际标准时间和日期代码（时、分、秒、年、月、日），如图 4-12 所示。

由于 GPS 接收器提供的同步脉冲和串行接口标准不一定满足微机装置在对时上的接口需要，串行口输出的国际标准时间也不同于我国显时习惯，故必须在 GPS 接收器的基础上，配置信号转换处理和显示部分，以适应我国实际应用的需要，如图 4 - 13 所示。

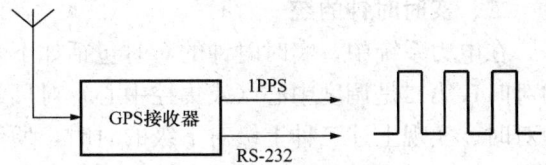

图 4 - 12　GPS 时间信息的接收

实际上，GPS 接收器提供的 1PPS 信号是以秒为计时单位的，精确度为 $1\mu s$，由于该信号的接收无需专用通道，不受地理、气候的影响，是电网统一时间的理想源。

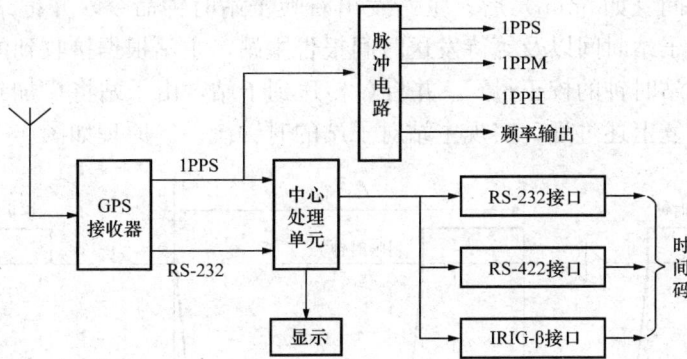

图 4 - 13　接收 GPS 卫星信号的同步时钟原理图

2. 装置内时钟的建立

如上所述，GPS 只提供精确到微秒的秒级时间，与电网内要求的毫秒级时间信号尚有距离。因此，电网监控系统内每一套测控或监控装置本身尚需建立毫秒级实时时钟，GPS 提供的秒为单位的精确时间信号可用来对毫秒级时钟的对时或修正。

图 4 - 14　实时时钟存储区结构

微机化测控或监控系统内的实时时钟通过硬件与软件相结合的方式建立实时时钟。硬件上可采用 CPU 与一片 Intel 8253 接口芯片来实现。例如将 Intel 8253 初始化为方式 0，写入 1ms 对应的计数值。每当 Intel 8253 计数结束，即 1ms 到达时，其 OUT 输出高电平，作为中断请求信号向 CPU 提出中断，CPU 响应中断写入新的计数值。为了记录实时时钟，可设置实时时钟区，如图 4 - 14 所示。每当接收到实时时钟中断后，CPU 就通过软件在时钟区内增加 1ms，并适时调整时钟进位。

在具有秒级对时的系统中，实时时钟实际上分为两部分：一部分是 2B 的毫秒级时钟，由 CPU 中断累加计数；另一部分是图 4 - 14 所示的高 7B 组成的时钟，由 GPS 对时钟发进位，毫秒级时钟（不允许其进位）只作为其毫秒级的计数，并由秒级对时脉冲清零。由这两部分构成的时钟，秒级部分具有极高（$1\mu s$）的精确度，毫秒级部分的精度取决于微机软、硬件的配合，但在 1s 内积累的误差极其有限。因此，由此构成的实时时钟，其精确度和统一性得到保证，满足了电网、厂站实时监控系统、综合自动化系统的要求。

二、实时时钟的统一对时

在电力系统中，实时时钟的对时包括如下几方面。第一是上级调度中心对下级调度中心的对时；第二是调度中心（或集控中心）对厂站的对时；第三是厂站对其内部各自动化装置的对时。实现上述三种上级对下级的对时，便能确保真正意义上的全网统一时钟。

1. 上级调度对下级调度或厂站对时

为了实现上级调度对下级调度或厂站的对时，CDT 规约提供了通信双方对时机制。简述如下：

（1）对时原理。采用 CDT 规约通信对时原理：当被对时站（子站）开始工作后，对时站（主站）首先将自身的时钟通过报文下达到子站，子站接收后写入子站时钟区，建立子站时钟。经过一定时间（如 5min）后，主站发出召唤子站时钟命令，并记录当前时间，子站接收到命令后，将子站时间以及等待发送时间报告主站，主站根据接收到的子站时钟和当前时间，计算出对子站时钟的校正量 C，并将 C 传送到子站，由子站将 C 加到当前时钟上。经过一定时间后，重复上述过程，实现主站对子站的时钟统一。原理如图 4 - 15 所示。

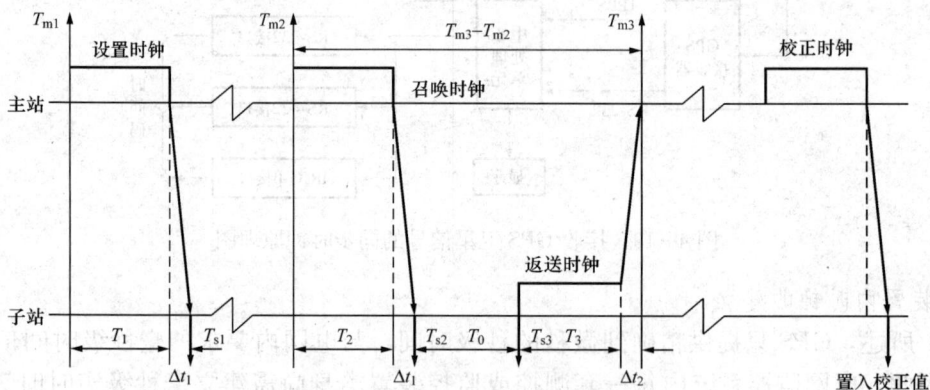

图 4 - 15　主站对子站的对时过程

其中，T_{m1}——主站发送设置时钟命令时，主站时钟读数；T_1——设置时钟命令的码长时间；T_{s1}——收到设置命令后子站置入时钟的时间；Δt_2——上行通道延时；Δt_1——下行通道延时；T_{m2}——主站发送召唤子站时钟帧时，当 CPU 向串行口写入同步字第一个字符时主站时钟读数；T_2——召唤子站时钟命令的码长时间，$T_2 =$（$2 \times 48 \times 1000$）/波特率（ms），2×48 是召唤子站时钟命令的长度（位）；T_{s2}——收到召唤子站时钟命令后的子站时钟读数，在判定该命令帧类别的时刻读取；T_{s3}——返送时钟插入传送的时间，即发送返送时间时，CPU 向串行口写入第一个信息字节时子站读取的时钟数；T_0——收到召唤子站时钟命令后，子站向主站返送子站时钟而等待的时间，$T_0 = T_{s3} - T_{s2}$；T_3——返送子站时钟信息字的码长时间，$T_3 =$（$2 \times 48 \times 1000$）/波特率（ms），2×48 是返送子站时钟信息的长度（位）；T_{m3}——主站收到子站返送时钟信息字后的主站时钟读数。

（2）校正值计算方法。时钟校正值计算的基点时刻是子站接收到主站召唤时钟命令，读取子站时钟 T_{s2} 的时刻。对主站端来说，此时实时时钟应为

$$T_{m2} + T_2 + \Delta t_1$$

因此，校正值 C 为

$$C = T_{m2} + T_2 + \Delta t_1 - T_{s2}$$

考虑到上行通道延时 Δt_2 和下行通道延时 Δt_1 基本相等，并设为 Δt，则

$$\Delta t = \frac{1}{2}(\Delta t_1 + \Delta t_2) = \frac{1}{2}[T_{m3} - T_{m2} - T_2 - T_3 - T_0]$$

所以

$$C \approx T_{m2} + T_2 + \frac{1}{2}[T_{m3} - T_{m2} - T_2 - T_3 - T_0] - T_{s2}$$

$$= \frac{1}{2}[T_{m3} + T_{m2} + T_2 - T_3 - T_0] - T_{s2}$$

2. 厂站系统对各自动化装置的对时

（1）GPS 秒脉冲加报文对时。在厂站自动化系统中，具备 GPS 接收装置，厂站自动化系统建立对时总线，厂站内各自动化装置挂接在对时总线上，对时总线周期性地广播发送时间报文，每一次都使各自动化装置对时、分、秒进行重新设置。由 GPS 时钟源对各自动化装置提供秒脉冲信号，其脉冲信号的下降沿启动装置对毫秒级误差的中断处理，实现装置对时钟源的毫秒级同步。

（2）利用 IRIG-B 格式时间码对时。IRIG-B 格式时间码（简称 B 码）为国际通用时间格式码。广泛运用于金融、广播、过程控制等领域，技术成熟。它每秒发送一帧脉冲码，一帧由 100 个码元组成。有三种基本的码元，分别代表"0"、"1"、"P（位置标记）"，如图 4-16 所示。

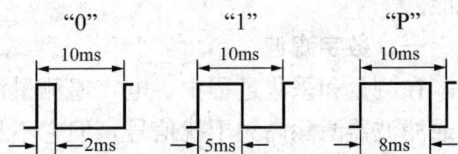

图 4-16 B 码的基本码元

在一帧中利用这几个码元的组合表示秒、分、时、日等信息，特别是利用帧头上的 R 码元把来自时钟源的基准秒参考信息引入其中。这样一帧时间码所含的信息足以让装置完成对自身时间的校正，如图 4-17 所示。

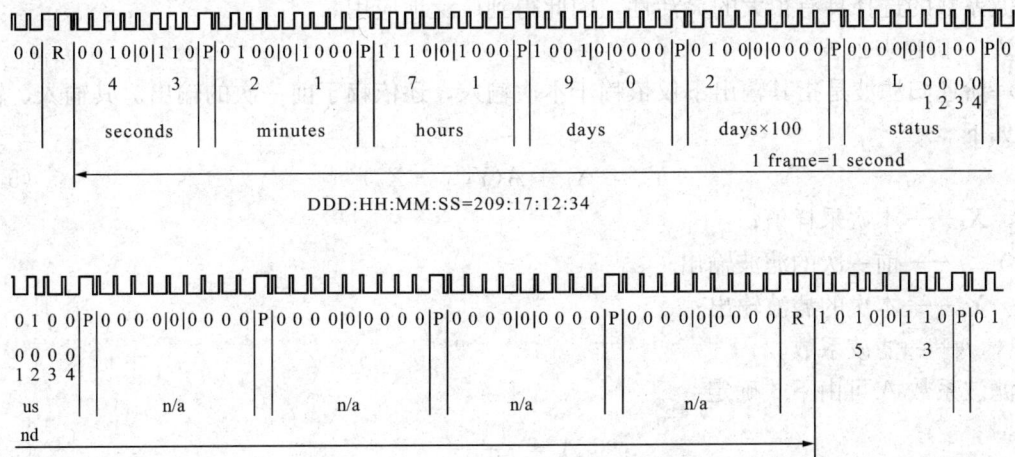

图 4-17 B 码的结构

第五章　厂站监控信息处理

在电网调度自动化系统中，厂站端监视和控制信息类型多，数据量大，以此反映厂站运行的真实状态。为了形成便于显示、记录、存储的有效信息，形成控制电网安全、可靠运行的命令，必须对采集的信息进行处理，实现监控功能。

第一节　遥测信息处理

无论采用变送器还是交流采样对模拟电气遥测量进行测量和采集，都需经过 A/D 转换成数字量，这些原始的数字量称为生数据，生数据需要进行一系列处理才能被应用，实现其功能。

一、数字滤波

在测量和采集过程中，电气遥测量混杂有各种频率的干扰信号，采集电路通常采用 RC 低通滤波器滤除高频干扰信号，但它不易滤除信号中的低频干扰信号，因为滤除低频干扰信号需要大容量的电容，而大容量的电容器是难以实现的。数字滤波则能弥补 RC 滤波器的缺陷。

数字滤波是指通过一定的计算方法，对信号的数字量形式进行数学处理，减少干扰在数字量形式中的比例，尽可能还原信号的本来面貌。数字滤波是一种软件算法，对滤波算法以及滤波系数的选择具有很大的灵活性，因此得到广泛地应用。

1. 一阶递归滤波

一阶递归滤波是指其输出不仅依赖于本次输入，还依赖于前一次的输出。其输入、输出关系如下

$$Y_k = X_k + A(Y_{k-1} - X_k) \tag{5-1}$$

式中　X_k——本次采样值；

　　　Y_{k-1}——前一次的滤波输出；

　　　Y_k——本次的滤波输出；

　　　A——滤波系数。

滤波系数 A 可由下式确定

$$A = \frac{\tau}{T + \tau} \tag{5-2}$$

式中　T——采样周期；

　　　τ——数字滤波器时间常数。

为了得到最佳的滤波效果，τ 值的选取应根据实际系统确定，不断调整 τ 值，使低频周期性噪声减至最弱或全部消除，由此得到的滤波系数就是最佳滤波系数。

式（5-1）是一个迭代公式，初值 $Y_0 = X_0$，A 的取值范围为 $0 \leqslant A < 1$，A 的取值大小决定了滤波输出体现本次采样和前次输出之间的权重。当 $A = 0$ 时，本次输出等于本次采样

值；当 $A=1$ 时，本次输出等于前次输出。

2. 限幅滤波法

这种滤波方法适用于缓慢变化的温度、水位等信号量。根据经验，确定两次采样输入信号可能出现的最大偏差 ΔY，通过程序判断确定本次滤波输出。即

$$若 |X_k-Y_{k-1}| \leqslant \Delta Y，则 Y_k = X_k \tag{5-3}$$
$$若 |X_k-Y_{k-1}| > \Delta Y，则 Y_k = Y_{k-1} \tag{5-4}$$

采用式（5-3）或式（5-4）限幅滤波算法，能有效滤除信号中脉冲性的突变干扰。

3. 算术平均滤波

算术平均滤波就是将 N 次得到的采样值相加，计算其平均值作为输出。即

$$Y_k = \frac{1}{N}\sum_{i=1}^{N} X_i \tag{5-5}$$

式中　Y_k——第 k 次滤波器输出值；

　　　　X_i——第 i 次采样值；

　　　　N——采样次数。

这种滤波方法能有效地消除随机误差，对周期性等幅干扰也有较明显的滤波效果。该方法每计算一次滤波输出，需要前 N 次采样值，N 值越大，滤波效果越好，但滤波输出刷新周期就会变长，降低了实时性。对于实时性要求较高的场合，需要采用其改进的递推平均滤波法。

4. 递推平均滤波法

$$Y_k = \frac{1}{N}\sum_{i=1}^{N-1} X_{k-i} \tag{5-6}$$

式中　N——递推平均项数；

　　　　Y_k——第 k 次滤波器输出值；

　　　　X_{k-i}——从第 k 次向前递推 i 次的采样值。

在实际采用递推平均滤波法时，还可将 N 次采样值中的最大者和最小者除去，算式中的 N 该为 $N-2$。这样处理的目的是事先滤除了信号中的尖脉冲。

二、死区计算

遥测量是随着时间连续变化的，在问答式远动通信规约中，当模拟量在规定的一个较小范围内变化时，认为该模拟量没有显著变化，不对该模拟量进行上传，这个期间该模拟量的值用原值表示，这个规定的范围称为死区。若当模拟量变化大于死区时，该模拟量需向上级传送，而当模拟量变化小于死区时不向上级传送，从而可减少模拟量信息的传送，同时减少上级主站 CPU 的处理开销。对调度运行人员而言，微小变化的遥测刷新值对掌握系统运行状态没有多大的帮助，反而会影响其有效的观察。

在图 5-1 中，在 t_0 时，u 的值为 U_0，设死区为 $2\Delta U$，当 $|u-U_0| < \Delta U$ 时，认为 u 未变；在 $t_0 \sim t_1$ 内，u 的值认为是 U_0。在 t_1 时刻，$|u-U_0| > \Delta U$，则以此时刻 U_1 代替 u 的原值 U_0，再以 U_1 为中心，再设死区，到 t_2 时刻，u 的值越死区，用 t_2 时刻的值 U_0

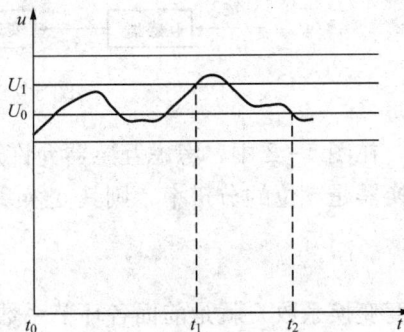

图 5-1　遥测量越死区传送

代替 U_1。

三、越限判别

电力系统是一个动态系统，随着负荷的变化、运行方式的变化或故障的发生，各种运行参数都会发生相应的变化。从系统运行的安全性、可靠性以及对电能质量的要求等方面考虑，许多运行参数必须限制在一定的范围内变化，即必须满足不等式约束条件。例如，频率的变化范围是 $50\pm0.2\text{Hz}$，用户端电压变化范围不能超过额定值的 $\pm5\%$，输电线上的传输功率不能超过其稳定极限等。因此，对每一个模拟遥测量用上限值和下限值来规定其允许变化范围。越限判别就是用这些量的实时运行值与其限值作比较，一旦发现其超出允许变化范围，即判为越限，并明确越限性质，此时，首先要对此量置越限标志，其次要发出越限告警信号。越限判别是监控系统的一项重要的应用功能。

越限判别功能通常设置在调度端。每个遥测量都要设定其对应的上限和下限，这些限值存放在掉电保护单元，并可进行修改。遥测数据的每一次刷新，都要作一次越限判别，并将结果存放起来。判别结果有三种：不越限、越上限或越下限，可用不同的状态表示不同的判别结果。

对于遥测量围绕限值附近波动时，会连续出现告警现象，干扰运行人员的工作，可对参加越限判别的数据先进行死区处理。

实际上，并不需要对每一个遥测量进行越限判别，有些遥测量不需要同时判别越上限和越下限，为统一程序，可置某遥测量的上限和（或）下限设置成极端的最大值或最小值。

四、标度变换

在监控系统中，通过多种方式对模拟电气量进行测量和采集，经过多个环节将高电压、大电流变换为与之成比例的小信号，最后经过 A/D 转换变换为数字量，这些数字量反映了电气量的大小，但不能代表该模拟遥测量的实际值。要由这些数字量来求得模拟遥测量的实际值，就需要进行标度变换，标度变换就是对模拟电气量采集过程数据乘系数。

1. 采用直流变送器测量的标度变换

（1）电压、电流的标度变换系数。在电压和电流的测量和采集过程中，设互感器变比 k_n，其中电压互感器的电压变比为 k_{nu}，电流互感器的电流变比为 k_{ni}，设变送器的变换系数为 k_b，其中电压变送器的变换系数 k_{bu}，电流变送器的变换系数 k_{bi}，A/D 转换器的变换系数为 k_{ad}，标度变换系数 k，如图 5 - 2 所示。

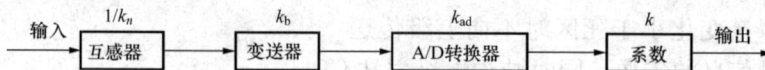

图 5 - 2　电压、电流的标度变换系数

在图 5 - 2 中，考虑互感器允许运行在额定值的 120%，则 $k_{bu}=5/120$；$k_{bi}=5/6$。A/D 转换器是 n 位的分辨率，则其变换系数

$$k_{ad} = \frac{1}{5}(2^{n-1}-1)$$

标度变换系数 k 就是前面各环节系数的逆关系，即

$$k = \frac{k_n}{k_b k_{ad}}$$

（2）功率的标度变换系数。三相功率变送器的功率是电压与电流的乘积，其变换系数是电压通道和电流通道的系数乘积，如图 5-3 所示。

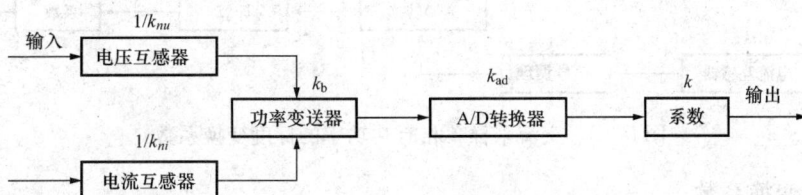

图 5-3 功率的标度变换系数

其标度变换系数 k 也是前面各环节系数的逆关系，即

$$k = \frac{k_{nu} k_{ni}}{k_b k_{ad}} \tag{5-7}$$

式中 k_b——功率变送器变换系数，$k_b = 5/[\sqrt{3}（额定二次电压）（额定二次电流）]$。

2. 采用交流采样测量的标度变换

（1）电压有效值。设电压互感器输出额定值 100V，同时考虑采样的计算环节，如图 5-4 所示。

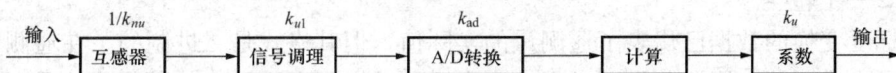

图 5-4 交流采样电压有效值的标度变换系数

考虑到 $k_{u1} = \dfrac{5}{120\sqrt{2}}$，则

$$k_u = \frac{k_{nu}}{k_{u1} k_{ad}}$$

（2）电流有效值。设电流互感器输出额定值 5A，同时考虑采样的计算环节，如图 5-5 所示。

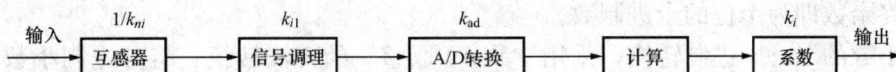

图 5-5 交流采样电流有效值的标度变换系数

考虑到 $k_{i1} = \dfrac{5}{6\sqrt{2}}$，则

$$k_i = \frac{k_{ni}}{k_{i1} k_{ad}}$$

（3）单相功率。对于单相功率，电压互感器输入的是相电压，同时考虑采样的计算环节，如图 5-6 所示。

考虑到

$$k_{u1} = \frac{5}{(120\sqrt{3})\sqrt{2}}$$

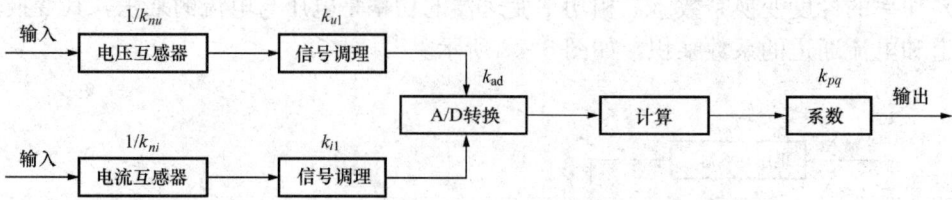

图 5-6 交流采样单相有功功率的标度变换系数

单相功率标度变换系数

$$k_{pq} = \frac{k_{nu}k_{ni}}{k_{u1}k_{i1}k_{ad}^2}$$

（4）三相功率。三相功率的标度变换系数与单相功率不同。对于相电压和相电流输入的情况，其系数与单相功率时的系数相同。而对于取自线电压和线电流的输入，其电压和电流调理电路的变换系数分别为 $k_{u1} = \dfrac{5}{120\sqrt{2}}$，$k_{i1} = \dfrac{5}{6\sqrt{2}}$

三相功率的标度变换系数表达式与单相功率时相同，即

$$k_{pq} = \frac{k_{nu}k_{ni}}{k_{u1}k_{i1}k_{ad}^2}$$

五、二—十转换

经过标度变换的数据已代表了遥测量的实际值，但其格式是二进制的。在遥测量显示屏中，数据是十进制的，因此，需要进行二—十进制转换。在这里，十进制仍然采用二进制表示，即用 4 位二进制数的前 10 个状态表示 0~9，形成 BCD 码。标度变换后的数据可能既有整数部分，也有小数部分，在进行二—十进制转换时应分别进行转换。

对于整数部分的二—十进制转换，应先确定二进制数可能对应的十进制数的最高位，通常最高位是千位，用待转换的二进制数连续减去 1000 对应的二进制数，直至不够减为止，对减 1000 的次数进行计数，就得到千位的数值；用不足 1000 的余数连续减去 100 对应的二进制数，直至不够减为止，对减 100 的次数进行计数，就得到百位的数值；用不足 100 的余数连续减去 10 对应的二进制数，直至不够减为止，对减 10 的次数进行计数，就得到十位的数值；最终余数即为个位的十进制数。

对于小数的二—十进制转换，采用"乘 10 取整"的方法转换。将二进制小数乘以 10，得到的整数部分为十进制小数点后的第一位；再将余下的小数乘以 10，得到的整数部分为小数点后的第二位，依次类推，可确定小数点后的第 3 位、第 4 位等。

六、事故追忆

在电力系统运行过程中，随时可能发生事故，因此在电力系统运行监视时，希望把事故发生前后的一段时间内遥测数据的变化情况保存下来，为事故分析提供原始依据，即事故追忆功能。

为了实现事故追忆功能，通常需要设置一个较大的先入先出（FIFO）区，需要追忆的数据在该 FIFO 中流过。当事故发生时，存储 FIFO 中的全部数据（事故前的数据），并对事故之后一段时间内的数据进行存储，从而获得事故前后遥测量的数据，用作事后分析。

对所有的遥测量作存储既无必要，也浪费存储资源，所以，事故追忆一般仅对重要的遥测量导入 FIFO。尽管事故总伴随遥信变位，但遥信变位并不意味着一定发生事故，所以，

通常可用变电站事故总信号来启动事故追忆。

七、转换为传送规约的数据结构

在电网监控系统中，厂站端采集的遥测量需要按照指定的规约向调度中心或监控中心传送，采用的规约不同，遥测量数据的结构也不同。在此，按照部颁 CDT 规约传送对遥测量进行处理。

在 CDT 规约中，一个遥测量的数据结构如下：

b_7	b_6	b_5	b_4	b_3	b_2	b_1	b_0
b_{15}	b_{14}	$\times$	$\times$	b_{11}	b_{10}	b_9	b_8

其中 $b_{11} \sim b_0$ 是遥测量的二进制码。$b_{11}=0$ 时为正数，$b_{11}=1$ 时为负数，以 2 的补码表示负数；$b_{14}=1$ 时表示溢出；$b_{15}=1$ 时表示数据无效。

当采用 AD574A 进行 A/D 转换时，其输入/输出特性如图 5-7 所示，在此用 $B_{11} \sim B_0$ 表示转换结果。在双极性输入时，它是用偏移二进制数反映输入量大小的。因此，$B_{11}=1$ 时对应遥测量大于等于零；$B_{11}=0$ 时对应

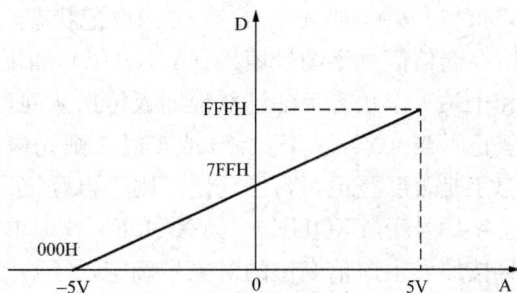

图 5-7 AD574A 的输入/输出特性

遥测量小于零。要将偏移二进制数转化为 2 的补码形式，只需将其最高位（MSB）取反，即 $b_{11}=\overline{B_{11}}$，$b_{10} \sim b_0 = B_{10} \sim B_0$。当 $B_{11} \sim B_0 = $ FFFH 或 000H 时，表示遥测量转换结果溢出，应置 $b_{14}=b_{15}=1$。

第二节 遥信信息处理

一、遥信变位的鉴别和处理

由第四章遥信扫描输入电路可知，CPU 通过 Intel 8255A 芯片的 C 端口顺序输出多路数字开关的地址 0000～1111B，每个地址将读入 8 个遥信状态（8 位现状码），并与存放遥信的数据区 YXDATA 内相对应的 8 个遥信状态（8 位原状码）相比较（异或运算），得到一字节运算结果称遥信变位信息码。如果现状码与原状码相同，遥信变位信息码为零，若变位信息码不为零，说明有遥信变位。例如：

```
原状码          1 0 0 1 1 1 1 1
现状码      ⊕  1 0 0 1 0 1 1 0
变位信息码      0 0 0 0 1 0 0 1
码位序号        7 6 5 4 3 2 1 0
```

该例说明，位 0 和位 3 对应的遥信发生了变位。当确认有遥信变位后，必须进行相关的处理，其中包括：

（1）建立遥信变位标志。这个遥信变位标志可用来：①增添当地的告警显示；②CDT 方式下建立插入传送；③Polling 方式下激活第一类信息标志；④启动遥信信息刷新程序。

（2）建立变位遥信字插入队列。在厂站运行过程中，一个遥信变位可能引起几个遥信的

YXQUE区

队列长度
遥信变位信息字序号
遥信变位信息字序号
遥信变位信息字序号
遥信变位信息字序号
遥信变位信息字序号

图 5-8 遥信变位插入传送字队列

变位，这些遥信变位均应按序插入并向上级传送。因此，必须建立一个插入队列先行登记。假设有 128 个遥信，可由 4 个遥信信息字传送，其编号为 YX（0）、YX（1）、YX（2）和 YX（3），子站工作状态在 YX（4）中传送，可建立一个 6B 的遥信信息插入传送登记队列 YXQUE，其首字节存放登记字数量，其后为遥信字变位遥信所在字序号，如图 5-8 所示。

每当有遥信变位或子站状态变化进入变位队列登记时，首先检查 YXQUE 单元的内容。当（YXQUE）＝0，则呈未登记状态，将 YXQUE 单元内容加 1，并将产生变位的遥信所在遥信信息字编号填入（YXQUE）加 1 单元；当（YXQUE）＝5，则说明所有的遥信字和子站工作状态字都已登记插入传送队列，本次变位遥信所在遥信信息字已登记，故可不再登记；当（YXQUE）≠0 或 5 时，则先检查本次变位的遥信所在遥信信息字或子站工作状态字是否已登记，若已登记，则不再登记；若未登记，则登记本次遥信字编号或子站工作状态字编号于 YXQUE＋（YXQUE）＋1 单元，并将 YXQUE 单元内容加 1。遥信信息字编号按照发生遥信变位的对象号确定，子站工作状态字编号为 4。

每当一个遥信信息字或子站工作状态字连续插入 3 遍（CDT 标准）结束时，将 YXQUE 单元内容减 1，并删除 YXQUE＋1 单元内容。若（YXQUE）≠0，则将后续编号并行向前移一个单元，并对 YXQUE＋1 单元所指遥信信息字或子站工作状态字插入传送。

（3）SOE 登记。事件顺序 SOE 表达变电站发生事件时相关的信息。SOE 有三个要素，即：①事件性质；②开关序号；③事件发生时间。在变电站自动化系统中，应设置记录事件的数据区，可命名为 EVNDAT 区，在该数据区中为每个遥信设置 8B，其中包括变位性质与对象编号 2B、日、时、分、秒各 1B，毫秒 2B，如图 5-9 所示。SOE 单元的时标信息，应可通过确认变位后读时钟取得，开关对象号可由数据读入时确定，分/合状态取当前状态。

EVNDAT区

毫秒（低位）
毫秒（高位）
秒
分
时
日
对象号（低位）
分/合…对象号（高位）
…
毫秒（低位）
毫秒（高位）
秒
分
时
日
对象号（低位）
分/合…对象号（高位）
…

图 5-9 遥信变位事件顺序记录 SOE

二、遥信采集中的误遥信及其克服

遥信信息的采集原理上很简单，但实际系统在运行中常会产生不真实的遥信变位信号，给运行人员的控制决策带来误导。为此，人们已进行了深入地研究，在此简述误遥信及其解决办法，以提高对此问题的认识。

误遥信可分为两类：第一类是一个真实的遥信变位后紧接着几个假遥信读数，最终遥信稳定到真实变位后的状态；第二类是某些遥信不定时地出现“抖动”。

第一类遥信误报过程如图 5-10 所示。当遥信号变位时，由于继电器不能一次性地闭合，其抖动产生的信号经光耦后成为连续几个遥信信号。

第二类遥信误报过程如图 5-11 所示。每个遥信回路中均存在电磁干扰，其尖峰干扰脉冲可能成为误遥信。

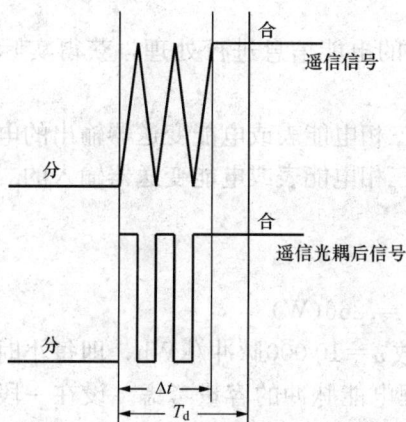

图 5-10 第一类误遥信信号

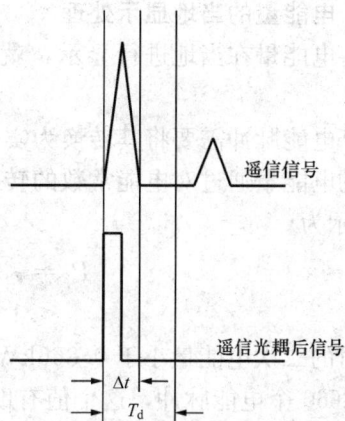

图 5-11 第二类误遥信信号

上述两种误遥信可以分别通过软件和硬件相结合的方法进行解决。为克服第二类干扰，可在原遥信输入回路基础上，提高电源电压，例如用变电站操作电源 220V 代替 24V 电源，同时加入适当的电阻限流，采取上述措施尖脉冲幅值一般达不到 180V，将有效克服干扰严重的误遥信。

对于第一类误遥信，可采取"延时重测"的方法加以克服。即当发现某遥信变位时，首先将它记录下来，然后找到它的时限值，并进行计时，经时限值到延时，再次判别该遥位状态，如果变位真实，则保留记录，否则忽略记录。这种方法应首先确定每个遥信所对应的时限值，CPU 开销较大，所以尽管第二类误遥也能通过"延时重测"加以克服，但通常先在硬件上采取有效措施，只有很大的尖脉冲才由"延时重测"加以克服。

第三节 电能信息处理

在厂站监控系统中，采集到的电能量需要按传送规约向上级调度中心或监控中心传送，也需要将电能信息处理成当地显示的形式。

一、转换为传送规约的数据结构

采用的传送规约不同，电能量数据的结构也不同。在此，按照部颁 CDT 规约传送对电能量进行处理。

在 CDT 规约中，采用一个信息字传送一个电能脉冲计数值，如图 5-12 所示。图中 $b_{23}\sim b_0$ 为代表电能脉冲计数值，推荐采用二进制码表示，$b_{27}\sim b_{24}$ 是扩展的高位，可以不用；$b_{31}=1$ 表示数无效；$b_{29}=0$ 表示为二进制码，$b_{29}=1$ 表示为 BCD 码。可见，电能量这种处理十分简单，对于二进制码的表示，只要将一段时间内采集到的电能脉冲计数值直接写到电能信息字即可。对于采用 BCD 码表示，只要将电能脉

功能码							
b_7	b_6	b_5	b_4	b_3	b_2	b_1	b_0
b_{15}	b_{14}	b_{13}	b_{12}	b_{11}	b_{10}	b_9	b_8
b_{23}	b_{22}	b_{21}	b_{20}	b_{19}	b_{18}	b_{17}	b_{16}
b_{31}	$\times$	b_{29}	$\times$	b_{27}	b_{26}	b_{25}	b_{24}
校验码							

图 5-12 电能脉冲计数值信息字格式

冲计数值进行二—十转换，确定 6 位（扩展时 7 位）十进制的 BCD 码。需要指出，采用一个电能信息字传送一路电能量，其电能量是一段时间内的累计值。

二、电能量的当地显示处理

要将电能量在当地进行显示，就必须将采集到的电能信息进行处理，获得实际电能的数值。

对于电能脉冲需要将其转换为实际电能数值，三相电能表或电能变送器输出的电能脉冲所代表的电能量通过对电能常数的转换进行求取。三相电能表或电能变送器输入的二次功率 P_2 可表示为

$$P_2 = \sqrt{3}UI\cos\varphi$$
$$\leqslant 1.732 \times 100 \times 5 = 866(\text{W})$$

故每小时的二次电能量小于 0.866kWh，设电能常数 $\alpha = 10\,000$ 脉冲/kWh，即每小时将产生不大于 8660 个电能脉冲，这个值有助于设计和处理电能脉冲的容量考虑。设在一段时间内已计得的脉冲数 N，则 N 代表的电能量 W 可按下式计算

$$W = k_{nu}k_{ni}N\alpha(\text{kWh}) \tag{5-8}$$

式中　k_{nu}——电压互感器变比；

　　　k_{ni}——电流互感器变比。

对于采用智能表计或监控装置交流采样采集到的电能，它们已经按前述的计算式进行了计算，只要乘以与功率相同的标度系数即可，参见本章第一小节。

第六章　厂站监控系统的遥控与遥调

第一节　电力系统遥控

　　厂站自动化、电网调度自动化均是电力系统自动化的重要组成部分。电网调度自动化的控制操作大多数是通过发电厂变电站的自动化装置实现的，随着厂站自动化技术的快速发展，厂站的一些运行设备，除了就地人工操作外，监控中心或调度中心可以通过通信系统，对变电站自动化系统发出实时控制命令，实现对发电厂、变电站运行的控制。

　　在电力系统中，遥控就是调度中心发出命令，控制远方发电厂或变电站的断路器、隔离开关、刀闸等设备的分或合操作。对于变电站，倒闸操作、压送负荷、低频减载装置、投切电容器等都涉及开关操作，均可通过遥控来实现。此外，有载调压变压器分接头控制也可由遥控来完成。

一、遥控命令及其传输要求

1. 遥控命令

　　遥控命令是由变电站自动化系统的当地监控主机发送给主控单元，也可由监控中心或调度中心发送给变电站自动化系统的主控单元，再由主控单元实施对控制对象的操作。与遥控相关的命令有 3 种，分别说明如下。

　　(1) 遥控选择命令。遥控选择命令用来说明本次遥控所选择的遥控对象，以及对该对象实施的操作性质，这些信息在信息字中重复 1 遍。以 CDT 规约为例，该命令的信息字格式如图 6-1 (a) 所示。

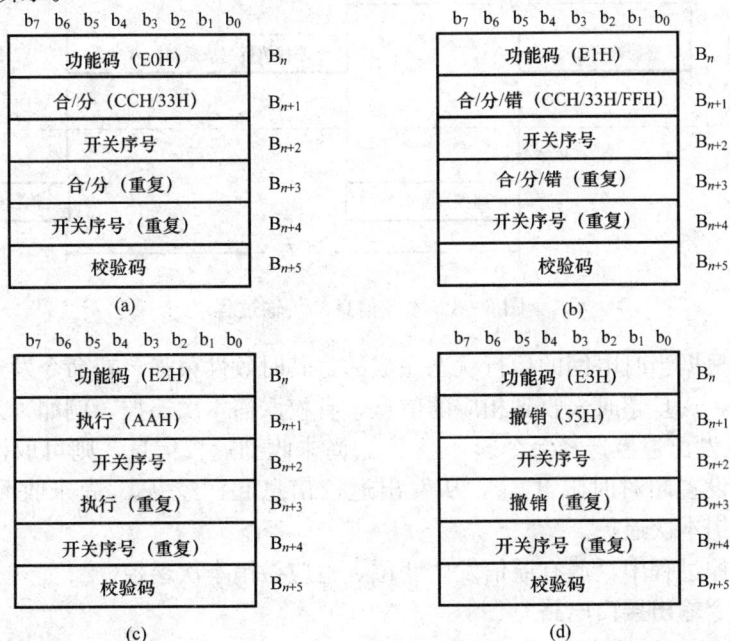

图 6-1　遥控命令信息格式

(a) 遥控选择；(b) 遥控返校；(c) 遥控执行；(d) 遥控撤销

（2）遥控执行命令。遥控执行命令用来说明前面下达的对遥控选择对象的指定操作可以立即执行，遥控执行命令信息在该信息字中重复 1 遍。遥控执行命令的信息字格式如图 6 - 1 （c）所示。

（3）遥控撤销命令。遥控撤销命令用来说明对前面已下达的遥控选择命令予以撤销，撤销命令信息在该信息字中也重复 1 遍。遥控撤销命令的信息字格式如图 6 - 1 （d）所示。

在遥控命令的传送过程中，还涉及命令接收端对命令发送端的返校信息。遥控返校信息用来向遥控命令发送端说明接收方是否正确接收遥控选择命令，以及选择命令是否可以正确地执行，信息字中开关序号和合/分/错信息重复 1 遍。返校信息的格式字如图 6 - 1 （b）所示。

2. 遥控命令信息的传输

遥控是对电网运行的重要控制手段，遥控命令执行的结果将直接改变电网的拓扑结构，改变电源或负荷的连接状态，将对电网的安全运行、电能质量指标以及经济性运行起直接的作用。因此，要求遥控过程万无一失。在遥控过程中，采用信息重复、信息返校等措施保证遥控过程的正确无误。

在遥控命令信息帧中，信息字连续传送 3 遍，如图 6 - 2 所示。遥控命令的信息传输过程如图 6 - 3 所示。在形成返校信息的过程中，不仅要校验接收信息的正确性，还要检查选择对象和遥控性质的正确性和合理性。遥控命令的接收端还要核实对象继电器和性质继电器是否能正确动作，由上述多项检查结果形成遥控返校信息。

同步字	同步字	信息字	信息字	信息字

三字内容相同

图 6 - 2　遥控命令帧结构

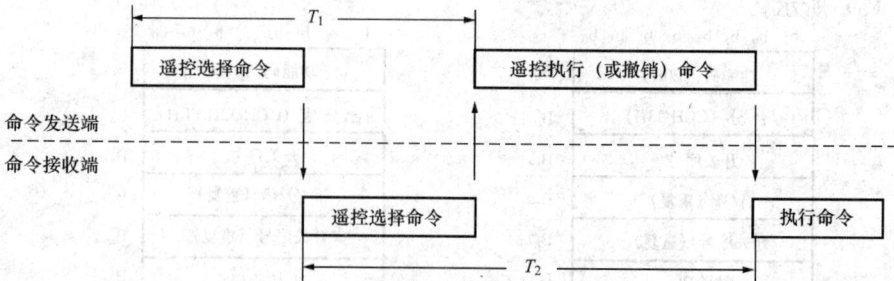

图 6 - 3　遥控信息的传输过程

遥控命令是根据当时电网的运行状态完成的，其时效性很强。在命令发送端和接收端均可设置超时控制，一旦超时未收到相应的信息，有权取消本次遥控。例如，发送端可设置超时时限 T_{1max}，从发出遥控选择命令起，经 T_{1max} 尚未收到返校信息，则可取消本次遥控；对接收端来说，可设置超时时限 T_{2max}，从发出返校信息起，经 T_{2max} 尚未收到执行或撤销命令，也可主动撤销本次遥控。

此外，在遥控过程中，遇有遥信发生变位，也应撤销本次遥控。

二、遥控命令输出接口电路

图 6 - 4 所示是遥控输出电路原理图。它由 1 片 Intel 8255A，2 片集电极开路的反相器 MC1413，8 个遥控对象继电器 （$K_1 \sim K_8$），2 个遥控性质继电器 （K_{HZ}、K_{FZ}），以及一个遥

控执行继电器 K_{ZX} 构成。其中，Intel 8255A 的端口 A 输出遥控对象信息，其中 $PA_0 \sim PA_7$ 对应遥控对象继电器 $K_1 \sim K_8$。端口 B 输入继电器返校状态信息，其中 $PB_0 \sim PB_7$ 对应 $K_1 \sim K_8$ 的触点，端口 C 高 3 位 PC_7、PC_6、PC_5 输出遥控分闸、合闸的性质信息和执行信息，端口 C 低 2 位（PC_1、PC_0）输入性质继电器返校信息。Intel 8255A 工作在方式 0，A 口输出，B 口输入，C 口低 4 位输入和高 4 位输出。

Intel 8255A 端口 A 接到开集反相器 MC1413 的输入端，+12V 电源经遥控对象继电器的线圈接到开集反相器 MC1413 的集电极回路。若 Intel 8255A 端口 A 某一位输出"1"，则开集反相器 MC1413 中的三极管导通，相应的继电器线圈得电而使其动作，而其他各位输出为"0"，于是开集反相器 MC1413 中的三极管截止，相应的继电器线圈失电而不动作。遥控对象继电器有两对动合触点，其中一对用于遥控对象，另一对用于返送校核。

Intel 8255A C 口的 $PC_5 \sim PC_7$ 通过开集反相器 MC1413 控制分闸性质继电器（K_{FZ}）、合闸性质继电器（K_{HZ}）和执行继电器（K_{ZX}）。其中，分闸继电器的电源受合闸继电器动断触点控制，合闸继电器的电源受分闸继电器的动断触点控制。当两个继电器都失电时，其电源都接通，但当分闸继电器动作时，就切断了合闸继电器线圈的电源；反之合闸继电器动作时，就切断了分闸继电器线圈的电源。因而分闸性质和合闸性质继电器两只中同时只可能有一只得电。

用于返送校核的遥控对象继电器的动合触点的状态可以转化为"0"和"1"电平，由图 6 - 4 可见，当动合触点断开时产生"0"电平；而动合触点闭合时产生"1"电平。这个电平

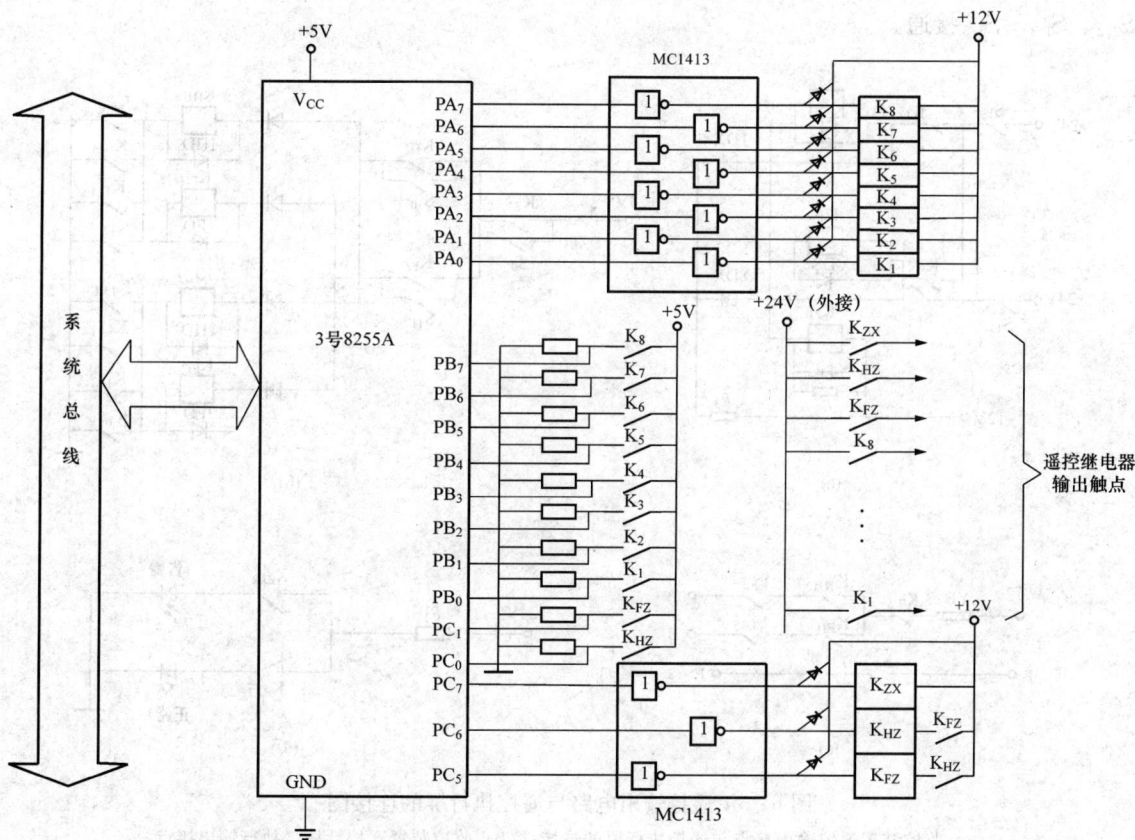

图 6 - 4　遥控输出电路原理图

被送到 Intel 8255A 的 B 口，读其状态电平就可了解到遥控对象继电器的动作状态，以作为返送校核信息的来源。

厂站监控系统的遥控输出电路并不直接控制断路器分闸、合闸回路，而是接入遥控执行屏，由遥控执行屏输出信号控制断路器的分闸、合闸操作。图 6-5 所示是遥控输出电路与遥控执行屏的连接图。

图 6-5（a）给出了遥控输出对象触点与遥控执行屏的连接，$K_1 \sim K_8$ 是遥控输出电路中 8 个对象继电器输出的动合触点，$S_{1.1} \sim S_{8.1}$ 是遥控执行屏上 8 个手动对象选通开关，$K_9 \sim K_{16}$ 是遥控执行屏上的 8 个遥控对象继电器，K_{ZJ1} 为执行屏保护继电器，1DX～8DX 为 8 个遥控执行操作指示。图 6-5（b）给出了遥控输出性质和执行继电器触点与遥控执行屏的连接。K_{HZ}、K_{FZ}、K_{ZX} 分别是 RTU 合闸、分闸、执行继电器的动合触点，K_{HJ} 和 K_{FJ} 分别是执行屏上合闸、分闸继电器，每一个性质继电器承担 4 个遥控对象的工作。S_9、S_{10} 和 S_{11} 是手工操作开关。图 6-5（c）所示是遥控执行屏的输出部分，图中只画出了第一个遥控输出的示意图。图 6-5（d）所示是遥控执行屏工作状态指示。当正常工作时，K_{ZJ} 动合触点断开告警指示灯，动断触点点亮正常指示灯；当执行屏异常引起 K_{ZJ} 动作时，动断触点断开，正常指示灯熄灭，动合触点闭合，告警指示灯点亮。

现以 0YK 合闸和 7YK 分闸操作为例，说明图 6-5 所示电路的工作过程。正常工作时，开关 S_{12} 接通，S_{13}、S_9、S_{10}、S_{11} 和 8 个用于调试和手动输出的对象选通开关 $S_{1.1} \sim S_{8.1}$、$S_{1.2} \sim S_{8.2}$、$S_{1.3} \sim S_{8.3}$ 接通。

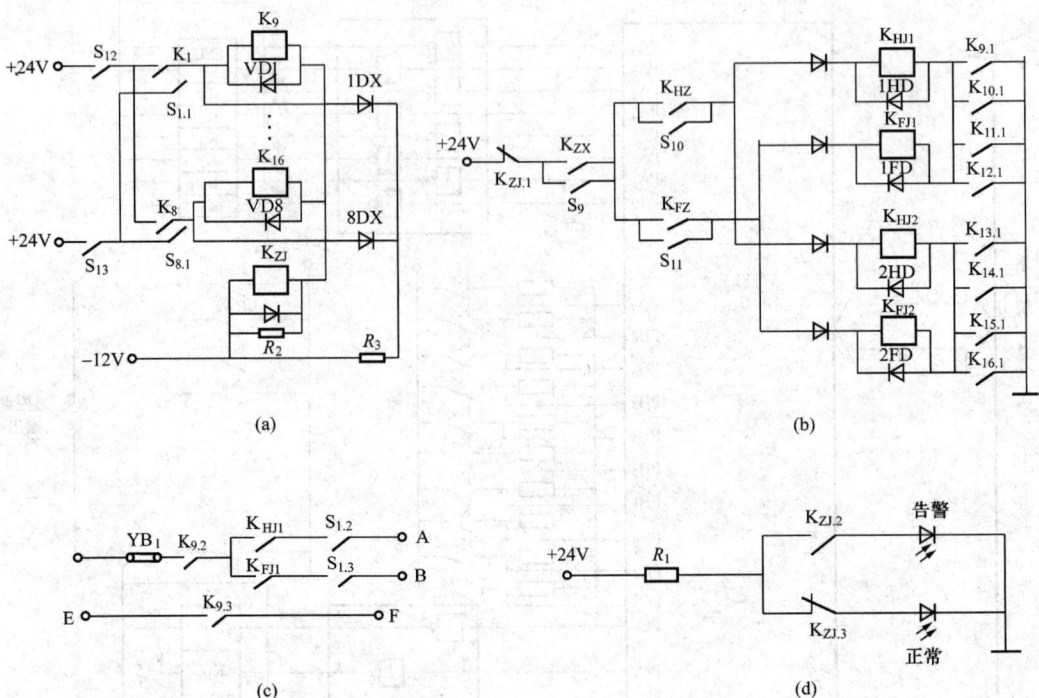

图 6-5　遥控输出电路与遥控执行屏的连接图
(a) 监控装置遥控输出接点与遥控执行屏的连接；(b) 监控装置遥控性质、执行输出接点
与遥控执行屏的连接；(c) 遥控执行屏输出电路；(d) 遥控执行屏工作状态指示

监控系统接到 0YK 合闸的选择命令后，由 Intel 8255A PA$_0$ 输出使 K$_1$ 通电，K$_1$ 动合触点接通，在监控系统上形成返校信息送调度中心，同时 Intel 8255A PC$_1$ 使合闸继电器得电，使 K$_{FZ}$ 触点接通。在遥控执行屏上，1DX 点亮，K$_9$ 得电，K$_{9.1}$、K$_{9.2}$、K$_{9.3}$ 触点闭合，K$_{HZ}$ 触点的闭合为合闸作好准备。当接收到 0YK 合闸执行命令后，监控终端输出电路使 K$_{ZX}$ 得电，触点 K$_{ZX}$ 闭合，使 K$_{HJ1}$ 得电，在图 6 - 5（c）的 A 端输出合闸控制信号。在 K$_{ZX}$ 得电约 1s 后，自动清除对象、性质、执行继电器的动作。

分闸操作和合闸操作过程类似，当监控系统接到 7YK 分闸选择命令后，由 Intel 8255A PA$_7$ 和 PC$_0$ 驱使对象和分闸继电器动作，为分闸操作的执行做好准备。当分闸执行命令到来后，监控终端驱使 K$_{FZ}$ 动作，K$_{FJ2}$ 得电，在相应与图 6 - 5（c）的 B$_8$ 触点输出分闸信号，命令执行 1s 后自动清除。

图 6 - 5 中 S$_9$～S$_{13}$ 和 S$_1$～S$_8$ 可用于遥控执行屏的调试和手动输出。在调试时，必须保证没有遥控执行信号输出，故应将 YB$_1$～YB$_8$ 断开。K$_{ZJ}$ 为保护继电器，当某种原因使两个或两个以上对象继电器动作时，K$_{ZJ}$ 动作切除执行继电器电源回路，防止误遥控，同时发出灯光告警。

三、遥控过程程序框图

1. 遥控选择命令程序框图

在电网监控系统中，当接收到遥控选择命令后，需要进行一系列的判断和处理，完成遥控选择命令的相关功能，如图 6 - 6 所示。

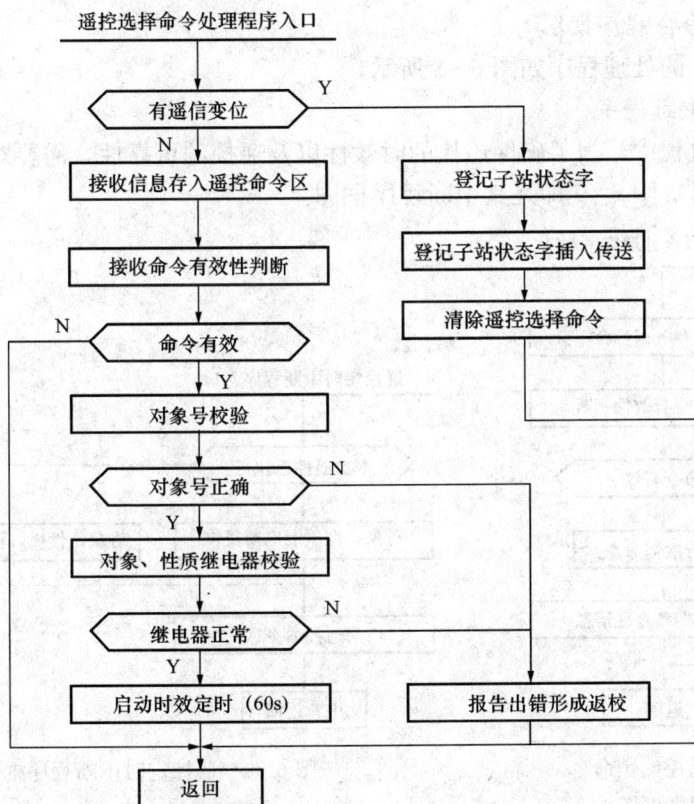

图 6 - 6　遥控选择命令处理程序框图

2. 遥控执行命令程序框图

遥控执行命令的处理程序如图6-7所示。

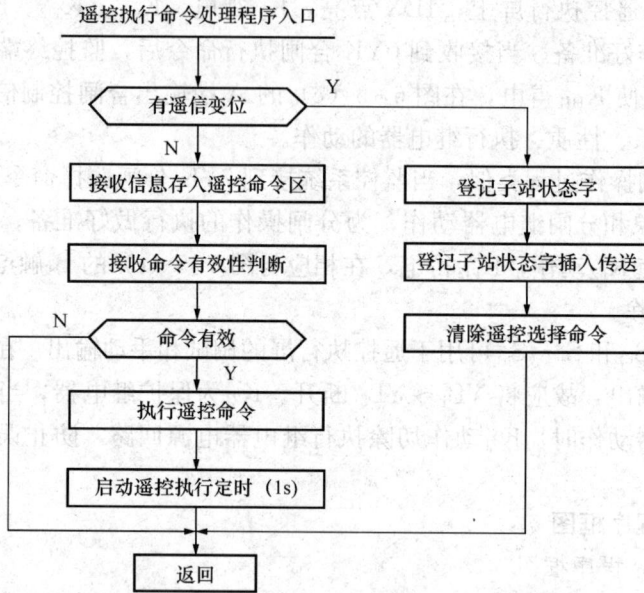

图6-7 遥控执行命令处理程序框图

3. 遥控撤销命令程序框图

遥控撤销命令的处理程序如图6-8所示。

4. 遥控定时中断程序

在遥控执行过程中，为了确保遥控的时效性以及遥控的可靠性，需要对遥控执行过程中某些环节进行定时，图6-9即是其中断程序框图。

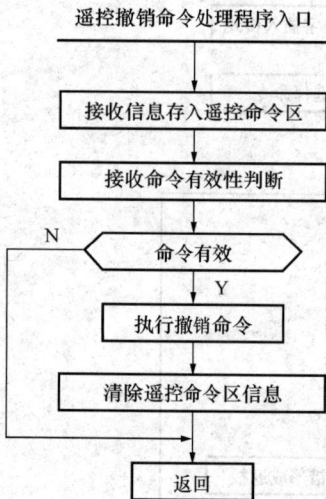

图6-8 遥控撤销命令
处理程序框图

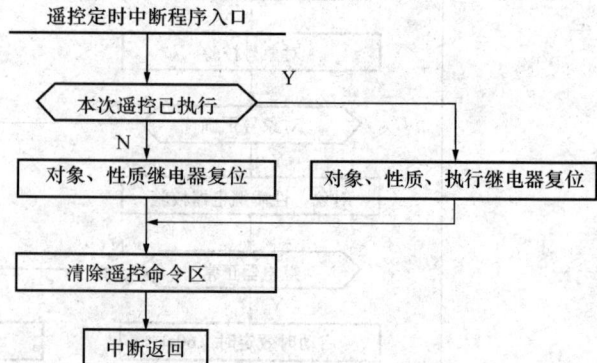

图6-9 遥控定时中断程序框图

四、厂站主设备的遥控

1. 断路器遥控电路

断路器是变电站中的主设备，由遥控命令信息驱使其动作要经过多级驱动。图 6-10 为变电站断路器遥控原理图。由图 6-10 可见，整个断路器遥控环节可分为自动化系统的远动、控制、保护和断路器操作箱等部分。

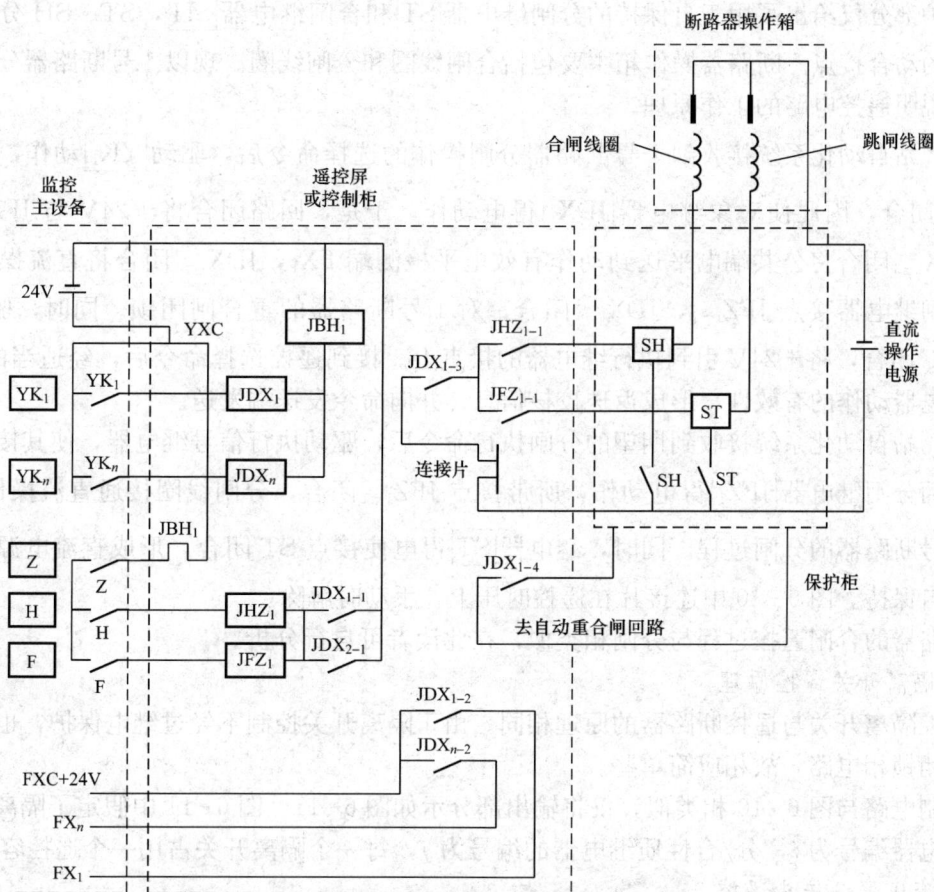

图 6-10　断路器遥控原理图

远动部分给出了遥控命令直接驱动的继电器以及相应的接点。其中，$\boxed{YK_1}$～$\boxed{YK_n}$ 表示与 n 个控制对象相应的信号继电器，YK_1～YK_n 为其相应的动合接点。$\boxed{H}$、$\boxed{F}$ 和 $\boxed{Z}$ 依次为合闸信号、分闸信号和执行信号继电器，H、F、Z 分别为其对应的动合节点。FX_1～FX_n 是遥控返校继电器动作有效性检测端，当继电器动作有效时，对应端应为高电平，反之为低电平。YKC、FXC 为公共端，接高电平（+24V）。

控制部分主要是与遥控对象所对应的对象继电器 $\boxed{JDX_1}$～$\boxed{JDX_n}$，还包括合闸继电器 $\boxed{JHZ_1}$～JHZ_i 和分闸继电器 $\boxed{JFZ_1}$～JFZ_i，图中仅画出了 $\boxed{JHZ_1}$ 和 $\boxed{JFZ_1}$。对象继电器 $\boxed{JDX}$ 有 4 个动合接点，接点 JDX-1 用于控制分/合闸继电器电源回路，接点 JDX-2 用于控制继电器动作有效性检测电平，接点 JDX-3 用于控制遥控中直流操作电源回路，接点 JDX-4 用于分闸操作闭锁重合闸。$\boxed{\text{JHZ}}$ 和 $\boxed{\text{JFZ}}$ 可控制多个对象，它们的接点 JHZ 和 JFZ 将分别控制合闸和分闸回路。继电器 $\boxed{\text{JBH}_1}$ 用作遥控出错保护，当有 2 个或 2 个以上信号继电器同时动作时，因对象继电器通过的合成电流将驱动 $\boxed{\text{JBH}_1}$ 动作，其动断接点 JBH_1 断开，有效切断控制电源回路，防止 2 个或 2 个以上的断路器被同时误遥控。

保护部分仅给出了用于自保持的分闸继电器 $\boxed{\text{ST}}$ 和合闸继电器 $\boxed{\text{SH}}$，ST、SH 分别是它们所带的动合接点。断路器操作箱主要包括合闸线圈和分闸线圈。现以 1 号断路器分闸操作为例，说明遥控电路的工作原理。

当厂站自动化系统接收到 1 号断路器分闸操作的选择命令后，驱动 $\boxed{\text{YK}_1}$ 动作，使其接点 YK_1 闭合，因此使对象继电器 $\boxed{\text{JDX}_1}$ 得电动作，于是，回路闭合将 +24V 与 JFZ_1 端接通，JDX_{1-3} 闭合将公共端电平送到动作有效电平检测端 FX_1，JDX_{1-3} 闭合将直流操作电源引到分闸继电器接点 JFZ_{1-1}，JDX_{1-4} 闭合，对 1 号断路器的重合闸闭锁。同时，驱动 $\boxed{\text{F}}$，使接点 F 闭合，将 +24V 引到执行继电器的接点上。接到遥控选择命令后，经适当的延时，检测继电器动作的有效性，形成返送校核信息，并向命令发送端发送。

当厂站自动化系统接收到期望的分闸执行命令后，驱动执行信号继电器，使其接点 Z 闭合，从而分闸继电器 $\boxed{\text{JFZ}_1}$ 得电动作，所带接点 JFZ_{1-1} 闭合，分闸线圈接通直流操作电源，完成 1 号断路器的分闸过程。同时，继电器 $\boxed{\text{ST}}$ 得电使接点 ST 闭合，形成直流电源对分闸回路的自保持。图 6-10 中连接片在遥控时压上，手动时解除。

断路器的合闸遥控过程与分闸相类似，在此读者可自行分析。

2. 隔离开关遥控原理

遥控隔离开关与遥控断路器的原理相同。由于隔离开关控制不经过继电保护，也不存在重合闸闭锁相电路，故相应简单些。

控制电路与图 6-10 相类似，仅将输出部分示如图 6-11。图 6-11 中假定了隔离开关对应的继电器编号为 i，分/合性质继电器的编号为 j，每一个隔离开关占用一个遥控容量。

3. 变压器分接头遥控

调整变压器分接头位置就能调整变压器输出电压水平，故分接头的位置调整应属于遥调范畴。但通常情况下，分接头调整采用遥控命令完成，故在此纳入遥控的范畴。通常变压器分接头有一组，其个数视变压器型号、变压等级不同而不同。变压器分接头当前位置可采用挡位变送器或遥信的方式采集，而变压器分接头位置则用遥控实现调节。

变压器分接头遥控操作有遥控升压、遥控降压和遥控急停三种类型，这些操作是逐级控制的。

遥控升压就是将变压器分接头位置升高，使主变压器高压侧线圈匝数 W_1 减少，由于主变压器中、低压侧的匝数 W_2、W_3 不变，从而使中、低压侧的电压升高。

遥控降压就是将变压器分接头位置下降，使 W_1 增大，由于 W_2、W_3 不变，从而中、低侧电压下降。

遥控急停就是当确认变压器分接头连续变化，出现"滑挡"时的一种紧急遥控，它使分接头立即停止"滑挡"。

由于变压器分接头位置存在三种操作，故使用 2 个遥控对象容量，其中断路器合/分对应遥控升/降，遥控急停占有另一个遥控对象的合闸控制，除了容量外，变压器分接遥控与断路器遥控相类似，其输出部分的电路原理如图 6 - 12 所示。

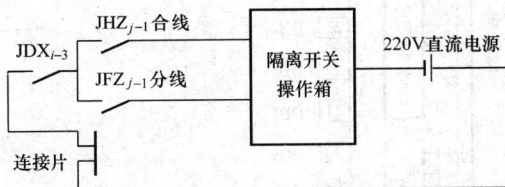

图 6 - 11　刀闸控制电路（部分）　　　图 6 - 12　变压器分接头遥控电路（部分）

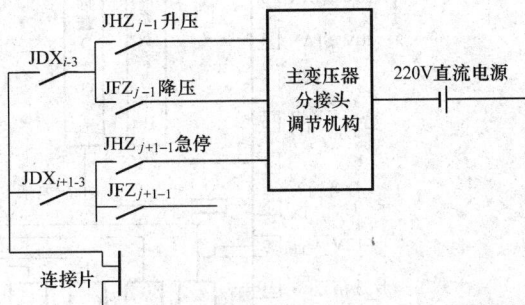

在此假定遥控升压和遥控降压用对象继电器 JDX$_i$，遥控急停用 JDX$_{i+1}$，但它们均可由合闸继电器 JHZ$_j$ 和分闸继电器 JFZ$_j$ 控制驱动回路。

第二节　电力系统遥调

遥调就是远距离调节，在电网监控系统中，遥调主要用于调度中心调节发电厂发电机组的有功输出功率，实现 AGC 功能，调节发电厂发电机组的无功输出功率，实现 AVC 功能。在发电厂中，主要机组装有自动调节装置，改变调节装置的给定值，就能改变机组的输出功率。所以，遥调命令即下达调节系统给定值的信息。在变电站中，遥调的范畴包括有载调压变压器的分接头调节，并联电抗器的调节，继电保护定值的远程设置，VQC 的限值设置等。当然，所有这些调节装置也可以手动操作和当地闭环控制。遥调命令与遥控命令相类似，其下行命令应该说明整定值的大小以及调节对象，以便厂站监控系统对指定装置下达调节命令值。

遥调命令的可靠性要求一般没有遥控命令高，故通常不采用返送校核的方式传输遥调命令。厂站监控系统接收到调度中心下达的遥调命令后，就可将命令的整定值经 D/A 变换成模拟量信号（模拟遥调输出）或直接将数字量信号（数字量输出）传送到对象选择号指定的调节装置执行。

一、遥调命令输出接口电路

1. 12 位 D/A 转换器 AD567A

AD567A 是一个完全高速 12 为 D/A 转换器，在一个单芯片上包括一个高稳定埋层齐纳参考电压和双缓冲输入锁存器。转换器采用 12 个精密高速双极性电流控制开关和一个激光调整薄膜电阻网络，以提供快速稳定时间和高的精度。

AD567A 的总线接口逻辑在二列内包括 4 个独立的地址寄存器，第 1 列包括 3 个 4 为寄存器，一旦完整的 12 位数据在第 1 列被装载，它便能装载到第 2 列 12 位寄存器，对这个双缓冲结构，应防止可能产生虚假的模拟量输出，图 6 - 13 给出了 AD567A 的内部逻辑结构及引脚说明。

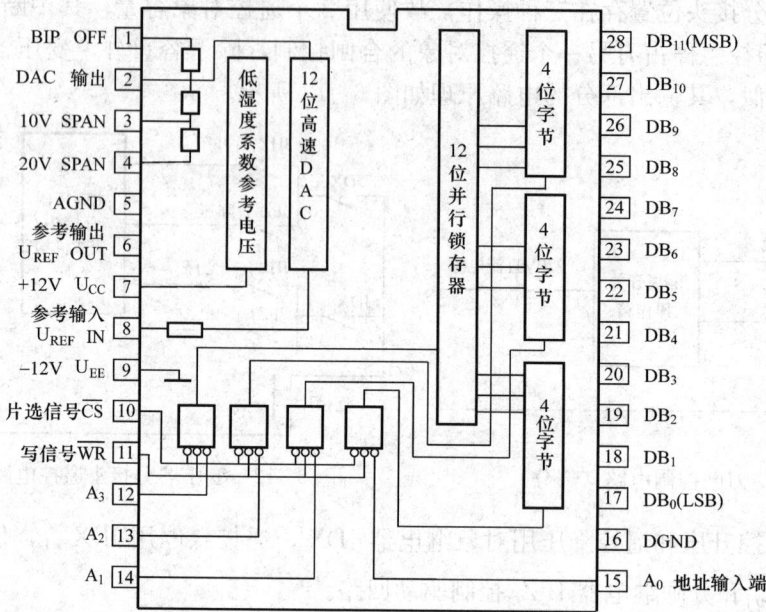

图 6-13 AD567A 的内部逻辑结构及引脚说明

锁存器由地址输入端 $A_0 \sim A_3$ 和 CS、WR 输入端所控制，所有控制输入端是低电平有效，这与在微处理器系统中的一般情况相一致。四根地址线对 4 个锁存器之一的允许值列于表 6-1。

表 6-1 AD567A 真值表

CS	WR	A_3	A_2	A_1	A_0	操 作
1	×	×	×	×	×	没有操作
×	1	×	×	×	×	没有操作
0	0	1	1	1	0	第一组 $4LSB_2$ 位允许
0	0	1	1	0	1	第一组 4 位中间位允许
0	0	1	0	1	1	第一组 $4MSB_2$ 位允许
0	0	0	1	1	1	从第一组装到第二组
0	0	0	0	0	0	所有锁存器透明

AD567A 所有锁存器是电平触发，即在有关的输入控制信号均为有效时数据被输入到锁存器。

2. 遥调输出电路

图 6-14 所示是监控系统遥调输出电路原理图，它实现 2 路 12 位 D/A 遥调输出。该电路由并行接口芯片 Intel 8255A、AD567A 数/模转换器、多路模拟量切换开关以及直流电压和直流电流的输出保持电路等组成。其中，Intel 8255A 实现 AD567A 与 CPU 之间的接口，它不仅从数据总线上取得数据送 AD567A，还配合 CPU 负责对 AD567A 的控制。AD567A 与运算放大器 A_1 组成数/模转换部分，AD567A 从 Intel 8255A 的 A 组（A 口和 C 口高 4

位）取得待转换的 12 位数据，经转换在 DAC 输出端处输出，并经 A₁ 输出 0～10V 的直流电压。CD4051 是多路模拟开关，分别将 2 路遥调信号输出。运算放大器 A₂、A₅ 和电容 C₂、C₃ 构成两路电压保持电路。A₄ 和 A₃ 组成的电压跟随器以恒压形式向调节装置输送0～10V 的直流电压。复合管 V1 和 V2 分别构成两路模拟遥调 0～10mA 的电流输出。

　　电路的工作原理：监控系统接收到调度中心下达的遥调命令后，将命令中的整定值数字量通过 Intel 8255A 输送给数/模转换器。与此同时，根据命令选择对象，选择遥调输出地址号送多路开关 CD4051，将数/模转换器与遥调装置的输入多路接通，数/模转换输出的模拟电压，通过 CD4051 对保持电容充电，并到达相应电压值。当多路开关切换到其他输出回路后，由于电容放电阻抗大，放电速度缓慢，电压能保持一段时间不变，而电路能根据当前各路的输出数值周而复始地工作，第二次充电很快到来，故此作用相当于"刷新"。因此，输出电压得以保持。除接到遥调命令外，CPU 可定时"刷新"各路模拟量输出。

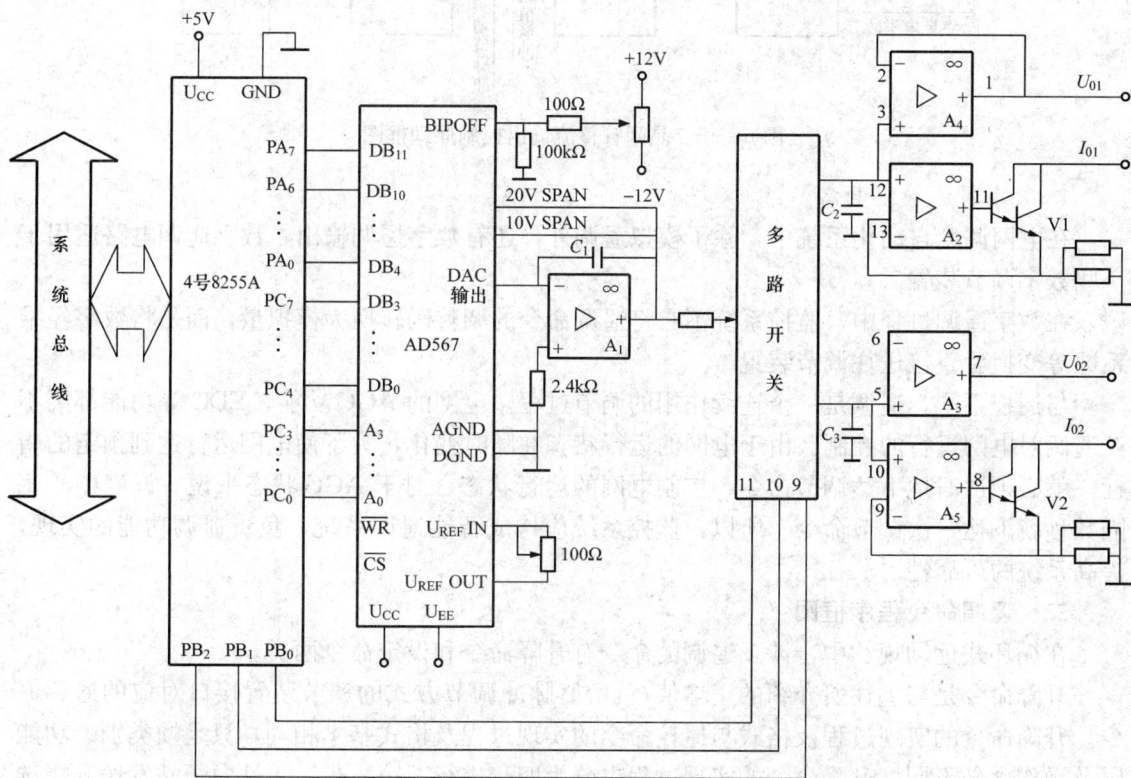

图 6-14　监控装置遥调输出电路原理图

　　3. 遥调的实现

　　厂站的调节装置不同，其实现遥调的方式也不同。通常有两种遥调实现方式：模拟定值调节方式和正增值/负增值脉冲调节方式。在此，以可控硅自动励磁调节装置为例，说明这两种调节方式。图 6-15 给出了晶闸管自动励磁调节装置中整流输出控制的原理框图。U 为发电机端电压经电压互感器和电压变送器后的量，U_{set} 为远动装置输出的遥调直流模拟电压量。两者比较后得偏差值 ΔU，经综合放大得到控制电压 U_k，U_k 使移相控制部分的输出脉冲电压 U_g 前后移动，U_g 的变化使可控硅整流桥中可控硅的控制角 α（触发脉冲至相应换相点间的电角度）的大小改变，从而改变整流桥输出电压的大小，最终改变发电机励磁，到达对端电压的控制。假设测量电压 U 大于整定电压 U_{set}，则 ΔU 为正，经综合放大、移相控制后的脉冲电压 U_g 后移，控制角 α 增大，整流桥输出电压下降，减小发电机励磁，使端电压下降。反之亦然。由此可见，这是一个负反馈调节装置，可使发电机端电压维持在整定值 U_{set} 的水平上运行。此处的遥调是通过调整整定电压 U_{set} 来实现端电压的闭环调节。在开环运行时，可用正增值/负增值脉冲调节方式实现遥调。若欲使端电压升高，可由监控系统输出一正增值脉冲的遥调信号，该信号使脉冲电压 U_g 前移，晶闸管的控制角 α 减小，整流桥输出电压升高，发电机励磁增大，最终使端电压升高。同样，欲使端电压下降，则遥调输出一负增值脉冲，该脉冲使晶闸管的控制角 α 增大，励磁减小，发电机端电压下降。

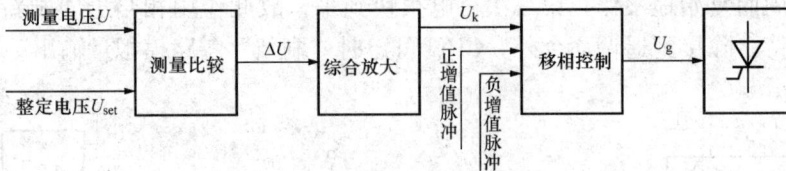

图 6-15　晶闸管整流输出控制原理框图

4. 数字遥调输出电路

在电网调度自动化系统中，除了模拟遥调外，还有数字遥调输出，数字遥调电路适用于一些数字调节装置。

在数字遥调过程中，监控系统不必将遥调命令的调整码转换为模拟量，而是将数字经乘系数等变换后直接送往调节装置。

与遥控不同，遥调是一个连续作用的调节过程。电网的 AGC 功能、EDC 等功能都离不开遥调对电网运行的控制。由于电网的运行状态在随时变化，为了使电网运行达到预定的指标，就必须适时地下达调节命令，控制电网的运行状态。对于 AGC 状态来说，调度中心每隔数秒就下达一次调节命令。所以，监控系统应构成智能遥调系统，负责遥调功能的实现，提高系统的可靠性。

二、遥调命令程序框图

在循环式远动规约中，涉及遥调的命令有升降命令和设定命令两类。

升降命令是与上述所介绍的正增值/负增值脉冲调节方式的调节装置接口对应的遥调命令。升降命令的实现过程及格式与遥控命令的实现过程及格式基本相同，只是帧类别、功能码及操作含义不同。升降命令的实现过程也分为四步进行：第一步，主站向子站发送升降选择命令；第二步，子站向主站返送升降返校信息；第三步，主站向子站下达升降执行命令或升降撤销命令；第四步，子站根据主站下达的命令执行或不执行升降操作。在 CDT 规约中，升降选择、升降返校、升降执行和升降撤销信息字的格式分别示于图 6-16（a）、图 6-16（b）、图 6-16（c）和图 6-16（d）所示。

设定命令直接传送调节量值，其帧结构与遥控命令结构相同，设定命令的信息字格式如图 6-17（a）所示。设定命令不需要返送校验，当确认命令后，将设定值乘系数，结果经 Intel 8255A 送 AD567，实现 D/A 转换。根据命令对象号，发出 CD4051 的选择地址，将设定量送遥调对象。必须指出，在遥调过程中，遇有遥信变位或对象指定的 AGC 开关未合时，终止遥调命令的执行，设定命令的处理程序如图 6-17（b）所示。

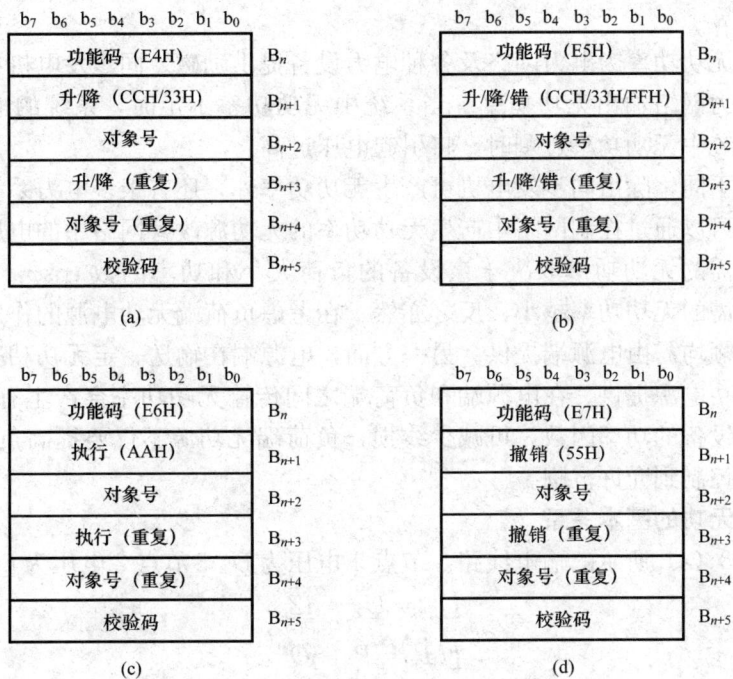

图 6-16　升降命令信息格式

（a）升降选择；（b）升降返校；（c）升降执行；（d）升降撤销

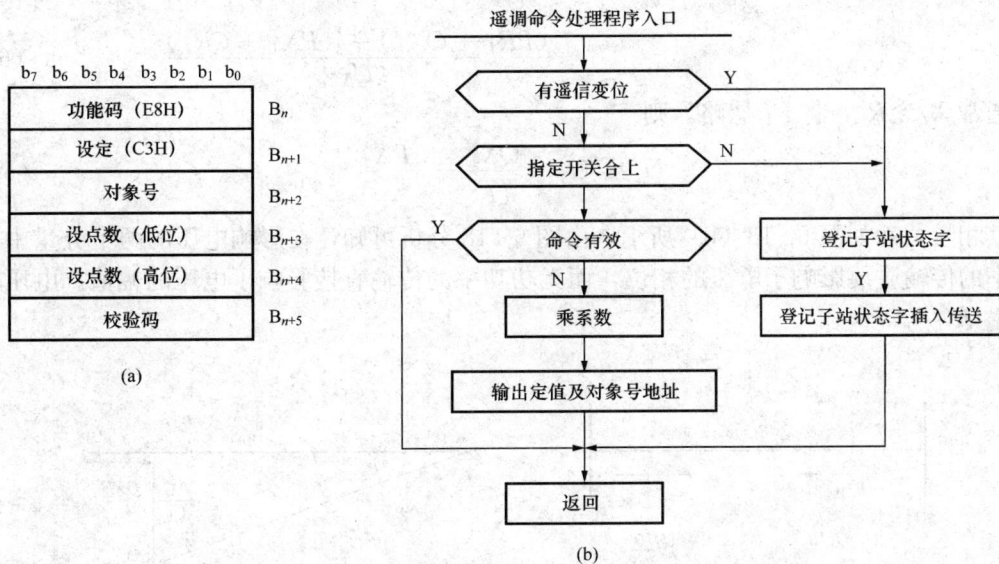

图 6-17　设定命令的信息字格式及其命令处理流程图

（a）信息字格式；（b）遥调命令处理流程图

第三节　变电站电压与无功控制

电力系统的无功功率为电力网络及各种电力设备提供励磁。同步发电机在输出有功功率的同时，也向电力网络输出无功功率。当系统中无功功率不足时，系统的电压水平就会降低，相反，当系统中无功功率过剩时，将引起电压过高。

与有功功率不同，除由同步发电机可产生无功功率外，还有很多电力系统元件可产生无功功率，因此，可以通过控制网络中产生无功功率的无功源改善网络中的电压水平。

电力设备所需的无功功率取决于该设备的负荷大小和功率因数 $\cos\varphi$，在同等负荷下，功率因数越大所需的无功功率越小，反之亦然。在考虑负荷端无功电源的作用下，负荷端所需的无功功率缺额均需由电源端提供。另一方面，电源端在输送一定无功功率后，负荷端的无功缺额应由无功电源提供。在电源端和负荷端之间传输无功功率会产生有功损耗。因此，提高负荷端电力设备的功率因数，可减少线损，负荷端无功源不仅要提高负荷端功率因数，还要将电压水平控制到允许范围。

一、电压与无功的基本关系

考虑图 6-18（a）所示的输电线路。节点 1 电压为 $\underline{U}_1$，节点 2 电压为 $\underline{U}_2$，则

$$\underline{U}_2 = \underline{U}_1 - IZ \tag{6-1}$$

但

$$\underline{U}_1 \overset{*}{I} = P + jQ$$

所以

$$I = \frac{P - jQ}{\overset{*}{U}_1} = \frac{P - jQ}{U_1} \tag{6-2}$$

从而

$$\underline{U}_2 = \underline{U}_1 - \frac{P - jQ}{\overset{*}{U}_1}(R_L + jX_L)$$

$$= \underline{U}_1 - \frac{(PR_L + QX_L) + j(PX_L - QR_L)}{U_1} \tag{6-3}$$

通常 $X_L \gg R_L$，将 R_L 忽略，则

$$\underline{U}_2 = \underline{U}_1 - \frac{QX_L}{\overset{*}{U}_1} - j\frac{PX_L}{U_1} \tag{6-4}$$

其相量关系如图 6-18（b）所示。由图 6-18 分析可知，在影响电压的两个分量中，有功功率的传输主要影响了电压的相位，而无功功率的传输直接影响了电压的幅值。电压的落差约为 $\frac{QX_L}{U_1}$。

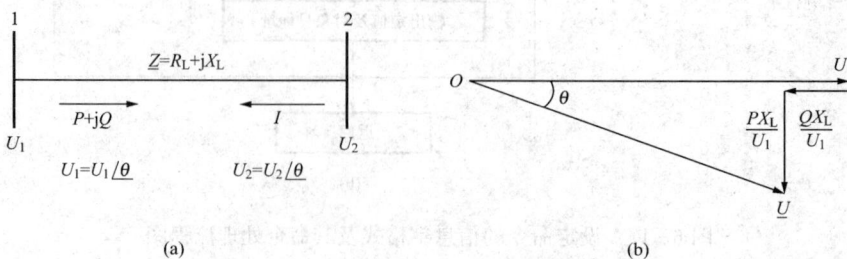

图 6-18　电压与无功的关系

（a）线路功率的传输；（b）电压相量图

随着负荷的变化，线路上传输的 $P+jQ$ 也将发生变化，从而导致节点 2 电压的变化。电压控制就是通过控制系统中无功功率的产生和损耗，控制无功功率的流动来达到稳定电压的过程。

二、变电站调压装置

从电力系统电压控制的环节上考虑，可以通过发电厂、输电线路和变电站三个方面实现。发电厂内的同步发电机可以发出感性无功功率，也可发出容性无功功率，这取决于发电机运行状态。发电机均装有自动电压调节器，通过调节励磁使发电机端电压保持在允许变化的范围内。

在输电线路上，可并联电抗器补偿线路电容，控制空载或轻载线路上的过高的末端电压。线路串联电容器可补偿架空输电线路的感抗，用以控制电压，提高系统运行的稳定性。

在变电站内，可使用多种设备和方法调整电压水平。调压装置包括：①有载调压变压器；②并联电容器；③静止无功补偿器；④并联电抗器；⑤调相机等。以下只讨论前三种变电站调压装置。

1. 有载调压变压器

有载调压变压器是指能在带负荷的状态下进行调压的变压器，这种变压器的调压范围可达 15% 以上。110kV 级有载调压变压器有 7 个分接头，调压范围 U_N（$1\pm3\times2.5\%$）；220kV 级有载调压变压器级有 17 个分接头，调压范围 U_N（$1\pm8\times1.5\%$）；某 500kV 级单相调压变压器有 19 个分接头。变电站采用有载调压变压器后，可以随时根据负荷变化调节分接头位置，达到控制电压水平的目的。

图 6-19 是有载调压变压器调压接线图。这种变压器的高压侧绕组上连接一个具有多个分接头的调压绕组，依靠切换装置可以在负荷电流下改变分接头位置。切换装置有两个可动触头，改变分接头位置时，先将一个可触头移动到所选定的分接头上，然后再把另一个可动触头也移到该分接头上，这样在分接头调整过程中变压器不会开路。为了防止可动触头在调整过程中产生电弧，使变压器绝缘油劣化，在可动触头 K_a、K_b 的前面接入两个接触器 KM_a、KM_b，它们放在单独的油箱里。当变压器需

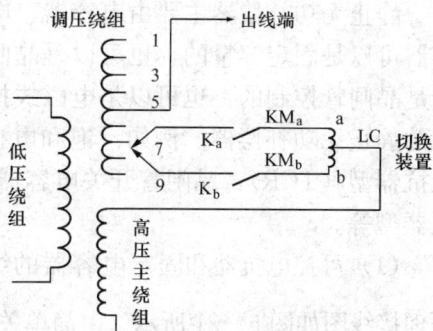

图 6-19　有载调压变压器调压接线图

要将分接头调整到另一个分接头时（例如分接头 7 调整到分接头 6）首先断开接触器 KM_a，将可动触头 K_a 调整到另一个分接头上，然后再将接触器 KM_a 接通。另一个分接头也按上述顺序进行调整，即断开 KM_b 再将 K_b 调整到 K_a 相同的分接头上，再接通 KM_b，结果两个触头都接到了另一个分接头上。电抗器 DK 限制了回路中流过的短路电流。

对于 110kV 及以上电压等级的变压器，一般将调压绕组放在变压器的中性点侧，因为变压器的中性点接地，中性点侧绕组上的电压低，调节装置的绝缘比较容易解决。

如果系统中不缺乏无功功率，采用有载调压变压器进行调压，均可达到预期的要求。除有载调压变压器外，还有无载调压变压器。这种变压器的分接头只能在无载下调整，通常用于长期负荷变化或季节性负荷引起的电压波动调整。而有载调压方式理论上是随时可调的。

2. 并联电容器

并联电容器可以发出感性无功功率,改善局部地区无功的缺额,减少线路的无功传输,有利于调节点电压的提高和稳定。由于电容器发出的感性无功功率 Q_c 与电压 U^2 成正比($Q = U^2/X_c$),当最需要无功功率时,因电压的降低而使发出的无功减少。因此,由并联电容器来调整(提高)电压的能力较差。在变电站内,如果让并联电容器分组,按负荷变化分组投切,可使在电压下降之前投入电容器,避免电压的进一步下降。

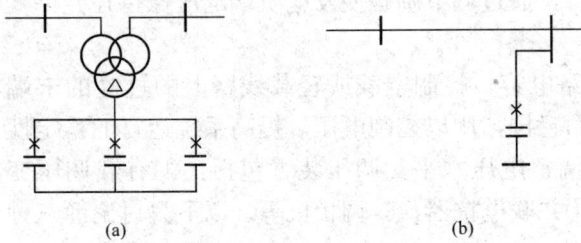

图 6 - 20　并联电容器
(a) 与变压器连接;(b) 与线路连接

并联电容器可安装在变压器的低压侧,也可接在线路的末端,如图 6 - 20 所示。并联电容器费用低,安装简单,调控方便,被广泛地用于配电系统,提高负荷侧功率因数,减少负荷端电压波动,减少系统的线损。

3. 静止无功补偿器

负荷的变化伴随着无功需求的变化,并联电容器只是提供感性无功功率,减少无功功率的供应应通过切除电容器完成。电抗器能吸收感性无功功率,若将电容器和电抗器结合起来,并对其容量加以控制,就可以方便地为负荷提供所需的无功功率。静止补偿器就是基于上述原理构成的一种无功电源,它的调节性能和经济性能良好,使用方便可靠,得到了迅速发展。

静止无功补偿器主要由电容器、电抗器和控制部分组成。电容器可以是固定容量的,也可以是晶闸管分组投切的,电抗器可以是晶闸管控制的,也可以是电磁式控制的。由此可构成多种类型的静止无功补偿器。例如:饱和电抗器型(SR),晶闸管控制电抗器型(TCR),晶闸管开关电容器型(TSC),晶闸管开关电抗器型等。

(1) 可控电抗器和固定电容器的综合特性。设静止补偿器的原理接线图如图 6 - 21 所示。由简单关系 $u_L = L\dfrac{di_L}{dt}$,$u_C = \dfrac{1}{C}\displaystyle\int i_c dt$ 可得它们的基本特性和综合特性。其中综合特性是 L、C 特性的线性叠加,如图 6 - 22 所示。

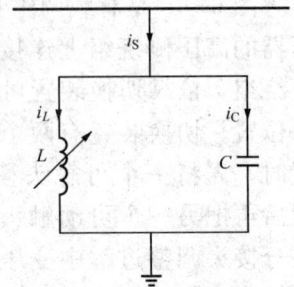

图 6 - 21　理想静止无功补偿系统

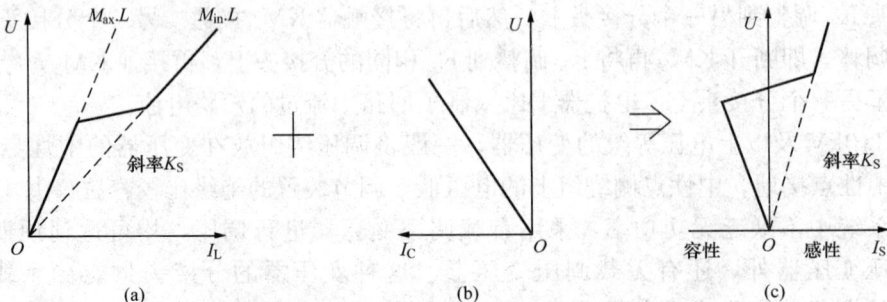

图 6 - 22　一种静止补偿器的综合特性
(a) 可调节电抗器;(b) 固定电容器;(c) 静止补偿器的综合特性

（2）系统电压与无功电流的关系。为了理解静补装置对电力系统的作用，应将其特性与电力系统相关特性一起考虑。假设电力系统用一个等效电源 E_e 和一个等效阻抗 X_c 来表示，可以通过调节静止补偿器无功功率来调节系统的电压。电力系统的等效电路及相关特性如图 6-23 所示。

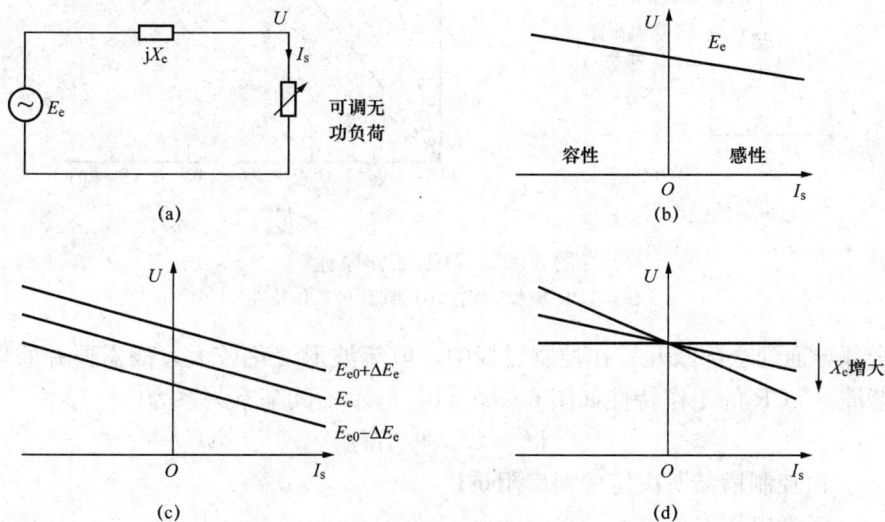

图 6-23　系统电压与无功电流的关系

(a) 系统等值电路；(b) 电压与无功电流关系曲线；
(c) 电流电压 E 变压情况；(d) 系统等值阻抗 X 变化情况

（3）静补装置工作原理。由图 6-23 可见，系统特性可表示为

$$U = E_e - X_e I_s \tag{6-5}$$

而对于静补装置

$$U = U_0 + X I_s \tag{6-6}$$

式中　U——对应的无补偿节点电压，$I_s = 0$；

X——补偿装置等效阻抗。

将上述两方程的解用曲线表示，即为图 6-24所示。图中考虑了节点电压不变、节点电压升高和节点电压降低 3 种情况。

当系统电压在工作点时，$U = U_0$，$I_s = 0$，无补偿；当系统电压增加 ΔE_e，若无不补偿，则 U 升高到 U_1，当采用补偿后，吸收感性电流，U 仅升到 U_3（$< U_1$）；当系统电压减少 ΔE_e，若无补偿则 U 下降到 U_2，采用补偿后，供出容性电流，U 仅下降到 U_4（$> U_2$）。

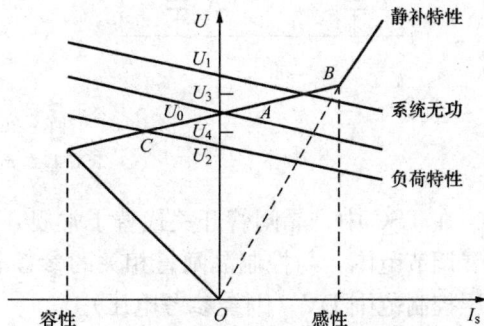

图 6-24　静止补偿器的工作特性

（4）TCR 工作原理。TCR 由一个电抗器和一个双向晶闸管开关串联组成，如图 6-25 所示。

TCR 中的晶闸管开关由触发角 α 控制，每半个周波导通一次，当 $\alpha = 90° \sim 180°$ 变化时，

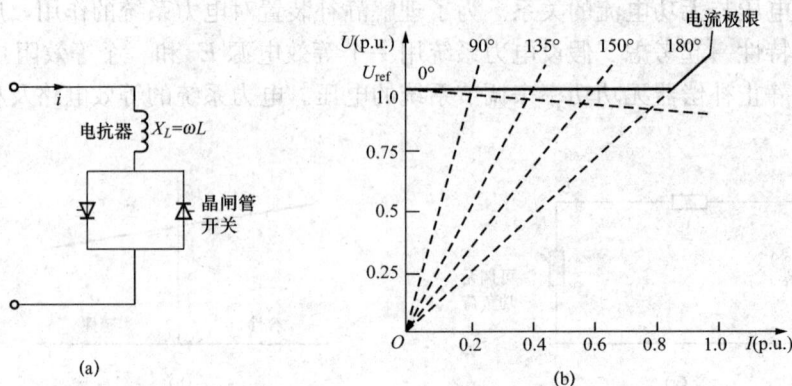

图 6-25   TCR 工作原理

(a) TCR 基本元件；(b) TCR 的工作特性

晶闸管从全部导通到全部断开。在控制过程中，电流波形变化较大，故需要并联串接的 LC 电路消除谐波。TCR 的工作特性如图 6-25（b）所示，其基本关系为

$$U = U_{\text{ref}} + X_L I_L \tag{6-7}$$

式中 X_L——由控制增益所决定的斜率阻抗；

U_{ref}——参考电压。

（5）TSC 工作特性。TSC 由电容器和晶闸管开关等组成，如图 6-26（a）所示。

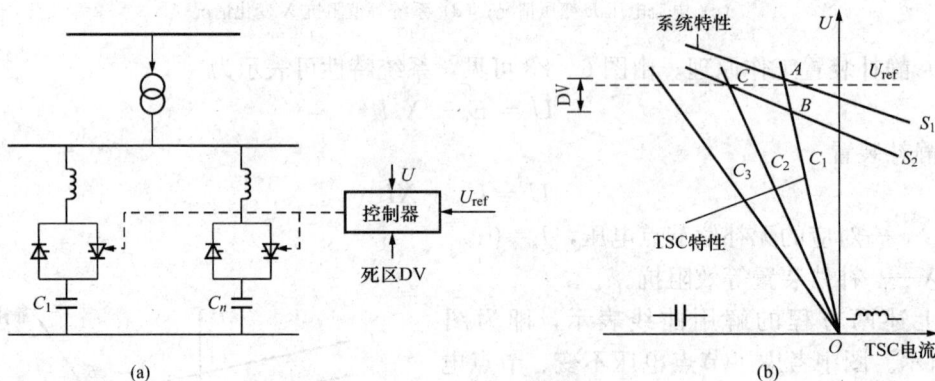

图 6-26   TSC 工作原理

(a) TSC 基本元件；(b) TSC 的工作特性

在 TSC 中，晶闸管开关代替了常规开关，电感用来限制冲击电流，采用 1～n 组是为了扩展调节范围，与控制晶闸管相关的参考输入有：当前电压测量值 U，控制参考电压 U_{ref} 和电压控制范围 DV（围绕参考电压）。

当节点电压偏离 U_{ref}，超出 DV 时，控制器给出命令信号，控制开关接通（或断开）电容器组，直到电压返回到允许误差范围内。

（6）由 TCR 和 TSC 组成的静止补偿器。由上述讨论可知，TCR 是通过吸收节点的无功电流降低节点的电压，而 TSC 是通过向节点发出无功功率而升高节点的电压，两者有机结合，就能调整节点电压到允许范围内。图 6-27（a）是 TSC、TCR 相结合的一种静止补

偿器，图中包括有一组 LC 滤波器，其作用是消除谐波。静态特性示于图 6 - 27（b）所示。

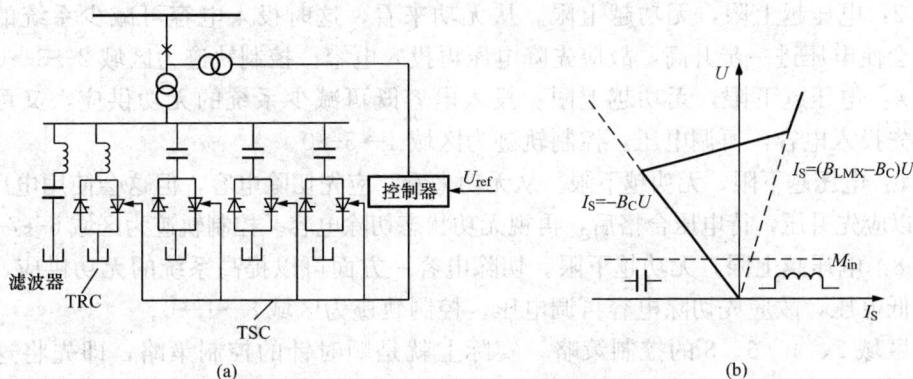

图 6 - 27　TSC 和 TCR 组成的静态补偿装置
（a）原理接线图；（b）静态特性曲线

　　静态补偿装置的电感或电容投切是由晶闸管控制的，这些控制信号由智能化的控制器输出，而这种控制器的参考输入应该由当地或上级监控中心给定。

　　控制器是静止补偿装置的核心要素，而 TSC、TCR 等仅是执行部件。控制器可采用多种控制策略，达到指定的控制目标。通常采用开环控制、闭环控制和复合控制三种策略。

　　开环控制主要用在负荷附近和对响应速度要求较快的场合，但其控制精度不高。闭环控制是一种反馈控制，它是根据给定值（例 U_{ref}）与实际值（U_e）之间的偏差产生控制作用的一种策略。它所要求的主要不是反应速度，而是对被控制量的控制水平。复合控制可能是开环控制和闭环控制的一种相结合的控制策略，也可能是具有多种控制性能的闭环控制的综合策略。一般说来，复合控制的结构复杂，控制算法复杂，控制性能较高。

三、变压器、电容器联合控制

　　对有载调压变压器分接头的调节，可使变电站母线电压控制在允许范围内，这个范围就在额定电压附近。当负荷比较重时，线路上的压降比较大，此时，应将母线电压适当调高；而当负荷较轻时，应将母线电压适当调低。总之，应保证用户端获得合格的电压。然而，利用变压器调压不改变无功功率，不能改善系统的功率因数，也无法降低损耗。因此，要在保证电压水平的前提下降低损耗，可采用变压器和电容器的联合控制策略。

　　通常，变电站无功控制只需保证本节点无功的需要，而不必考虑向系统侧送无功。可将变电站运行状态划分成 9 个区域，如图 6 - 28 所示。图中 U_0 是控制目标电压，$\pm\Delta U$ 是元件电压偏差，$+Q$ 表示系统向变电站输送无功，$-Q$ 表示变电站向系统输送无功，$Q+$、$Q-$ 为变电站无功元件变化范围。图 6 - 28 中 9 个区域编号为 0 的区域是电压和无功均合格的区域。

　　由图可见，区域 1、5 无功合格，仅需调整电压，分别对应将电压调低和调高；区域 3、7 电压合格，仅需调整无功，分别对应投入和切除无功电源（电容器）；对于区域 2、4、6、8，电压和无功均需

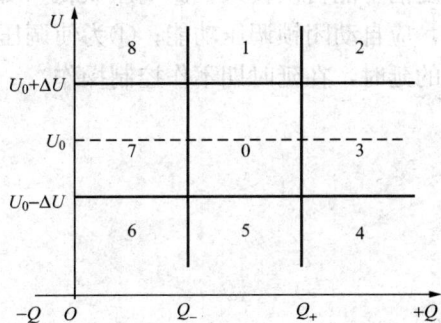

图 6 - 28　变电站电压与无功运行区

调整，存在先调电压还是先调无功的问题，以下分述这些区域的控制策略。

区域 2：电压越上限，无功越上限。从无功来看，这时投入电容可减少系统的无功供应，但这会使电压进一步升高，故应先降电压再投入电容。控制轨迹为区域 2→3→0。

区域 4：电压越下限，无功越上限。投入电容既可减少系统的无功供应，又可升高电压，故应先投入电容，再调电压。控制轨迹为区域 4→5→0。

区域 6：电压越下限，无功越下限。从无功来看，应先切除电容，但这会使用电压进一步降低，所以应先升压，待电压合格后，再视无功状态切除电容。控制轨迹为区域 6→7→0。

区域 8：电压越上限，无功越下限。切除电容一方面可以提高系统的无功供应，另一方面又可降低电压，故应先切除电容再调电压。控制轨迹为区域 8→1→0。

纵观区域 2、4、6、8 的控制策略，实际上就是顺时针的控制策略，即先将这些区域控制到顺时针方向的下一个区域，再从该区域控制到合格区域 0。运行区域的控制策略见表 6 - 2。表中运行状态参数描述约定，"0"表示状态参数合格，"1"表示状态参数不合格。

表 6 - 2   运行区域的控制策略表

区　域	运行状态 $-Q$	$-U$	$+Q$	$+U$	越限状态	控制策略
0	0	0	0	0	均不越限	不控制
1	0	0	0	1	电压越上限	降压
2	0	0	1	1	电压越上限，无功越上限	先降压，再投电容
3	0	0	1	0	无功越上限	投入电容
4	0	1	1	0	电压越下限，无功越上限	先投电容，后升压
5	0	1	0	0	电压越下限	升压
6	1	1	0	0	电压越下限，无功越下限	先升压，再投电容
7	1	0	0	0	无功越下限	切除电容
8	1	0	0	1	电压越上限，无功越下限	先切电容，再降压

在变电站内，并联电容器通常一组有多台，为了使电容器能得到平均利用，可采用先入先出的轮换方式投切电容器，即每次切除最早投入的电容器，而每次投入最早切除下来的电容器。除此之外，在变压器、电容器联合控制中，还需要考虑：①电容器因故障跳开后，未修复前不能再次投入；②电压太低（如低于 80%）时，应闭锁调压功能；③变压器过负荷时，应自动闭锁调压功能；④为使调压控制不致过于频繁，要求在控制动作一次之后，有一定的延时，在延时期不作控制操作。

第七章　厂站监控系统通信技术

第一节　数据通信概述

一、数据通信基本概念

数据通信是通信技术和计算机技术相结合而产生的一种新的通信方式。在数据通信中，涉及许多概念性术语，只有正确地理解了这些术语，才能真正地掌握数据通信的基本概念及其基本技术。这些术语简述如下。

1. 信息

信息是用于描述客观世界事实、概念和指令。信息有多种存在形式，如数字、文字、声音、图像等。

2. 信道

传输信息的通路称为信道。在计算机中，将信道分为物理信道和逻辑信道。物理信道是指用来传送信号或数据的物理通路，网络中两个结点之间的物理通路称为通信链路，物理信道由传输介质及有关设备组成。逻辑信道也是一种通路，它并不在信号收、发点之间占用一条物理上的传输介质、而是在物理信道基础上，由结点设备的内部连接来实现。

3. 数据

数据是信息的表现形式，信息则是数据的内在含义或解释。数据可分为模拟数据与数字数据两种。

模拟数据在时间上和幅度取值上都是连续的，其量值随时间连续变化。数字数据在时间上是离散的，在幅值上是经过量化的，它一般是由0、1的二进制代码组成的数字序列。

4. 信号

信号是数据的电磁形式。在通信系统中，表示模拟数据的信号称为模拟信号，表示数字数据的信号称为数字信号。

5. 码元

码元是指承载信息量的基本信号单位。一个码元就是一个单位电脉冲。一个码元所承载的信息量由脉冲信号所能表示的数据的有效离散值个数决定。例如：一个码元（脉冲）仅可取0和1两个有效值（如调幅的高与低）时，则该码元只能携带一位二进制信息。一个码元（脉冲）可取00、01、10、11四个有效值（如调相的四相位）时，则该码元能携带两位二进制信息。一个码元（脉冲）可取000、001、010、011、100、101、110、111八个有效值时，则该码元能携带3位二进制信息。

6. 带宽

带宽是指信道能传送信号的频率宽度，也就是可传送信号的最高频率与最低频率之差。例如，一条传输线可以接受从500~3000Hz的频率信号，则在这条传输线上传送频率的带宽就是2500Hz。信道的带宽由传输介质、接口部件、传输协议以及传输信息的特性等多种因素决定。带宽在一定程度上体现了信道的性能，是衡量传输系统的一个重要指标。信道的容量、传输速率和抗干扰性等因素均与带宽有着密切的联系。一般来说，信道的带宽越宽，信道的容量就越大，其传输速率相应也越高。

7. 数据传输速率

数据传输速率是指通信线路上传输信息的速度。数据传输速率有两种表示方法，即数据速率和调制速率。数据速率 S 指单位时间内所传送的二进制位的有效位数，以每秒比特数表示，即 b/s；调制速率 B 指单位时间内所传送码元个数，以波特（Baud）为单位。

数据速率 S 与调制速率 B 有如下关系：

$$S = B \times \log_2 N$$

其中，N 为一个码元所能表示的有效离散值的个数。若脉冲只有 0 或 1 两种状态，即 $N=2$，也就是说，信号速率 S 与调制速率 B 是一致的。

8. 信道容量

信道容量表示一个信道的最大数据传输速率，单位为位/秒（b/s）。信道容量与数据传输速率的区别是前者表示信道的最大数据传输速率，是信道传输数据能力的极限，而后者是实际的数据传输速率。

9. 调制解调器

传统的电话通信信道是传输语音级的模拟信道，无法直接传输计算机的数字信号。为了利用现有的模拟线路传输数字信号，必须将数字信号转化为模拟信号，这一过程称为调制（Modulation）；在接收端收到的模拟信号要还原成数字信号，这个过程称为解调（Demodulation）。通常由于数据的传输是双向的，因此，每端都需要调制和解调，这种既具有调制功能，又具有解调功能的设备称为调制解调器（Modem）。

10. 基带传输

指在通信电缆上原封不动地传输由计算机或终端产生的 0 或 1 数字脉冲信号。这样一个信号的基本频带可以从直流成分到数兆赫，频带越宽，传输线路的电容电感等对传输信号波形的影响越大，使传输距离和传输速率都受到很大的制约。

11. 频带传输

在远距离通信时，需要将数字信号调制成音频信号再发送和传输，接收端再将音频信号解调成数字信号。由此可见，采用频带传输时，要求在发送和接收端安装调制解调器，这不仅解决了数字信号可用电话线路传输，而且可以实现多路复用，提高信道的利用率。

12. 宽带传输

指传输介质的频带宽度较宽的信息传输，一般在 $300 \sim 400 \text{MHz}$。系统设计时将此频带分割成几个子频带，采用多路复用技术，在一个信道中，同时传播声音、图像和数据多种信息。

二、数据通信系统结构

数据通信的任务就是把信息以数据的形式从一端传送到另一端或多端。在数据通信系统中，终端设备和计算机之间需要通信媒介连接起来，称为物理信道。物理信道有以下三种连接方式。

1. 点对点连接

终端与计算机间通过直接连接或通过调制解调器用线路进行连接，其线路可以是拨号线路，也可以是专线。在数据通信量比较大时应采用这种方式，如图 7-1 所示。

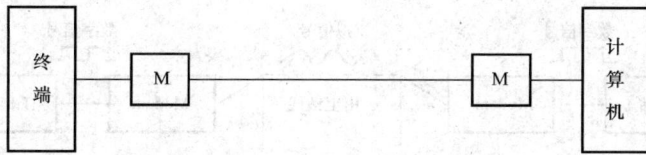

图 7-1　点对点连接的数据通信系统

2. 多点式连接

为了提高物理信道的利用率，终端与计算机间通信量不大时，可采用多点连接方式，即几个终端通过一条公用线路与计算机相连，如图 7-2 所示。在该方式下，计算机作为主站，终端作为从站，计算机控制信息的接收和发送，终端不能随意发送信息，否则将引起信号冲突。

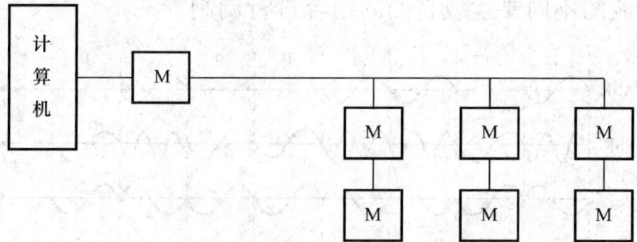

图 7-2　多点式连接的数据通信系统

3. 集中式连接

当有多个终端要求与计算机通信时，为了节约信道，可先将终端连接到多路复用器或集中器上，集中器与计算机相连，如图 7-3 所示。根据所允许的传输方向，数据通信方式可分成以下三种。

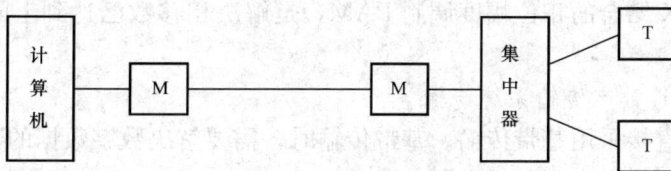

图 7-3　集中式连接的数据通信系统

（1）单工通信。数据只能沿一个固定方向传输，即传输是单向的。

（2）半双工通信。允许数据沿两个方向传输，但在任一时刻数据只能在某一个方向传输。

（3）双工通信。允许数据同时沿两个方向传输，这是计算机通信常用的方式，可大大提高传输速率。

三、数字传输与模拟传输

1. 数字传输与模拟传输

根据信道上传输的是数字信号还是模拟信号，相应的传输方式分别称为数字传输和模拟传输。这里讨论的主要是数字信号的传输，因此，下面只分析传送数字信号所涉及的问题。

2. 数字信号通过模拟传输系统传输

为了利用公共电话交换网实现计算机之间的远程通信，必须将发送端的数字信号变换成能够在公共电话网上传输的音频信号，经传输后再在接收端将音频信号逆变换成对应的数字信号。实现数字信号与模拟信号互换的设备称为调制解调器（Modem），如图 7-4 所示。

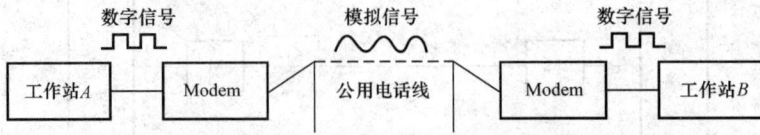

图 7-4　远程系统中的调制解调器

模拟信号传输的基础是载波，载波具有幅度、频率和相位三大要素，数字数据可以针对载波的不同要素或它们的组合进行调制。

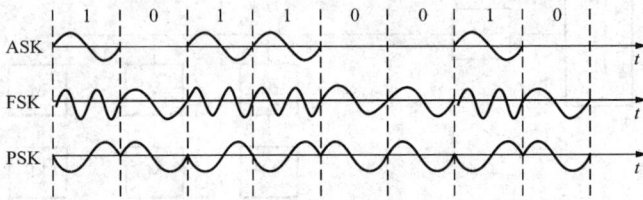

图 7-5　数字调制的三种基本形式

数字调制的三种基本形式：移幅键控法 ASK、移频键控法 FSK、移相键控法 PSK，如图 7-5 所示。

在 ASK 方式下，用载波的两种不同幅度来表示二进制的两种状态。ASK 方式容易受增益变化的影响，是一种低效的调制技术。在电话线路上，通常只能达到 1200b/s 的速率。

在 FSK 方式下，用载波频率附近的两种不同频率来表示二进制的两种状态。在电话线路上，使用 FSK 可以实现全双工操作，通常可达到 1200b/s 的速率。

在 PSK 方式下，用载波信号相位移动来表示数据。PSK 可以使用二相或多于二相的相移，利用这种技术，传输速率可加倍。

由 PSK 和 ASK 结合的相位幅度调制 PAM，是解决相移数已达到上限但还要提高传输速率的有效方法。

3. 数字信号通过数字传输系统传输

数字信号可以直接采用基带传输。基带传输时，需要解决数字数据的数字信号表示及收发两端之间的信号同步两个方面的问题。

(1) 数字数据的数字信号表示。对于传输数字信号来说，最常用的方法是用不同的电压电平来表示两个二进制数字，即数字信号由矩形脉冲组成，如图 7-6 所示。

1) 单极性不归零码，无电压表示"0"，恒定正电压表示"1"，每个码元时间的中间点是采样时间，判决门限为半幅电平。

2) 双极性不归零码，"1"码和"0"码都有电流，"1"为正电流，"0"为负电流，正和负的幅度相等，判决门限为零电平。

3) 单极性归零码，当发"1"码时，发出正电流，但持续时间短于一个码元的时间宽度，即发出一个窄脉冲；当发"0"码时，仍然不发送电流。

4) 双极性归零码，其中"1"码发正的窄脉冲，"0"码发负的窄脉冲，两个码元的时间间隔可以大于每一个窄脉冲的宽度，取样时间是对准脉冲的中心。

(2) 归零码和不归零码、单极性码和双极性码的特点。不归零码在传输中难以确定一位的结束和另一位的开始，需要用某种方法使发送器和接收器之间进行定时或同步；归零码的脉冲较窄，根据脉冲宽度与传输频带宽度成反比的关系，因而归零码在信道上占用的频带较宽。

单极性码会积累直流分量，这样就不能使变压器在数据通信设备和所处环境之间提供良好绝缘的交流耦合，直流分量还会损坏连接点的表面电镀层；双极性码的直流分量大大减少，这对数据传输是很有利的。

（3）同步过程。

1）位同步。位同步又称同步传输，它是使接收端对每一位数据都要与发送端保持同步。实现位同步的方法可分为外同步法和自同步法两种。

在外同步法中，接收端的同步信号事先由发送端送来，而不是自身产生也不是从信号中提取出来。即在发送数据之前，发送端先向接收端发出一串同步时钟脉冲，接收端按照这一时钟脉冲频率和时序锁定接收端的接收频率，以便在接收数据的过程中始终与发送端保持同步。

自同步法是指能从数据信号波形中提取同步信号的方法。典型例子就是著名的曼彻斯特编码，常用于局域网传输。在曼彻斯特编码中，每一位的中间有一跳变，位中间的跳变既作为时钟信号，又作为数据信号；另一种是差分曼彻斯特编码，每位中间的跳变仅提供时钟定时，而用每位开始时有无跳变表示"0"或"1"，有跳变为"0"，无跳变为"1"，如图7-7所示。

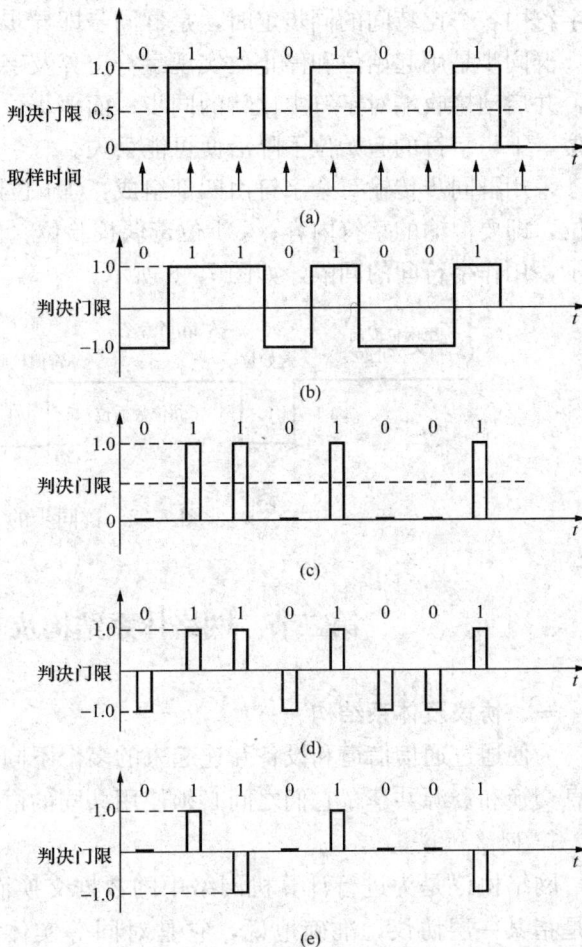

图7-6　基脉冲编码方案

（a）单极性脉冲；（b）双极性脉冲；（c）单极性归零脉冲；（d）双极性归零脉冲；（e）交替双极性归零脉冲

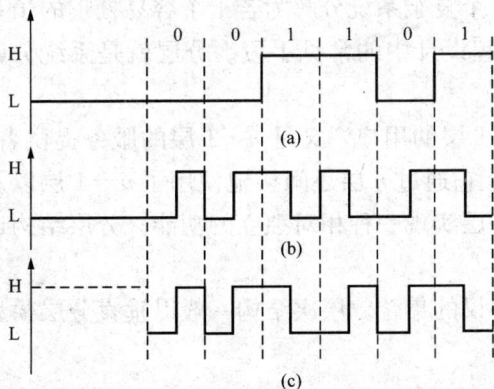

图7-7　数字信号的同步编码

（a）不归零码（NRZ）；（b）曼彻斯特编码；（c）差分曼彻斯特编码

两种曼彻斯特编码是将时钟和数据包含在数据流中，在传输代码信息的同时，也将时钟同步信号一起传输到对方，每位编码中有一跳变，不存在直流分量，因此具有自同步能力和良好的抗干扰性能。但每一个码元都被调成两个电平，所以数据传输速率只有调制速率的1/2。

2）群同步。在数据通信中，群同步又称异步传输。是指传输的信息被分成若干"群"。数据传输过程中，字符可顺序出现在比特流中，字符间的间隔时间是任意的，但字符内各个比特用固定的时钟频率传输。字符间的异步定时与字符内各个比特间的同步定时，是群同步即异步传输的特征。

群同步是用起始位和停止位实现字符定界及字符内比特同步的。起始位指示字符的开始位，并启动接收端对字符中比特的同步；而停止位则是作为字符间的间隔位设置的，没有停止位，下一字符的起始位下降沿便可能丢失。

采用群同步传输每个字符由四部组成：①1 位起始位，以逻辑"0"表示；②5～8 位数据位，即要传输的字符内容；③1 位奇偶校验位，用于检错；④1～2 位停止位，以逻辑"1"表示，用作字符间的间隔，如图 7-8 所示。

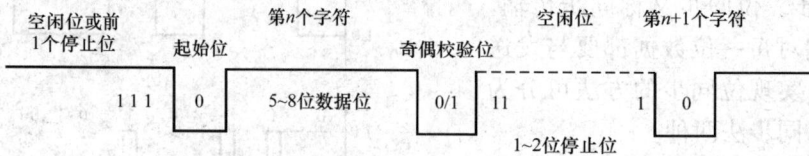

图 7-8　群同步的字符格式

第二节　网络体系结构及 OSI 基本参考模型

一、协议及体系结构

为使通过通信信道和设备互连起来的多个不同地理位置的计算机系统能协同工作，实现信息交换和资源共享，它们之间必须使用共同的语言，遵循某种互相约定的规则。

1. 网络协议

网络协议是为进行计算机网络中的数据交换而建立的规则、标准或约定的集合。协议总是指某一层协议，准确地说，它是对同等实体之间的通信制定的有关通信规则约定的集合。

网络协议具有下列三个要素：①语义，涉及用于协调与差错处理的控制信息；②语法，涉及数据及控制信息的格式、编码及信号电平等；③定时，涉及速度匹配和排序等。

2. 网络的体系结构及层次划分所遵循的原则

计算机网络系统是一个十分复杂的系统。将一个复杂系统分解为若干个容易处理的子系统，然后"分而治之"，这种结构化设计方法是工程设计中的常见手段。分层就是系统分解的最好方法之一。

在图 7-9 所示的一般分层结构中，n 层是 $n-1$ 层的用户，又是 $n+1$ 层的服务提供者。$n+1$ 层虽然只直接使用了 n 层提供的服务，实际上它通过 n 层还间接地使用了 $n-1$ 层以及以下所有各层的服务。层次结构的好处在于使每一层实现一种相对独立的功能。分层结构还有利于交流、理解和标准化。

网络的体系结构就是计算机网络各层次及其协议的集合。层次结构一般以垂直分层模型来表示，如图 7-10 所示。

（1）层次结构的要点。

1）除了在物理媒体上进行的是实通信之外，其余各对等实体间进行的都是虚通信。

2）对等层的虚通信必须遵循该层的协议。

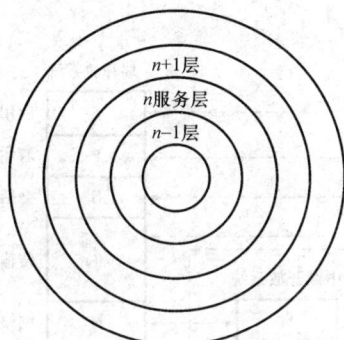

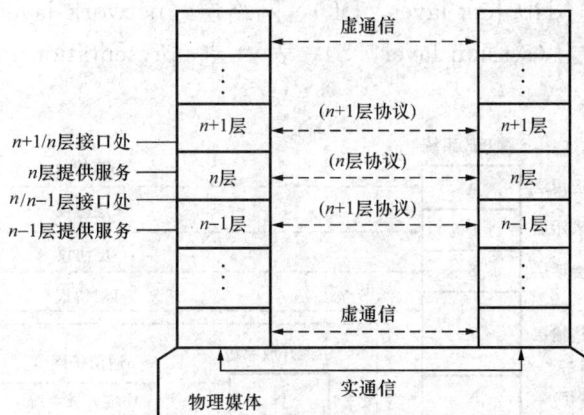

图 7-9　层次模型　　　　图 7-10　计算机网络的层次模型

3）n 层的虚通信是通过 $n/n-1$ 层间接口处 $n-1$ 层提供的服务以及 $n-1$ 层的通信（通常也是虚通信）来实现的。

（2）层次结构划分的原则。

1）每层的功能应是明确的，并且是相互独立的。当某一层的具体实现方法更新时，只要保持上、下层的接口不变，便不会对邻居产生影响。

2）层间接口必须清晰，跨越接口的信息量应尽可能少。

3）层数应适中。若层数太少，则造成每一层的协议太复杂；若层数太多，则体系结构过于复杂，使描述和实现各层功能变得困难。

（3）网络体系结构的特点。

1）以功能作为划分层次的基础。

2）第 n 层的实体在实现自身定义的功能时，只能使用第 $n-1$ 层提供的服务。

3）第 n 层在向第 $n+1$ 层提供服务时，此服务不仅包含第 n 层本身的功能，还包含由下层服务提供的功能。

（4）仅在相邻层间有接口，且所提供服务的具体实现细节对上一层完全屏蔽。

二、OSI 基本参考模型

1. 简介

开放系统互连（open system interconnection，OSI）基本参考模型是由国际标准化组织（ISO）制定的标准化开放式计算机网络层次结构模型。"开放"含义是能使任何两个遵守参考模型和有关标准的系统进行互连。

OSI 包括了体系结构、服务定义和协议规范三级抽象。体系结构：定义了一个七层模型，用以进行进程间的通信，并作为一个框架来协调各层标准的制定；服务定义：描述了各层所提供的服务，以及层与层之间的抽象接口和交互用的服务原语；协议规范：精确地定义了应当发送何种控制信息及何种过程来解释该控制信息。

需要强调，OSI 参考模型并非具体实现的描述，它只是一个为制定标准机而提供的概念性框架。在 OSI 中，只有各种协议是可以实现的，网络中的设备只有与 OSI 和有关协议相一致时才能互连。

如图 7-11 所示，OSI 七层模型从下到上分别为物理层（physical layer，PH）、数据链路层（data link layer，DL）、网络层（network layer，N）、传输层（transport layer，T）、会话层（session layer，S）、表示层（presentation layer，P）和应用层（application layer，A）。

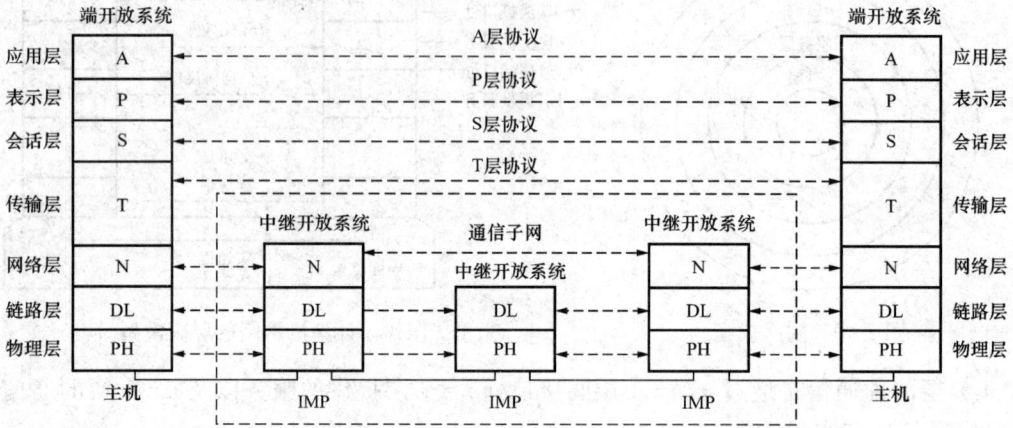

图 7-11　OSI 参考模型

从图 7-11 中可见，整个开放系统环境由作为信源和信宿的端开放系统及若干中继开放系统通过物理媒介连接构成。这里的端开放系统和中继开放系统都是国际标准 OSI 7498 中使用的术语。通俗地说，它们就相当于资源子网中的主机和通信子网中的节点机（IMP）。只有在主机中才可能需要包含所有七层的功能，而在通信子网中的 IMP 一般只需要最低三层甚至只要最低两层的功能就可以了。

2. 数据传送过程

层次结构模型中数据的实际传送过程如图 7-12 所示。图 7-12 中发送进程送给接收进程的数据，实际上是经过发送方各层从上到下传递到物理媒介；通过物理媒介传输到接收方后，再经过从下到上各层的传递，最后到达接收进程。

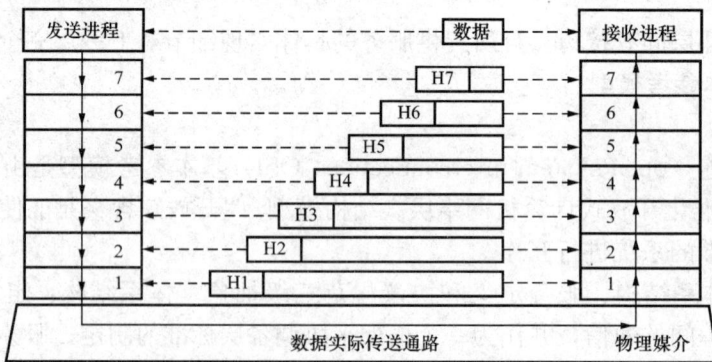

图 7-12　数据的实际传递过程

在发送方从上到下逐层传递的过程中，每层都要加上适当的控制信息，即图 7-12 中和 H7、H6、…、H1，统称为报头。到最底层成为由"0"或"1"组成和数据比特流，然后再转换为电信号在物理媒介上传输至接收方。接收方在向上传递时过程正好相反，要逐层剥去发送方相应层加上的控制信息。

因接收方的某一层不会收到底下各层的控制信息，而高层的控制信息对于它来说又只是透明的数据，所以它只阅读和去除本层的控制信息，并进行相应的协议操作。发送方和接收方的对等实体看到的信息是相同的，就好像这些信息通过虚通信直接给了对方一样。

三、OSI 基本参考模型各层功能

1. 物理层

物理层定义了为建立、维护和拆除物理链路所需的机械的、电气的、功能的和规程的特性，其作用是使原始的数据比特流能在物理媒介上传输。具体涉及接插件的规格、"0"、"1"信号的电平表示、收发双方的协调等内容。

2. 数据链路层

比特流被组织成数据链路协议数据单元（通常称为帧），并以其为单位进行传输，帧中包含地址、控制、数据及校验码等信息。数据链路层的主要作用是通过校验、确认和反馈重发等手段，将不可靠的物理链路改造成对网络层来说无差错的数据链路。数据链路层还要协调收发双方的数据传输速率，即进行流量控制，以防止接收方因来不及处理发送方来的高速数据而导致缓冲器溢出及线路阻塞。

3. 网络层

数据以网络协议数据单元（分组）为单位进行传输。网络层关心的是通信子网的运行控制，主要解决如何使数据分组跨越通信子网从源传送到目的地的问题，这就需要在通信子网中进行路由选择。另外，为避免通信子网中出现过多的分组而造成网络阻塞，需要对流入的分组数量进行控制。当分组要跨越多个通信子网才能到达目的地时，还要解决网际互连的问题。

4. 传输层

传输层是第一个端—端，也即主机—主机的层次。传输层提供的端到端的透明数据传输服务使高层用户不必关心通信子网的存在，由此用统一的传输原语书写的高层软件便可运行于任何通信子网上。传输层还要处理端到端的差错控制和流量控制问题。

5. 会话层

会话层是进程—进程的层次，其主要功能是组织和同步不同的主机上各种进程间的通信（也称为对话）。会话层负责在两个会话层实体之间进行对话连接的建立和拆除。在半双工情况下，会话层提供一种数据权标来控制某一方何时有权发送数据。会话层还提供在数据流中插入同步点的机制，使得数据传输因网络故障而中断后，可以不必从头开始而仅重传最近一个同步点以后的数据。

6. 表示层

表示层为上层用户提供共同的数据或信息的语法表示变换。为了让采用不同编码方法的计算机在通信中能相互理解数据的内容，可以采用抽象的标准方法来定义数据结构，并采用标准的编码表示形式。表示层管理这些抽象的数据结构，并将计算机内部的表示形式转换成网络通信中采用的标准表示形式。数据压缩和加密也是表示层可提供的表示变换功能。

7. 应用层

应用层是开放系统互连环境的最高层。不同的应用层为特定类型的网络应用提供访问OSI环境的手段。网络环境下不同主机间的文件传送访问和管理（FTAM），传送标准电子邮件的文电处理系统（MHS），使不同类型的终端和主机通过网络交互访问的虚拟终端

（VT）协议等都属于应用层的范畴。

四、物理层接口与协议

物理层位于 OSI 参考模型的最底层，它直接面向实际承担数据传输的传输介质。物理层的传输单位为比特。物理层在传输介质上为数据链路层提供一个透明的比特流传送服务。

物理层涉及通信在信道上传输的原始比特流。设计上必须保证一方发出二进制"1"时，另一方收到的也是"1"而不是"0"；这里的问题是使用多少伏特电压表示"1"，多少伏特电压表示"0"；一个比特持续多少微秒；传输是否在两个方向上同时进行；最初的连接如何建立，如何终止；网络接插件有多少针以及各针的用途。物理层协议规定了与建立、维持及断开物理信道所需的机械的、电气的、功能性的和规程性的特性，其作用是确保比特流能在物理信道上传输。

ISO 对 OSI 模型的物理层所做的定义为：在物理信道实体之间合理地通过中间系统，为比特传输所需的物理连接的激活、保持和去除提供机械的、电气的、功能性的和规程性的手段。比特流传输可以采用异步传输，也可以采用同步传输完成。

另外，CCITT 在 *X*.25 建议书第一级（物理级）中也做了类似的定义：利用物理的、电气的、功能的和规程的特性在 DTE（data terminal equipment）和 DCE（data circuit terminating equipment 或 data communications equipment）之间实现对物理信道的建立、保持和拆除功能。这里的 DTE 是指数据终端设备，是对属于用户所有的联网设备或工作站的统称，它们是通信的信源或信宿，如计算机、终端等；DCE 是指数据电路终接设备或数据通信设备，是对为用户提供入接点的网络设备的统称，如自动呼叫应答设备、调制解调器等。

DTE/DCE 的接口如图 7-13 所示，物理层接口协议实际上是 DTE 和 DCE 或其他通信设备之间的一组约定，主要解决网络节点与物理信道如何连接的问题。物理层协议规定了标准接口的机械连接特性、电气信号特性、信号功能特性以及通信中的控制信号、数据信号的规程特性，其目的是为了便于不同的制造厂家能够根据公认的标准各自独立地制造设备。使各个厂家的产品都能够相互兼容。

图 7-13　DTE/DCE 接口框图

常见的物理层实例有 EIA RS-232C 接口标准、EIA RS-449 及 RS-422 与 RS-423 接口标准和 X.21 和 X.21bis 建议等。

五、数据链路层

数据链路层是 OSI 参考模型中的第二层，在物理层所提供服务的基础上向网络层提供服务。数据链路层的作用是对物理层传输原始比特流功能的加强，将物理层提供的可能出错的物理连接改造成为逻辑上无差错的数据链路，即使之对网络层表现为一条无差错的链路。数据链路层的基本功能是向网络层提供透明的和可靠的数据传送服务。

数据链路层最基本的服务是将源机网络层来的数据可靠地传输到相邻节点的目标机网络层。为达到这一目的，数据链路层必须具备一系列相应的功能，它们主要有：如何将数据组合成数据块，在数据链路层中将这种数据块称为帧，帧是数据链路层的传送单位；如何控制帧在物理信道上的传输，包括如何处理传输差错，如何调节发送速率以使之与接收方相匹配；在两个网络实体之间提供数据链路通路的建立、维持和释放管理。

1. 帧同步功能

为了使传输中发生差错后只将出错的有限数据进行重发，数据链路层将比特流组织成以帧为单位传送。帧的组织结构必须设计成使接收方能够明确地从物理层收到比特流中对其进行识别，也即能从比特流中区分出帧的起始与终止，这就是帧同步要解决的问题。由于网络传输中很难保证计时的正确性和一致性，所以不能采用依靠时间间隔关系来确定一帧的起始与终止的方法。下面介绍几种常用的帧同步方法。

（1）字节计数法。这种帧同步方法以一个特殊字符表征一帧的起始，并以一个专门字段来标明帧内的字节数。接收方可以通过对该特殊字符的识别从比特流中区分帧的起始，并从专门字段中获知该帧中随后跟随的数据字节数，从而确定帧的终止位置。

（2）使用字符填充的首尾定界符法。这种方法用一些特定的字符来定界一帧的起始与终止。为了不使数据信息位中出现的与特定字符相同的字符被误判为帧的首尾定界符，可以在这种数据字符前填充一个转义控制字符（DLE）以示区别，从而达到数据的透明度。

（3）使用比特填充的首尾定界符法。以一组特定的比特模式（如 01111110）来标志一帧的起始与终止，HDLC 规程即采用这种方法。

（4）违法编码法。该方法在物理层采用特定的比特编码方法时采用。例如，曼彻斯特编码方法是将数据比特"1"编码成"高—低"电平对，将数据比特"0"编码成"低—高"电平对，而"高—高"电平对和"低—低"电平对在数据比特中是违法的。可以借用这些违法编码序列来定界帧的起始与终止。局域网 IEEE 802 标准中就采用了这种方法。违法编码法不需要任何填充技术，便能实现数据的透明度，但它只适合采用冗余编码的特殊编码环境。

2. 差错控制功能

通信系统必须具备发现（即检测）差错，并采取措施纠正的能力，使差错控制在所能允许的尽可能小的范围内，这就是差错控制过程，也是数据链路层的主要功能之一。

3. 流量控制功能

对于数据链路层来说，控制的是相邻两节点之间数据链路上的流量，而对于传输层来说，控制的则是从源到最终目的之间端对端的流量。

4. 链路管理功能

链路管理功能主要用于面向连接的服务。在链路两端的节点进行通信前，必须首先确认对方已处于就绪状态，并交换一些必要的信息以对帧序号初始化，然后才能建立连接。在传输过程中则要维持该连接。如果出现差错，需要重新初始化，重新自动建立连接，传输完毕后则要释放连接。数据链路层连接的建立，维持和释放就称为链路管理。

在多个站点共享同一物理信道的情况下（如在局域网中），如何在要求通信的站点间分配和管理信道也属于数据层链路管理的范畴。

第三节　现 场 总 线 技 术

一、现场总线概述

1. 现场总线技术产生的背景与特点

（1）现场总线技术产生的背景。随着经济与技术的发展，用户需要对生产系统实施更好的控制。这就必须对生产过程中的信息更多、更好、更实时地进行采集。现场总线技术就是在这种背景下产生的。在计算机数据传输领域内，长期以来使用 RS - 232 和 CCITTV. 24 通信标准，尽管这两种标准被广泛地使用，但它们是一种低数据速率和点对点的数据传输标准，不能支持智能设备之间更高层次的功能操作。此外，在工业现场控制或生产自动化领域中使用大量的传感器、执行器和控制器等，它们通常分布在非常广的范围内，如果在最低层上采用传统星型拓扑结构，那么安装成本和介质造价都将非常高。所以在最低层次上的确需要设计出一种造价低廉而又能经受工业现场环境的通信系统，现场总线（FieldBus）就是在这种背景下产生的。

现场总线发展迅速，已开发出 40 多种现场总线，如 InterBus、BitBus、DeviceNet、MODBus、Arcnet、P-Net、FIP、ISP 等，其中最具影响力的有 5 种，分别是 FF、Profit-Bus、HART、CAN 和 LonWorks。

（2）现场总线的特点。现场总线通信系统通常是自动化过程中控制功能的核心部分，必须遵守由控制系统提出的时间限制，其基本功能就是可预期的存取时间和可预期的传递时间。由于这种传输系统是连续生产过程的唯一物理途经，因此传输必须非常可靠。现场总线至少应具有如下特点：

1）传输完整性。未知出错率低于每 20 年一次。

2）冗余能力。如使用双介质或双总线。

3）传输验证（生存期、确认等）。

为了满足不同方面的多种需求，像优先权、服务完整性、时间性能以及网络拥塞的恢复能力对于用户（或应用）来说应是可选择的。对于给定的现场设备，针对不同的应用，必须达到不同的质量要求，因此，现场总线必须支持远程组态功能，以便选择适当通信质量和适当的本地应用。

2. 现场总线的定义

现场总线有多种表达形式：应用在生产现场、在微机化测量控制设备之间实现双向串行数字通信的系统，或可被广泛应用于制造业、过程工业、楼宇、交通等领域的自动化系统中的开放式、数字化、多点通信技术，或者定义为控制系统与现场检测仪表、执行装置进行双数字通信的串行总线系统。国际电工委员会 IEC 1158 把现场总线定义为：安装在制造或过程区域的现场装置与控制室内的自动控制装置之间的数字式、串行、多点通信的数据总线称为现场总线。

现场总线可采用多种途径传送数字信号，如用普通电缆、双绞线、光导纤维、红外线，甚至电力传输线等，因而可因地制宜，就地取材，构成控制网络。一般在由两根普通导线制成的双绞线上，可挂接几十个自控设备，与传统的设备间一对一的接线方式相比，可节省大量线缆、槽架、连接件，同时，由于所有的连线都变得简单明了，系统设计、安装、维护的工作量也随之大幅度减少。另外，现场总线还支持总线供电，即两根导线在为多个自控设备传送数字信号的同时，还为这些设备传送工作电源。

现场总线既是通信网络，又是自控系统。由于现场总线靠近生产过程，面对的是苛刻的和特殊的环境条件，因此，现场总线应经受得住这样的环境并且不受高的电磁干扰影响。它所传送的是接通、关断电源，开关阀门的指令与数据直接关系到处于运行操作过程之中的设备、人身的安全。因此要求信号在粉尘、噪声、电磁干扰等较为恶劣的环境下能够准确、及时到位。同时它还具有节点分散、报文简短等特征，它作为自动化系统，在系统结构上发生了较大变化，其显著特征是通过网络信号的传送联络，可由单个节点、也可由多个网络节点共同完成所要求的自动化功能，是一种由网络集成的自动化系统。

3. 现场总线与其他通信技术的区别

(1) 现场总线与 RS-232、RS-485 的本质区别。在现场总线技术发展之前，很多智能设备通信大多采用 RS-232、RS-485 等通信方式，主要取决于智能设备的接口规范。但 RS-232、RS-485 只能代表通信的物理介质层和链路层，如果要实现数据的双向访问，就必须自己编写通信应用程序，但这种程序多数都不能符合 ISO/OSI 的规范，只能实现较单一的功能，适用于单一设备类型，程序不具备通用性。在 RS-232 或 RS-485 设备联成的设备网中，如果设备数量超过 2 台，就必须使用 RS-485 做通信介质，RS-485 网的设备间要想互通信息，只有通过主（master）设备中转才能实现，这个主设备通常是 PC，而这种设备网中只允许存在一个主设备，其余全部是从（slave）设备。而现场总线技术是以 ISO/OSI 模型为基础的，具有完整的软件支持系统，能够解决总线控制、冲突检测、链路维护等问题。现场总线设备自动成网，无主/从设备之分或允许多主存在。在同一个层次上不同厂家的产品可以互换，设备之间具有互操作性。

(2) 现场总线与计算机网络的区别。计算机网络的设计目标是信息资源与资源共享。而现场总线所传递的信息是以引起物质或能量的变化为目的，特别强调可靠性、安全性和实时性。两者在技术上有着明显的区别。

1) 按功能比较，现场总线连接自动化最底层的现场控制器和现场智能仪表设备，网线上传输的是小批量数据信息，如检测信息、状态信息、控制信息等，传输速率低，但实时性高。简而言之，现场总线是一种实时控制网络。局域网用于连接局域区域的各台计算机，网线上传输的是大批量的数字信息，如文本、声音、图像等，传输速率高，但实时性要求不高。从这个意义上来说，局域网是一种高速信息网络。

2) 现场总线强调在恶劣环境下数据传输的完整性，在可燃易爆场合还应具有本质安全性能。而计算机网络一般安装在环境较好的办公场所，不必专门考虑环境因素。

二、现场总线 WorldFIP

WorldFIP 是 20 世纪 80 年代推出的一种用于工业自动化系统的控制网络技术。1993年，因采纳了现场总线国际标准 IEC1158-2 物理层标准，发展为 WorldFIP，即 world factory information protocol，现在已经成为现场总线欧洲标准 EN 50170 第三部分和国际标准 IEC 61158 的子集 7，2000 年又宣布在原有 WorldFIP 技术的基础上集成专用的互联网功能，发展为新的 FIP（fieldbus internet protocol）。

1. WorldFIP 现场总线特点

(1) 通信速率高，通信距离长。WorldFIP 现场总线在以下三个方面体现这个特点：①采用曼彻斯特编码方式；②以工业屏蔽双绞线或光纤作为传输介质；③双绞线方式具有31.25kb/s、1Mb/s 及 2.5Mb/s 三种标准速率，最大通信距离分别为 5km、1km 和 500m，通过网络中继器，总线可分别扩展到 20km、5km 和 2km。

(2) 效率高。WorldFIP 现场总线最长支持 128B 变量报文或 256B 消息报文，根据计算，其最大通信效率能达到 88.99%，如图 7-14 所示。

导前码8位	帧前定界码8位	控制段8位	数据段	帧校验码16位	帧结束码8位

图 7-14 报文结构

(3) 实时性强。WorldFIP 现场总线对传输介质的调度使用方式类似于令牌网，各通信站的数据可以在预先确定的时间内在网络上传输。由于这种方式不存在介质使用碰撞问题，因而非常适合于对于传输时间具有严格要求的场合，如各种分散式控制系统、分散式数据采集系统等。

(4) 误码率低。WorldFIP 现场总线报文自带 CRC 校验功能，数据校验功能由通信控制器完成，报文不可检错概率小，据统计采用 1Mb/s 速率，其误码在 20 年中不会超过一帧。

(5) 介质冗余。通信控制器连接两路独立的传输介质，在双介质运行时，两路介质相互热备用。当某一介质发生断线、短路等故障而造成通信中断时，通信控制器会自动将通信数据无缝切换到另一条无故障介质上，并能保证数据的完整性及正确性，不需要应用程序的干预，极大地增强了通信可靠性。

(6) 抗电磁干扰性强。WorldFIP 现场总线采用曼彻斯特编码方式并利用磁性变压器隔离，具有良好的抗电磁干扰能力，根据测试，在 EMC Ⅲ级干扰条件下，能保证正常通信。

2. 传输机制

WorldFIP 现场总线定义了物理层、数据链路层和应用层三层通信协议，结构相对简单。在数据链路层，提供了两种传输机制。

(1) 变量传输机制。变量是指周期性地在网络上传输的数据包，每一个变量有一个唯一的 16 位数据标识，这种周期性报文根据预先设定的时间周期性地在网络上传输。变量传输机制传输实时状态及控制信息，如变电站 I/O 实时状态、各种现场遥测值等。

(2) 消息传输机制。消息只有在应用程序提出传输申请后一次性地在网络上传输。消息传输机制传输一些如配置信息、诊断信息及事件信息等非周期性数据。

WorldFIP 的传输模式称为"生产者—消费者"（producer-consumer）模式，简单地说，生产者是指变量或消息报文的发送者，一个变量或消息只能有一个生产者。

消费者是指报文的接收者，一个变量或消息可以有一个或多个消费者。

在 WorldFIP 现场总线中，对传输介质的访问控制类似于令牌网，令牌是对介质的访问权，令牌按照预先确定的时间在多个通信子站之间传递。"令牌"的传递过程由通信控制器自动完成，不需要应用程序的干预。变量的生产者可以按照固定的时间间隔将变量在网络上广播，变量的消费者则同时接收变量内容。

在变量中有一个字节的控制信息，其中一位为消息发送请求，当该通信站有消息需要发送时，则置该控制位有效，向总线申请消息发送。在固定的时间窗内，当所有通信子站生产的变量数据被发送后，令牌被传递给提出发送消息请求的通信子站，此时得到令牌的通信子站将消息在网络上广播。这种介质访问控制方式使得变量与消息的传输相对独立，非周期消息的传输不影响周期变量的传输。因此，WorldFIP 非常适合于对于传输时间具有严格要求的场合，同时也使得某些突发数据能够尽快在网络上传输。

3. 应用

国内某些电力自动化系统设备制造商已将 WorldFIP 用于其主流产品中，在总线系统结构上，采用了 WorldFIP 现场总线，并采用屏蔽双绞线介质，2.5Mb/s 速率，单段最大通信距离为 500m，通过网络中继器可以扩展到 2km。

在某变电站自动化系统中，使用 WorldFIP 现场总线的设备主要有测控装置、保护测控装置、智能网关等。测控装置将实时采集的各种测量数据发送到网关设备，并由网关设备向变电站层转发，同时接受来自变电站层的各种操作数据。为保证系统的可靠性，整个间隔层采用了介质冗余结构，采用两路独立的驱动器和通信电缆，以热备用方式运行。按照电压等级/继电小室分别配置独立的网关设备，减少间隔之间的相互影响，提高整个网络的通信速率。

为进一步提高可靠性，对于每个间隔的网关设备，也采用了冗余双网关结构，两个网关采取热备用方式运行。这种配置方式可以保证当主网关单元发生故障时，间隔层与变电站层通信能够保持正常。

在通信方面，对于系统的"四遥"（遥测、遥信、遥控、遥调）数据、SOE、联锁数据等实时性要求高的数据类型采用变量机制传送，此类数据按照一定周期向网关设备发送，并由网关设备转换成快速以太网向变电站层发送。

对于某些突发性报文，例如网络诊断信息、配置信息等报文则采用了消息机制传送，这样既能保证现场遥测值及遥信值等周期性数据能够实时上送，也使得事件信息、诊断信息等能够及时上送。

在数据寻址方面，变量和消息数据寻址有三种方式。多播方式：用于各种测量（遥信遥测等）、SOE 等信息的寻址；广播方式：用于间隔层联锁信息（全网广播方式）的寻址；点对点方式：用于遥控操作、远程修改定值等远程操作信息的寻址。

WorldFIP 现场总线可以配置成多种数据寻址方式，灵活使用几种模式将有利于提高总线利用率，降低通信站的 CPU 开销。

多播对象是两个网关设备。由于测控装置没有划分在多播对象组内，此类多播信息被测控装置接收到后，在 WorldFIP 协议的数据链路层被过滤掉，不需要应用程序的干预，减少了测控装置的软件开销。

联锁信息包括各个开关状态，电流电压遥测量等信息。测控装置将联锁信息在网络上广播，间隔内所有测控装置同时接收到，并根据接收到的数据作出逻辑判断，确定闭锁或者开放某些控制操作。采用广播方式既减少了网络的通信量，又可以保证联锁信息的实时性和一致性。同时，这种间隔层联锁功能的实现不需要网关或变电站层的参与，因而极大地提高了变电站的安全运行水平。

第四节 实时以太网通信技术

现场总线具有信息传输实时性强，安全可靠等特点，也具备网络的某些属性，在厂站自动化系统中，现场总线技术已被广泛采用。但在电力系统厂站现场，被监控的设备众多，需要传输的信息不仅实时性极强，可靠性要求也极高，而且需要传输和处理信息类型多，信息量巨大。厂站自动化系统中若采用现场总线，仅使用间隔级层面，厂站级系统的监控需要采用局域网，尤其是发展迅速的高速以太网。随着厂站自动化要求的进一步提高，并适应厂站运行监控的智能化要求，厂站自动化系统已经开始采用高速以太网技术，并将其应用从厂站级监控层面延伸到过程设备层面，因此，这种以太网不仅需要高速，也必须满足厂站监控的实时性要求，这就需要实时以太网。

一、实时以太网参考模型的种类

实时以太网是工业以太网针对通信实时性、确定性问题的解决方案，属于工业以太网的特色与核心技术。从控制网络的角度来看，工作在现场控制层的实时以太网，实际上属于一个新类别的现场总线。

当前实时以太网还处于技术开发阶段，出现的技术种类繁多，仅在 IEC 61784 - 2 中就已囊括了 11 个实时以太网的 PAS 文件。它们是 EtherNet/IP，PROFINET，P-NET，InterBus，VNET/IP，TCnet，EtherCAT，EtherNet Powerlink，EPA，Modbus-RTPS，SERCOS-III。目前，它们在实时机制、实时性能、通信一致性上都还存在很大差异。

图 7 - 15 表示 PROFINET、Powerlink 等几种实时以太网的通信参考模型。通过图7 - 15 可以对这几种通信参考模型进行比较。图中没有填充色的矩形框表示采用与普通以太网相同的规范，而具有填充色的矩形框表示有别于普通以太网的实时以太网特色部分。

从图 7 - 15 可以看到，Modbus/TCP 与 EtherNet/IP 在应用层以下的部分均沿用了普通以太网技术，因而它们可以在普通以太网通信控制器 ASIC 芯片的基础上，借助上层的通信调度软件，实现其实时功能。而 EtherCAT，Powerlink 以及具有软实时 SRT（soft real time）和等时同步 IRT（isochronous real time）实时功能的 PROFINET 都需要特别的通信控制器 ASIC 支持，它们的通信参考模型在底层如数据链路层就已经有别于普通以太网，即它们的实时功能不能在普通以太网通信控制器的基础上实现。不同实时以太网，其实时机制与时间性能等级是有差异的。

工业以太网的数据通信有标准通道和实时通道之分。其中标准通道按普通以太网平等竞争的方式传输数据帧，主要用于传输没有实时性要求的非实时数据。有实时性要求的数据则通过实时通道，按软实时或等时同步的实时通信方式传输数据帧。通过软件调度实现的软实时通信，其实时性能可以达到几毫秒；而等时同步通信的实时性能则可以达到 1ms，其时间抖动可控制在微秒级。

二、实时以太网的媒体访问控制

实时以太网一方面要满足控制对通信实时性的要求，另外还需要在一定程度上兼容普通以太网的媒体访问控制方式，以便有实时通信要求的节点与没有实时通信要求的节点可以方便地共存于同一网络。

已经为实时以太网媒体访问控制提出了多种方案，在对标准 CSMA/CD 协议进行改进

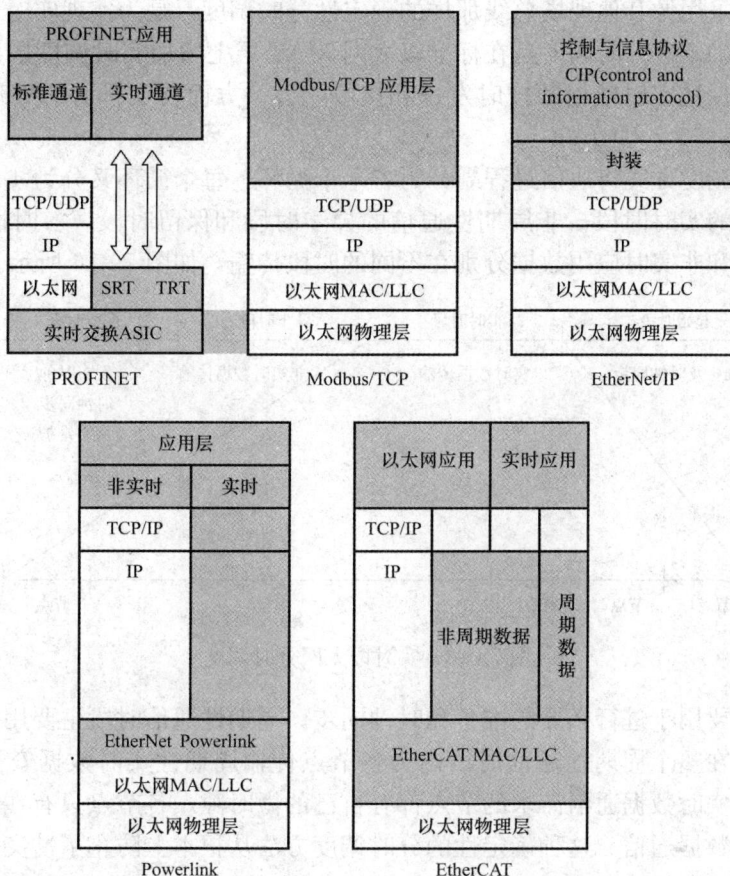

图 7-15 几种实时以太网的通信参考模型比较

后形成的 RT-CSMA/CD 就是其中的一种。在采用 RT-CSMA/CD 的实时以太网上，网络节点被划分为实时节点与非实时节点两类。系统中的非实时节点遵循标准的 CSMA/CD 协议，按照 CSMA/CD 竞争通道，检测有冲突时退出竞争。而实时节点遵循 RT-CSMA/CD 协议，按照 RT-CSMA/CD 竞争通道，检测有冲突时发竞争信号，按照优先级获得总线访问控制权。

以网络上相距最远的两个节点之间信号传输延迟时间的 2 倍作为最小竞争时隙。当某个节点有数据要发送时，首先侦听信道，如果在一个最小竞争时隙内没有检测到冲突，则该节点获得介质的访问控制权，开始数据包的传输。

非实时节点在数据传输中如果检测到冲突，就停止发送，退出竞争。实时节点在数据传输中如果检测到冲突，则发送长度不小于最小竞争时隙的竞争信号。时隙节点在竞争过程中按照优先的大小，决定是坚持继续发送竞争信号，还是退出竞争而将信道让给更高优先级的节点。

某个节点发送完一个最小竞争时隙的竞争信号后，如果检测到信道上的冲突已消失，说明其他节点都已经退出竞争，该节点取得了信道的访问控制权，于是停止发送竞争信号，重传被破坏的数据帧。RT-CSMA/CD 中可以保证优先权高的实时节点的实时性要求，提高了一部分节点的通信实时性。

在以太网中采用像其他现场总线那样的确定性分时调度，是为实现实时以太网提出的又一种方案。这种确定性分时调度是在标准以太网 MAC 层上增加实时调度层而实现的。实时调度层应一方面保证实时数据的按时发送和接收，另一方面要安排时间处理非实时数据的通信。

确定性分时调度方案将通信过程划分为若干个循环，每个循环又分为 4 个时段，起始时段；周期性通信的实时时段；非周期性通信的异步时段和保留时段。各时段执行不同的任务，以保证实时和非实时应用数据分别在不同的时段传输，如图 7-16 所示。

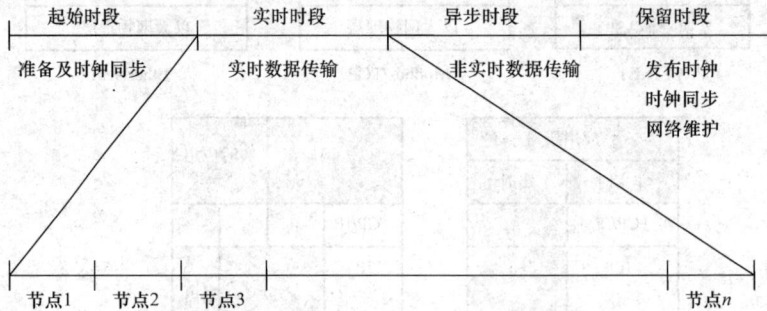

图 7-16　实时以太网分时调度

起始时段主要用于进行必要的准备和时钟同步。周期性通信时段主要用于保证周期性实时数据的传输，在整个周期性通信时段内为各节点传输周期性实时数据安排好各自的微时隙。存在周期性实时数据通信需求的节点都有自己的微时隙，各节点只有在分配给自己的微时隙内才能进行数据通信。这种确定性的分时调度方法从根本上防止了冲突的发生，为满足通信实时性创造了条件。异步时段主要用于传输非实时数据，为普通 TCP/IP 数据包提供通过竞争传输非实时数据的机会。保留时段则用于发布时钟，控制时钟同步，或实行网络维护等。通信传输的整个过程由实时调度层统一处理。

可以看到，一旦采用这种确定性分时调度方案，其通信机制就完全不同于自主随机访问的普通 CSMA/CD 方式。实时调度的确定性分时方案为各节点的实时通信任务预订了固定的通信时间，保证了它们的通信实时性。而传输非实时 TCP/IP 数据包的任务，只能在异步时段通过竞争完成。

三、IEEE 1588 精确时间同步协议

在网络环境下，要满足控制任务的通信实时性要求，除了要求各节点的通信调度与媒体访问控制方式具有一定程度的确定性、实时性之外，还需要各节点的时钟能准确同步，以便分布在网络各节点上的控制功能可以按一定的时序协调动作，即网络上各节点之间要有统一的时间基准，才能实现动作的协调一致。

IEEE 1588 定义了一种精确时间同步协议 PTP（precision time protocol），它的基本功能是使分布式网络内各节点的时钟与该网络中的基准时钟保持同步。它不仅可用于标准以太网，也适用于采用组播技术的其他分布式总线系统。

在由多个节点连接构成的网络系统中，每个节点一般都会有自己的时钟。IEEE 1588 精确时间同步是基于 IP 组播通信实现的。根据时间同步过程中角色的不同，该系统将在网络上的节点划分为两类，主（master）时钟节点和从（slave）时钟节点。

在时间同步中，提供同步时钟源的时钟称为主时钟，它是该网段的时间基准。而与之同步、不断遵照主时钟进行调整的时钟称为从时钟。一个简单系统包括一个主时钟和多个从时钟，所有的从时钟会不断地与主时钟比较时钟属性。其时钟的同步精度可达到亚微秒级。

从一般意义上来说，任何一个网络节点都既可充当主时钟节点，也可充当从时钟节点，但实际中一般都由振荡频率稳定、精度较高的节点担任主时钟。如果网络中同时存在多个潜在的主时钟，那么将根据优化算法来决定哪一个可以成为活动主时钟。如果有新的主时钟加入系统或现有的活动主时钟与网络断开，则重新采用优化算法决定活动主时钟。但任何时刻系统中都只能有一个活动主时钟。PTP 系统支持主时钟冗余，同时支持容错功能。

由于时钟同步过程是借助装载有时间戳的通信帧的传输过程完成的，每一个从时钟节点通过与主时钟交换同步报文实现与主时钟的时间同步。而网络的通信传输存在延迟，因此需要测量并校正因传输延迟对偏差值造成的影响。同步过程分为两步，分别用于测量主时钟之间的时差和传输延迟，并根据测量结果对从时钟进行校正。图 7-17 表示时间同步过程中时钟偏移量的测量和传输延迟的测量过程。

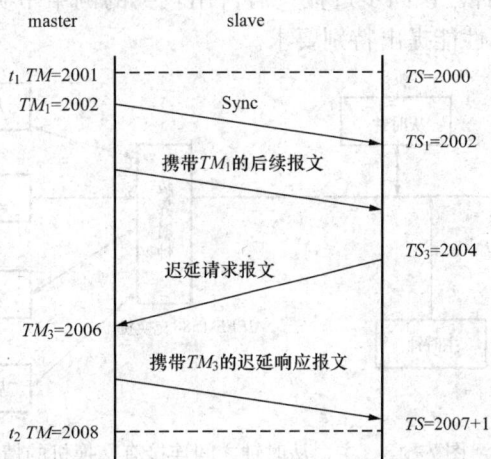

图 7-17 时钟偏移量的测量和传输延迟的测量过程

从时钟通过与主时钟交换同步报文实现与主时钟的时间同步，第一步是测量主时钟和从时钟之间的差，即测量时钟偏移值。主时钟以固定的时间间隔周期性地（例如每 2 秒 1 次）发出一个包含了一个时间戳的同步报文到相应的从时钟节点，在发送同步报文的同时，主时钟还测量出准确的发送时间（TM_1），并把发送时间 TM_1 通过后续报文发送给从时钟节点。从时钟在接收到同步报文时测量出准确的接收时间（TS_1），从时钟记下接收到的同步报文和相应的后续报文的时间，由从时钟计算出它相对于主时钟的偏差，其偏差值为 TS_1-TM_1。如果不考虑在传输路径上产生的延迟，从时钟按该偏差调整自己的时钟值，主从两个时钟就可以同步了。但这样得到的偏差值 TS_1-TM_1 中，除包含有主从时钟之间的偏移量之外，还包含有同步报文从主时钟传送到从时钟所用的时间。

为了进一步消除主从时钟之间因报文传输延迟对偏差值造成的影响，时钟同步过程的第二步是测量传输延迟。为了实现这个目的，从时钟向主时钟发送一个称为"延迟请求"的报文，并测出该报文的准确发送时间 TS_3。主时钟在收到该报文时，测得接收时间 TM_3 并将该时间封装在"延迟响应"报文中返回给从时钟。

由从时钟根据发送时间 TS_3 和主时钟返回的接收时间 TM_3 计算出主时钟和从时钟之间的传输延迟。这里假定主时钟和从时钟之间的传输延迟是对称的，即发送的和接收的传输延迟相同。为了避免增加网络负荷，对网络传输延迟的测量是非周期性的，而且选取的时间间隔一般会比较大（例如可以设置为 4～60s），以避免网络过载。

从图 7-17 对从时钟偏移量与传输延迟的测量过程分析可以得到

$$TS_1 - TM_1 = t_{\text{Delay}} + t_{\text{Offset}}$$

$$TM_3 - TS_3 = t_{\text{Delay}} - t_{\text{Offset}}$$

因而，根据上述两步得到的测量值，可以计算出从时钟与主时钟之间的偏差值为

$$t_{\text{Offset}} = \frac{1}{2}(TS_1 - TM_1 - TM_3 + TS_3)$$

根据该偏差值调整从时钟，使主、从时钟同步。在图 7-17 的示例中，t_1 时刻主从时钟之间存在偏差，通过对时钟偏移量与传输延迟的测量，得到该从时钟与主时钟之间的偏差 t_{Offset} 为 1，t_2 时刻便可将从时钟的值调整到与主时钟一致。

通过上述同步过程，可以消除在各分布式时钟之间存在的时间差，使从时钟准确同步于主时钟。该同步过程只需占用较少的网络带宽，也只占用较小的节点资源，无需对内存和 CPU 性能提出特别要求。

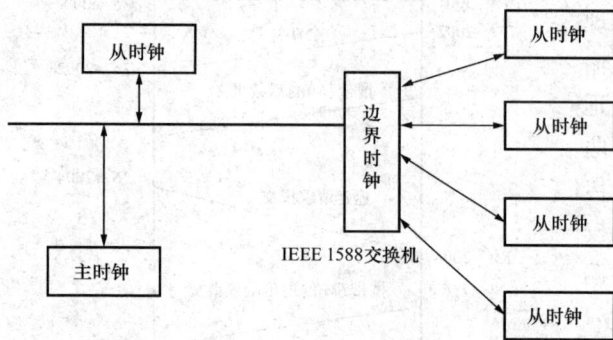

图 7-18　主、从时钟之间连接有交换机的情况

图 7-18 表示在主、从时钟之间连接有交换机的应用场合。这是在以太网连接中常见的拓扑结构。IEEE 1588 将整个网络内的时钟分为普通时钟和边界时钟两种。只有一个通信端口的时钟是普通时钟，有一个以上通信端口的时钟是边界时钟。在连接有交换机的 PTP 系统中，交换机就成为边界时钟。交换机的出现使主、从时钟之间的传递同步报文出现了一点对多点的方式。

对于存在有交换机等网络连接设备的场合，由于交换机采用基于队列和存储/转发的工作机制，队列中一个长数据包可能给后续报文带来 $120\mu s$ 的延迟。在排队现象严重时会导致更大的延迟，使时钟同步报文的传输延迟补充出现了新的问题。在不同网络负荷下，时间同步报文在网络连接设备处因排队与转发而产生不同的传输延迟，导致时间同步过程中同步报文等的传输延迟不稳定，从而造成时间抖动，影响时钟的同步精度。特别是在主、从时钟之间有多个交换机连接的应用场合，对时钟同步精度的影响会更大。

解决该问题的关键是要找到补偿网桥中时间延迟的方法。如果网桥在端口收到一个同步报文时，记下接收时间，并取得向下游端口传递该报文的时间，就可以得到在网桥处因延迟产生的时钟校正值。将本网桥内的时间延迟和本段传输时延的信息加入到将要转发的报文中，这样在目的节点的从时钟就可以得到报文的精确延迟，以便从时钟对自己的时钟进行偏差调整，同步于主时钟。

第五节　变电站通信网络系统

一、变电站基本结构

从物理上看，变电站仍是一次设备和二次设备（包括保护、测控、监控和通信设备等）两个层面。由于一次设备的智能化以及二次设备的网络化，变电站一次设备和二次设备之间

的结合更加紧密。从逻辑上看，变电站各层次内部及层次之间采用高速网络通信，三个层次关系如图 7 - 19 所示。

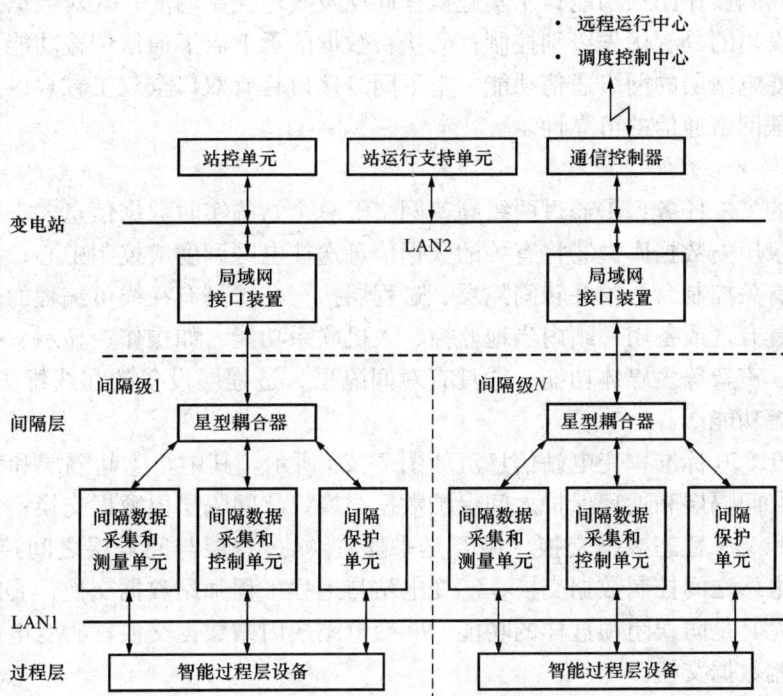

图 7 - 19　变电站的架构体系

1. 过程层

过程层是一次设备和二次设备的结合面，或者说过程层是指智能化电气设备的智能化部分。过程层的主要功能分三类：①实时运行电气量检测；②运行设备状态检测；③操作控制命令执行。

（1）实时运行电气量检测。厂站电气检测主要是电流、电压、相位以及谐波分量的检测，其他电气量如有功、无功、电能量可通过间隔层的设备运算得到。电子式互感器具有动态性能好，抗干扰性能强，绝缘和抗饱和特性更好等一系列优点，正在逐步取代传统电磁式互感器，实现对厂站电气量的测量。

（2）运行设备状态检测。变电站需要进行状态参数检测的设备主要有断路器、隔离开关、母线、电容器、电抗器以及直流电源系统等。在线检测的内容主要有温度、压力、密度、绝缘、机械特性以及工作状态等数据。

（3）操作控制命令执行。操作控制命令的执行包括变压器分接头调节控制，电容、电抗器投切控制，断路器、隔离开关合分控制，以及直流电源充放电控制等。过程层的控制命令执行大部分是被动的，即按上层控制指令而动作，如接到间隔层保护装置的跳闸指令、电压控制的投切命令、断路器的遥控分合命令等，并具有一定的智能性，能判别命令的真伪及合理性，如实现动作精度的控制，使断路器定相合闸，选相分闸，在选定的相角下实现断路器的分合等。

2. 间隔层

间隔层的主要功能：①汇总本间隔过程实时数据信息；②实施对一次设备的保护控制功能；③实施本间隔操作闭锁功能；④实施操作同期及其他控制功能；⑤对数据采集、统计运算及控制命令发出的具有优先级别控制；⑥执行数据的承上启下通信传输功能，同时高速完成与过程层及变电站层的网络通信功能，上下网络接口具有双口全双工方式以及高信息通道的冗余度，保证网络通信的可靠性。

3. 变电站层

变电站层的主要任务：①通过两级高速网络汇总全站的实时数据信息，不断刷新实时数据库，按时登录历史数据库；②将有关的数据信息送往电网调度或控制中心；③接收电网调度或控制中心有关控制命令，并转间隔层、过程层执行；④具有在线可编程的全站操作闭锁控制功能；⑤具有（或备用）站内当地监控、人机联系功能，如操作、显示、打印、报警等功能以及图像、声音等多媒体功能；⑥具有对间隔层、过程层设备的在线维护、在线组态、在线修改参数等功能。

按照 IEC 61850 标准，变电站信息流如图 7-20 所示，其中，①间隔层和变电站之间保护数据交换；②间隔层和远程保护之间保护数据交换；③间隔层内数据交换；④过程层与间隔层之间 TV 和 TA 暂态数据交换（主要是采样）；⑤过程层与间隔层之间控制数据交换；⑥间隔层和变电站之间控制数据交换；⑦变电站与远程工程师站数据交换；⑧间隔层之间直接数据交换，尤其是防误闭锁这样的功能；⑨变电站层内站数据交换；⑩变电站与远程控制中心之间的控制数据交换。

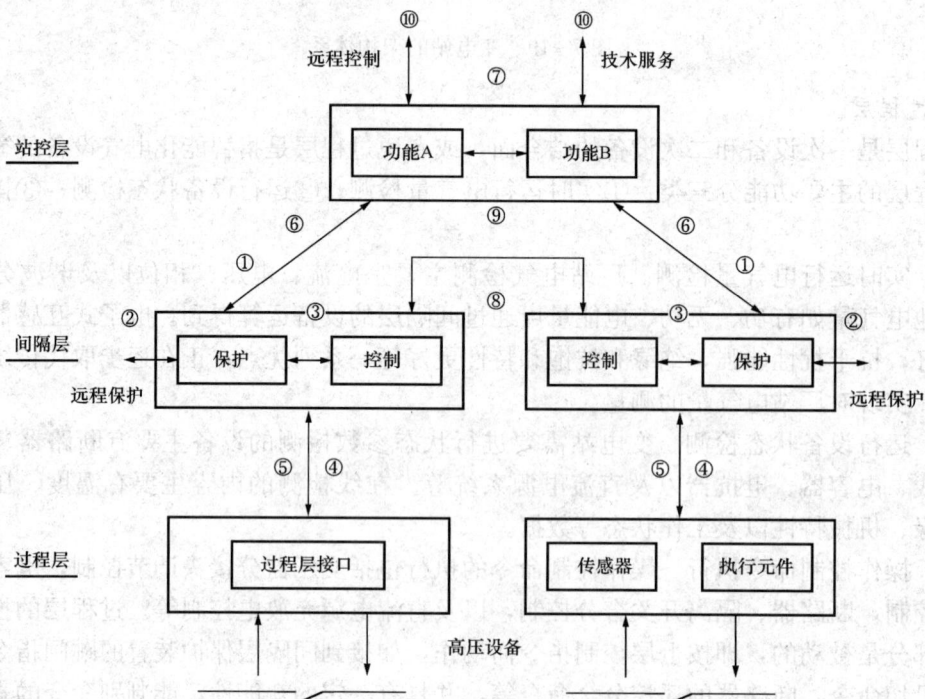

图 7-20　IEC 61850 标准的信息流

上述信息接口又可简单归结为如下五类：①过程层与间隔层之间的信息交换，过程层的各种智能传感器和执行器与间隔层的装置交换信息；②间隔层内部的信息交换；③间隔层之间的通信；④间隔层与变电站层的通信；⑤变电站层的内部通信，在变电站层不同设备之间存在的信息流。

按照图 7-20，厂站功能在逻辑上被分配到过程层、间隔层和站控层，在这三层中有 10类逻辑接口，并分别接入两类总线：过程总线（process bus）以及变电站总线（station bus，又称站总线）。表 7-1 概括了它们之间的关系，不包括与变电站以外的数据交换，如与远程保护和控制中心的数据交换。

表 7-1　　　　　　　　　　　　功能层、逻辑接口与网络总线

逻辑接口	说明	功能层及逻辑接口			总线
		过程层	间隔层	变电站层	
IF4	过程层和间隔层之间 TV 和 TA 暂态数据交换	•	•		过程总线
IF5	过程层和间隔层之间控制数据交换	•	•		
IF3	间隔层内数据交换		•		
IF8	间隔之间直接数据交换			•	变电站总线
IF1	间隔层和变电站层之间保护数据交换			•	
IF6	间隔层和变电站层之间控制数据交换			•	
IF9	变电站层内数据交换		•		变电站总线
IF7	变电站层与远程工程师办公室数据交换		•		

随着光纤数字通信技术的发展和网络通信技术的发展，以及网络通信技术在变电站自动化系统中的应用，厂站通信模式已发生了根本性的变化，以下简要介绍厂站自动化系统的两种组网方案。

二、过程总线的组网方案

变电站内的二次设备，如测量控制装置、保护装置、防误闭锁装置、故障录波装置、电压无功控制、同期操作装置以及正在发展的在线状态检测装置设备等全部基于标准化、模块化的微处理机技术，设备之间的连接全部采用高速的网络通信，而不再出现常规功能装置重复的 I/O 现场接口，通过网络真正实现数据共享、资源共享、常规的功能装置在这里变成了逻辑的功能模块。

过程总线根据数据流要求、可靠性要求以及现场情况可以采用 4 种不同的组网方式，为了便于说明问题，将可能出现的典型过程总线放在一个变电站示意图如图 7-21 所示，这并不意味着一个变电站当中可以同时实现 4 种方案。这 4 种基本方案体现了不同的组网原则。

1. 面向间隔原则

方案①中每个间隔有自身的总线段，同时装设一个独立的全站总线，以连接各个间隔的总线段。面向间隔组网方案的优点是结构清晰，易于维护；缺点是需要较多的交换机和路由

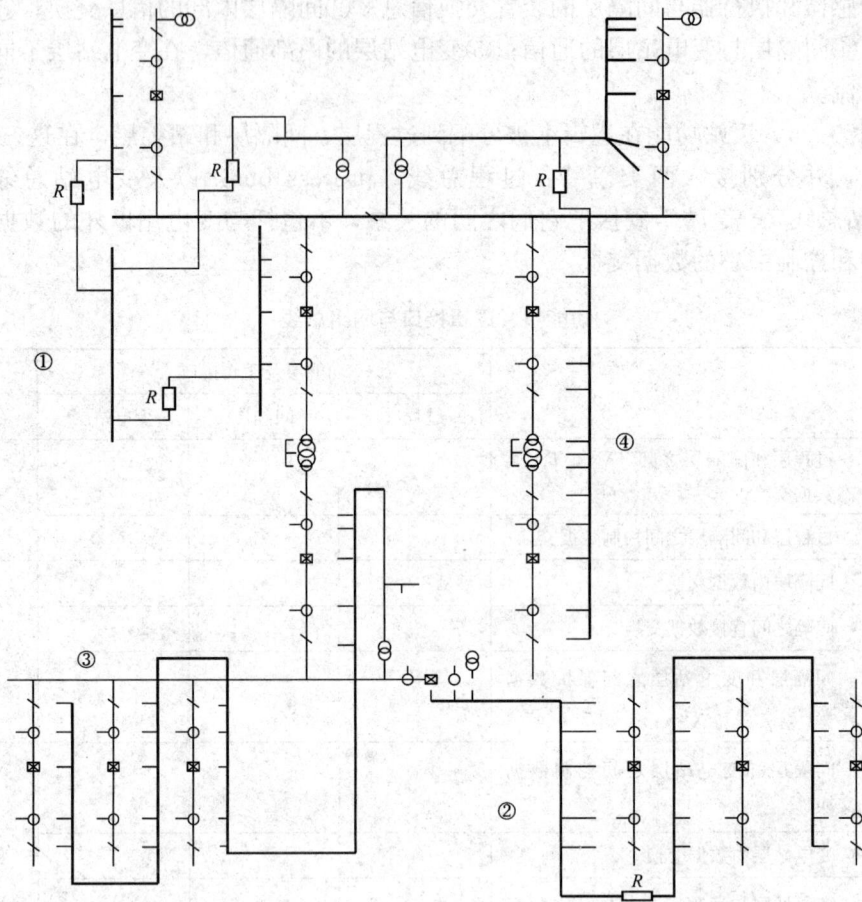

图 7 - 21　可选的过程总线结构

设备，造价较高。该方案主要适应于 220kV 及以上系统以及重要间隔。另外，互操作性甚至互换性既可在 IED 层面获得，也可在间隔层面获得。在 IEC 61850 实施初期，由于缺乏足够的互操作性实践和经验，间隔层面的互操作性更容易得到保证，这样也就自然导致了面向间隔的组网方案。

2. 面向位置原则

方案②中每个间隔总线段覆盖了多少间隔，当 IED 的安装位置处于多个传感器安装位置的中心时，从高压端下来的管线传输距离最短。另外，220kV 双母线接线多采用母线 TV，采用这种方案，多个间隔可以共用母线电压互感器，从而节省电压互感器安装数量。

3. 单一总线原则

方案③说明了一种全站单一的通信总线，所有设备都与该总线连接。这种方案的优点是节省了交换机，造价低；缺点是系统可靠性差，需要较高的总线速率。主要适用于网络负载较轻、实时性要求不高的中、低压系统。

4. 面向功能原则

方案④中总线段是按照保护区域来设置的，其突出优点是总线段之间数据交换量小。

三、变电站总线的组网方案

变电站总线有两种可选方案，分别为独立总线和合并总线。

1. 独立的变电站总线

在图 7-22（a）中，位于间隔层的 IED 需要两套以太网接口，分别接入过程总线和变电站总线。

2. 合并的变电站总线和过程总线

在数字化变电站中，采用公共的以太网技术，变电站总线和过程层总线完全可以合并，如图 7-22（b）所示。这样，IED 只需一套以太网接口，既简化了结构，又降低了设备和维护费用。

采用合并变电站总线和过程总线带来的问题是，实时数据和非实时数据、控制性数据和非控制性数据共享同一网络，易导致网络资源争用以及安全性问题，应利用交换式以太网的优先级排队特性以及虚拟局域网技术加以解决。

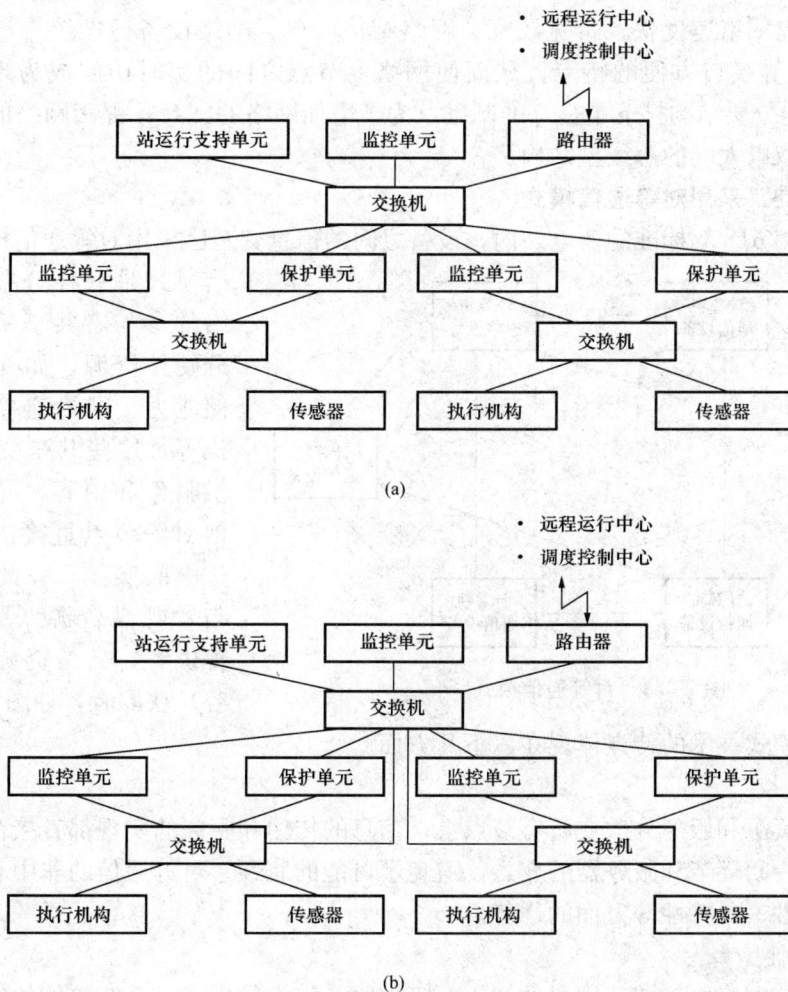

图 7-22　变电站总线方案

（a）独立变电站总线；（b）合并总线

通信网络是数字化变电站自动化系统的命脉，其可靠性与信息传输的快速性决定了系统的可用性。用现场总线来做通信网，从工程实践看是比较成功的，但随着变电站自动化系统由低压变电站向高压、超高压大型变电站的发展，现场总线的实时性、开放性方面的局限性就逐渐暴露出来。常规变电站自动化系统中保护装置的信息采集与保护算法的运行一般是在同一个 CPU 控制下进行的，是同步采样。A/D 转换、运算、输出控制命令整个流程快速、简捷。而数字化变电站自动化系统中信息的采集、保护算法与控制命令的形成是由网络上多个 CPU 协同完成的。通常的现场总线技术显然已经不能满足数字化变电站自动化高速通信的技术要求。

目前以太网异军突起，已经进入工业自动化过程控制领域。以太网是一种流行的分组交换局域网，嵌入式以太网与传统以太网在物理上都遵循 IEEE 802.3 国际标准。固化 OSI 七层协议，速率达到 100Mb/s 的以太网控制与接口芯片已大量出现。特别是随着计算机软、硬件技术的发展，工业控制领域出现了嵌入式以太网技术，使得变电站自动化系统内部通信有了新的选择，可以在单片机系统上实现以太网技术。例如，可以利用嵌入式技术将以太网接口做在保护装置中，这样各保护装置就可以用以太网连成一个自动化系统。

以太网具有网络速度快、带宽较宽、网络结构简单、网络设备标准统一，与后台监控 PC 机，工作组等接口方便的特点，从而使网络上节点之间的实时访问成为现实，为 IEC 61850 标准下的分层结构打下了良好的基础。为了增加网络的冗余，提高网络的可靠性，目前广泛采用了双以太网的总线型结构。

四、信息交互采用对等通信模式

在采用 IEC 61850 标准的变电站内，设备之间的信息交互已采用对等通信模式。对等通信模式是一种分布式网络，网络的参与者共享所拥有的一部分硬件资源，如处理能力、存储能力、网络连接能力、打印机等，这些共享资源由网络提供服务和内容，同时，能被其他对等节点直接访问而无需经过中间实体。在此网络中的参与者既是资源（服务和内容）提供者，又是资源（服务和内容）获取者，如图 7-23 所示。

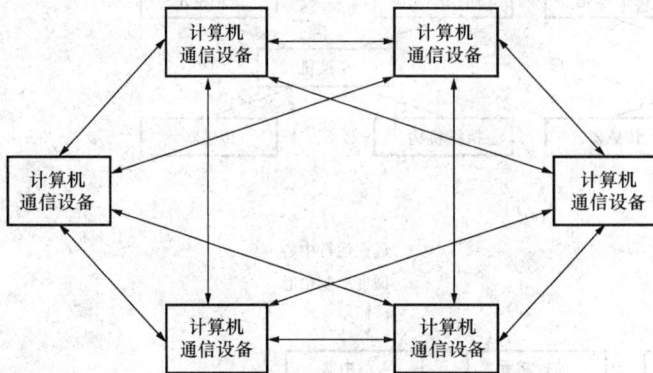

图 7-23　对等通信模式

对等通信模式技术的特点体现在以下几方面。

1. 非中心化

网络中的资源和服务分散在所有节点上，信息的传输和服务的实现都直接在节点之间进行，可以无需中间环节和服务器的介入，避免了可能的瓶颈。对等通信的非中心化基本特点带来了可扩展性、鲁棒性等方面的优势。

2. 可扩展性

在对等通信网络中，随着用户的加入，不仅服务需求增加了，系统整体的资源和服务能力也在同步地扩充，能较容易地满足用户的需求。整个体系是全分布的，不存在瓶颈，理论上其可扩展性几乎可以认为是无限的。

3. 鲁棒性

对等通信架构天生具有耐攻击、高容错的优点。由于服务是分散在各个节点之间，部分节点或网络遭到破坏对其他部分的影响很小。P2P 网络一般在部分节点失效时能够自动调整整体拓扑，保持其他节点的连通性。对等通信网络通常都是以自组织的方式建立起来的，并允许节点自由加入和离开。对等通信网络还能够根据网络带宽、节点数、负载等变化不断地做自适应式的调整。

4. 负载平衡

对等通信网络环境下由于每个节点既是服务器又是客户机，减少了对传统 C/S 结构服务器计算能力、存储能力的要求，同时，因为资源分布在多个节点，更好地实现了整个网络的负载均衡。

这种通信模式带来的最大变化在于，克服了以往的 IED 往往需要大量辅助接点来完成信息的传递，如跳闸信号、告警信号、事件记录信号，设备之间的连线十分复杂，IED 设计环节繁杂，往往由于辅助接点不够，需要额外增加单独的辅助继电器以完成变电站二次系统的控制、跳闸、事件记录等功能。大量辅助继电器的存在，实际上构成了整个变电站二次系统安全运行的"瓶颈"，因外力破坏、电缆质量、小动物、超容量等原因引起的二次系统故障时有发生，并会引起燃烧、断路器跳闸、设备损坏等后果。

厂站之间的信息交互采用对等通信模式后，常规变电站中 IED 以 Polling 方式实现的信息传送，可以转变为根据信息应用的时效性要求，实现事故处理重要信息的有序上传和事故分析信息的事后调用。

同时，智能断路器技术的应用，或智能控制装置所实现的断路器控制功能就地化，使得常规变电站内大量的控制电缆所实现的操作控制命令被光缆替代，消除了二次系统与开关站电气之间的联系。

对等通信模式带来的最大好处就是极大地提高了 IED 信息传递的效率和有效性，所有 IED 需要与外部智能装置交互的信息，或者需要告知其他 IED、系统的信息可以在以太网上用 GOOSE 机制实现信息的有效发布。这种应用模式改变了以往由大量二次电缆构成的变电站控制、跳闸、告警、事件记录等信息传递、交互模式，变电站内部全部实现光纤通信方式，一方面可以实现整个二次系统的有效监视，另一方面节省了大量的二次电缆，简化了系统的设计和工程实施。

五、信息同步采用网络同步体制

厂站自动化系统对时系统基本采用直接对时和网络对时相结合，一般在厂站内有一个或多个 GPS 接收器实现对于隔离层各种 IED 的对时，采用分脉冲方式或 IRIG-B 方式。由于间隔层设备众多，早期应用中变电站存在多个 GPS 接收器同时运行，分别对不同的设备进行对时，如保护、故障录波器、测控、PMU 等。随着技术的发展，逐步出现了集中式 GPS 应用模式，在变电站小室中安装一套 GPS 装置，通过 GPS 接收器扩展箱实现对小室内的各种 IED 对时。

站控层一般有 1~2 台服务器采用串口时间报文的方式从 GPS 接收器获取时间信息，并通过网络方式向其余站控层接点进行对时，时间对时结构如图 7-24 所示。

厂站内的信息传送采取网络通信方式，因此，变电站内采用以往的 GPS 接收器直接对时方式是不合适的，网络对时具有经济、简单、高效、规范的特点，IEC 61850 标准对于网

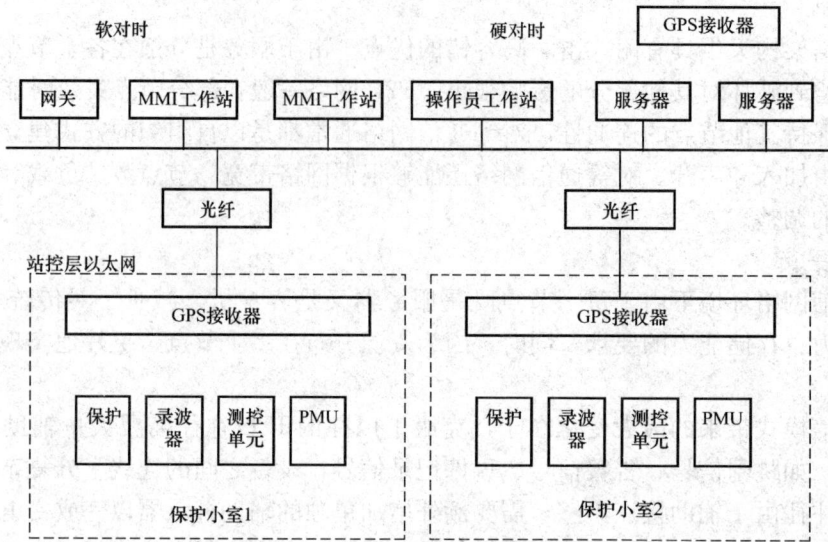

图 7-24　变电站内时间同步结构图

络对时提出了明确的要求和模型。IEC 61850-5《变电站通信网络和系统　第5部分：功能通信要求和装置模型》的附录 G 明确："具有精确外部时间源的逻辑节点作为主时钟，通过主时钟对各分布节点设置绝对时间，各分布节点通过主时钟实现时间同步，时钟同步通过协议层完成"。图 7-25 是 IEC 61850 标准中 7-2 的时间模型和同步原理图，其中国际标准时 UTC 从外部高精度时间源获取，时间服务器作为站内 IED 的时钟同步源，采取时间同步协议与站内 IED 实现时间同步，所采取的时间同步协议取决于所选择的 SCSM。

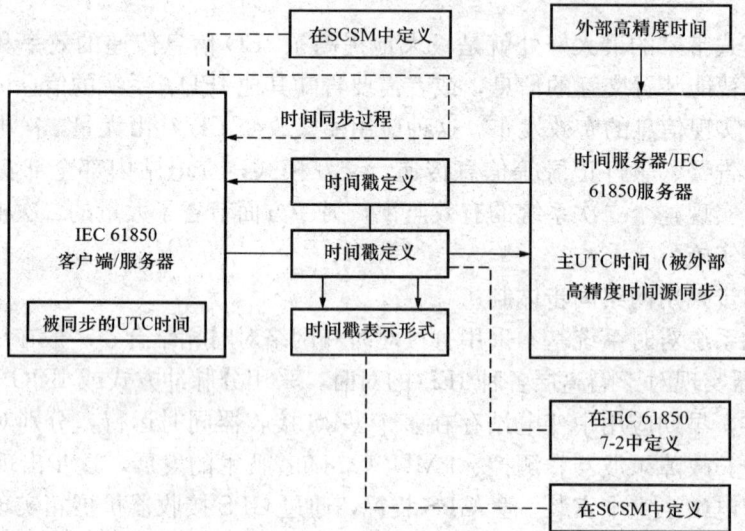

图 7-25　典型变电站内对时图

　　厂站采取网络对时模式是一种必然的选择，根据厂站信息流的特点，在间隔层拟采用 SNTP 时间同步机制，在过程层拟采用 IEEE 1588 信息同步机制。

第八章 厂站与主站之间的信息传输

第一节 电力系统远动通信概述

电力系统是实时运行的大系统，存在着众多的系统运行业务通信。电力系统实时通信、电力系统的安全稳定控制、电网调度自动化被人们合称为电力系统安全稳定运行的三大支柱。电力系统实时通信是电网调度自动化、网络运营市场化和管理现代化的基础，是确保电网安全、稳定、经济运行的重要手段和重要基础设施。在此，电力系统实时通信主要指主站与厂站之间的远动通信。

一、远动通信的特点

1. 距离遥远

随着区域之间电网的互联，电网规模不断扩大，一个调度中心与它所控制的厂站之间的距离一般在几十千米、几百千米，甚至上千千米。这种远距离的实时通信需要高质量的数据传输网的支持，经过多年的建设，我国已建成了电力系统五级数据通信网，厂站监控系统的实时信息可以直接通过数据通信网接口向调度中心传送，厂站监控系统也可通过该网络接口接收主站命令。

2. 实时性强

通信的实时性要求一般用允许传送时间来表示，它指从发送端事件发生到接收端正确接收到该事件信息这一段时间。国际电工委员会（IEC）建议的最大允许时延是：①命令信息为 0.1～2s；②状态变化、事件信息为 1～5s；③正常遥测遥信为 2～10s；④存储数据为 1～5min。在我国地区电网数据采集与监视系统中，最大允许时延指标要求是：变位信息、厂站端工作状态变化信息必须在 1s 内送到调度中心主站；厂站端遥测信息按重要程度分别在 3～20s 内在调度中心实现更新；电能等存储信息允许几分钟或几十分钟传送一次。

随着电网规模的扩大，系统运行的安全可靠性不断提高，运行控制对实时性要求也不断提高。另一方面，计算机技术、电子技术、通信技术的迅速发展对不断提高的通信实时性指标提供了技术支持。此外，系统运行信息的重要程度不同，对实时性的要求也不同。因此，应根据不同应用场合，正确把握实时性强弱的指标要求。

3. 可靠性高

远动信息是电网监视与控制的依据，其传输的可靠性毋庸置疑。为了确保传输信息的可靠性，在电力系统远动通信中，通常需要建立双通道，当一个信道故障时，可自动切换到另一个备用通道，并采用不同的通信介质构成双通道。为了确保接收信息的可靠性，对传输的远动信息采用编码技术进行编码，接收端可对接收信息进行检错或纠错。在远动通信中，通常采用检错编码供接收端检出错误，并要求发送方重新传输该信息或等待该点信息的下次传送。为了防止黑客攻击或信息被病毒感染，对电力二次系统提出了"安全分区、网络专用、横向隔离、纵向认证"的安全防护策略，设置了严格的安全防护体系，确保了实时运行信息的安全可靠。

二、远动数据通信信道

电力系统远动通信的特点决定了它不能依赖于公网通信，根据 IEC 的建议，世界上大多数国家的电力公司都建立了电力系统专用通信网，特殊情况下，可借用公网作为补充。

1. 明线或电缆信道

这是采用架空或铺设线路实现的一种通信方式，其特点是线路铺设简单，线路衰耗大，易受干扰，主要用于近距离的变电站之间或变电站与调度中心的远动通信。常用的电缆有多芯电缆、同轴电缆等类型。

2. 电力线载波信道

电力线载波通信是电力系统传统的特有通信方式，它以输电线路为传输通道，具有通道可靠性高、投资少、见效快、与电网建设同步等得天独厚的优点，曾经是电力通信的主要方式。

电力线载波通信将语音及其他信息通过载波机变换成高频弱电流，使用不同的频段，利用电力线路进行传送的一种传送方式。一个电话话路的频率范围为 $0.3\sim3.4\text{kHz}$，为了使电话与远动数据复用，通常将 $0.3\sim2.5\text{kHz}$ 划归电话使用，$2.7\sim3.4\text{kHz}$ 划归远动数据使用。远动数据采用数字脉冲信号，故在送入载波机之前应将数字脉冲信号调制成 $2.7\sim3.4\text{kHz}$ 的信号，载波机将语音信号与该已调制的 $2.7\sim3.4\text{kHz}$ 信号迭加成一个音频信号，再经调制、放大、结合到高压输电线路上。在接收端，载波信号先经载波机解调出音频信号，并分离出远动数据信号，经解调得远动数据的脉冲信号。

电力线载波通信技术经多年的发展，已达到了使用频率标准化、载波设备系列化、功能组合模块化、器件集成化和监测微机化的水平。目前，数字化电力线载波技术也在一定范围内得到使用。

3. 光纤通信信道

光纤通信是光导纤维通信的简称，它是利用光导纤维传输信号，以实现信息传递的一种通信方式。光纤包括内芯和包层，单根光纤内芯是由高折射率的掺杂二氧化硅纤芯组成，一般为几十微米或几微米，包层由较低折射率的二氧化硅制成，其作用就是保护光纤。实际的光纤通信系统使用的不是单根的光纤，而是许多光纤聚集在一起组成的光缆。

光纤通信具有容量大、中继距离长、抗干扰能力强、传输性能稳定、误码率低等诸多优点，这些优点使其在电力系统通信中的应用越来越广泛。现在光纤敷设已有地线复合光缆、地线缠绕光缆和无金属自承式光缆等几种。

（1）地线复合光缆（OPGW），即架空地线内含光纤。这种光缆使用可靠，不需维护，但一次性投资价格较高，适用于新建线路或旧线路更换地线时使用。

（2）地线缠绕光缆（GWWOP），它是用专用机械把光缆缠绕在架空地线上。这种光纤芯数少，容易折断（枪击、啄木鸟害等），较为经济、简易，也具有较高的可靠性。

（3）无金属自承式光缆（ADSS），这种光缆可以提供数量大的光纤芯数，安装费用比OPGW 低，一般不需停电施工，还能避免雷击。因为它与电力线路无关，光缆质量轻，价格适中，安装和维护都比较方便，但容易产生电腐蚀。

此外，其他光缆还有如相线复合光缆（OPPC）、金属铠装自承式光缆（MASS）等。电力特殊光缆受外力破坏的可能性小，可靠性高。经过多年的发展，电力特殊光缆制造及工程设计已经成熟，特别是 OPGW 和 ADSS 技术，在国内电力系统已经开始大规模的应用。特种光纤依托于电力系统自己的线路资源,避免了在频率资源、路由协调、电磁兼容等方面与外界的矛盾,有很大的主动权和灵活性。

4. 微波中继信道

微波中继信道简称微波信道。微波是指频率为 $300\text{MHz} \sim 300\text{GHz}$ 的无线电波,它具有直线传播的特性,其绕射能力弱。由于地球是一个球体,所以微波的直线传输距离受到限制,需经过中继方式完成远距离的传输。在平原地区,一个 50m 高的微波天线通信距离为 50km 左右,因此,远距离微波通信需要多个中继站的中继才能完成。

微波信道的优点是容量大,可同时传送几百乃至几千路信号,其发射功率小,性能稳定。微波信道有模拟微波信道和数字微波信道之分。用微波传送远动信息时,对于模拟微波信道,需要经过调制、载波后上信道,接收端也需经过载波和解调才能完成。对于数字微波信号,远动数据信号需经复接设备才能上或下微波信道。

适合于较小区域内的一点多址微波通信曾在县级电力系统通信中得到应用。由于县级电力通信范围在几十公里之内,一般使用一个中心站而不必中继,只有当通信距离在 $30 \sim 50\text{km}$ 以上时才设置中继站。

在无线信道中,还有特高频无线电波通信、卫星通信、散射通信、短波通信、扩频通信等,都有其适用场合。

第二节 差错控制与编译码

电力系统是一个实时运行的复杂系统,远动信息的实时性、准确性、可靠性是信息传输的基本要求,影响信息传输实时性的主要因素是信息的传输速率,而信息传输速率依赖于信息特性以及信号调制方式等因素。影响信息传输准确性、可靠性的主要因素包括:一是信道特性引起信息的码间干扰;二是信道上的噪声和干扰。因此,提高信息传输质量指标的设计考虑包括:选择质量较好的信息传输通道,提高传输速率,改善信道的特性,降低码间干扰。然而,信息在信道上传输始终存在多种干扰而引起差错,为了确保接收端获得准确的信息,就必须采用差错控制技术。

所谓差错控制技术就是采用可靠、有效的编码,以发现或纠正信号在传输过程中由于噪声等干扰而造成的错码的一种方法。差错控制技术也称抗干扰编码技术。

一、差错控制方式

差错控制可分为检错和纠错两大类。检错即查出信息传输过程中的错码,但不能确定错码的位置。纠错则是在检错的基础上,判断错码所在位置并加以纠正。结合信息传输发送端和接收端双方的工作,常用的差错控制有如下几种方式。

1. 自动要求重传 ARQ

ARQ 方式的通信过程如图 8-1 (a) 所示。发送端发出能够检错的信息码,接收端收到该码后,按编码规则检错,确定接收到的编码中有无错码,并将判断结果通过反馈信道传送给发送端。如果判断结果为有错码,则发送端重传该信息码,直到接收端判断无错码为止。如果判断结果为无错码,发送端向接收端发送新的信息码。

ARQ 方式按编码规则完成检错,由重传完成纠错,故 ARQ 的准确性、可靠性很高,并可对重传次数加以控制,但实时性受到一定影响,效率不高。

2. 循环传送检错

循环传送检错方式如图 8-1（b）所示，其特点是同一信息源的信息被周期性地循环传送。这种方式不需要反馈信道。发送端把有关信息送入信道编码器进行抗干扰编码后发送出去。接收端收到编码后经检错译码器判断有无错码。如果没有错码，则该组数码可用。如果有错码，则该组数码丢弃不用。因为同一信息源的信息被周期性地循环传送，待下次循环中再收该信息，如果无错就可采用。循环传送检错方式比较简单，也容易实现。

3. 前向纠错 FEC

前向纠错方式如图 8-1（c）所示。发送端的信息经信道编码器进行纠错编码，形成可纠错的码字发送出去。在接收端，把收到的数码经信道译码器进行纠错译码。FEC 方式的优点是不需要反馈信道；但缺点是译码器一般较复杂。

4. 混合纠错 HEC

混合纠错方式是 FEC 与 ARQ 两种方式的综合，如图 8-1（d）所示。发送端发送的码字不仅能够检错，还具有一定的纠错能力。接收端收到数码后，首先进行纠错。如果错误太多，超过了纠错能力，但译码器能检测出有错码，于是通过反馈信道，要求发送端重新发送该组信息。HEC 要求有反馈信道，并要求发送的码组及接收端的信道译码器具有一定的纠错能力。

以上介绍的各种差错控制方式，其主要工作过程是：在发送端进行抗干扰编码，在接收端则进行检错或纠错。纠错码方案广泛应用于错误率高的无线链路中，纠错是让每个传输的分组带上足够多的冗余信息，以便在接收端能发现并自动纠正传输差错，如海明码、正反码。检错码方案广泛应用于错误率非常低的铜线或光纤链路中。在检错码方案中，"奇偶校验码"和"循环冗余编码"这两种方案应用最广。

图 8-1　差错控制方式示意图
(a) ARQ；(b) 循环传送；(c) FEC；(d) HEC

在电力系统循环式远动中，对于遥测遥信通常采用循环传送检错。在问答式远动中，遥测遥信也多采用检错译码方式，为了提高遥控可靠性，都采用返送检验方式。

二、码距与检纠错能力

1. 码距与最小码距

码距就是两个码字 C_1 与 C_2 之间不同的比特数。一个编码系统的码距就是整个编码系统中任意（所有）两个码字的最小距离，即最小码距 d_{min}。最小码距的重要性在于：如果两个码字的海明距离为 d_{min}，那么只有出现 d_{min} 个位出错时一个码字才会变成另一个码字。

2. 检错、纠错能力与最小码距的关系

在数字通信系统中，送入信道的信息都是"0"和"1"组合的数字信号，而当"0"和"1"形式的信息在信道中传输时将 0 错成 1 或将 1 错成 0 时，由于发生差错后的信息编码状态是发送端可能出现的状态，因此接收端无法发现差错。如果发送信息进入信道之前，在每

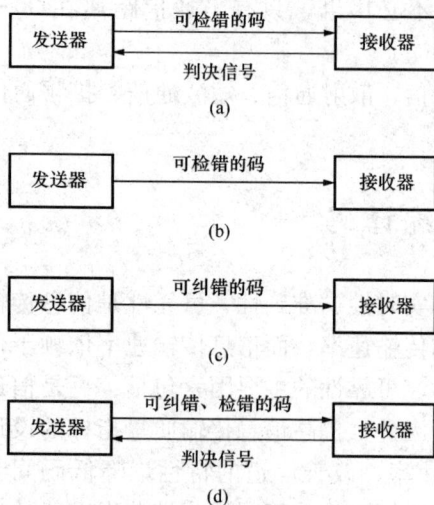

个编码之后附加冗余码，发送端使用的码集中码字之间最小码距d_{min}增大了。由于d_{min}反映了码集中每两个码字之间的差别程度，如果d_{min}越大从一个编码错成另一个编码的可能性越小，则检错、纠错能力也越强。因此最小码距是衡量差错控制编码检错、纠错能力的标志，它们之间的关系如下。

（1）当码字用于检测错误时，如果要检测e个错误，则码距

$$d_0 \geqslant e+1 \tag{8-1}$$

这个关系可以利用图 8-2（a）予以说明。在图 8-2（a）中用 A 和 B 分别表示两个码距为d_0的码字，若 A 发生e个错误，则 A 就变成以 A 为球心，e为半径的球面上的码字，为了能将这些码字分辨出来，它们必须距离其最近的码字 B 有一位的差别，即 A 和 B 之间最小距离满足不等式（8-1）。

（2）当码字用于纠正错误时，如果要纠正t个错误，则码距

$$d_0 \geqslant 2t+1 \tag{8-2}$$

这个关系可以利用图 8-2（b）予以说明。在图 8-2（b）中用 A 和 B 分别表示两个码距为d_0的码字，若 A 发生t个错误，则 A 就变成以 A 为球心，t为半径的球面上的码字；B 发生t个错误，则 B 就变成以 B 为球心，t为半径的球面上的码字。

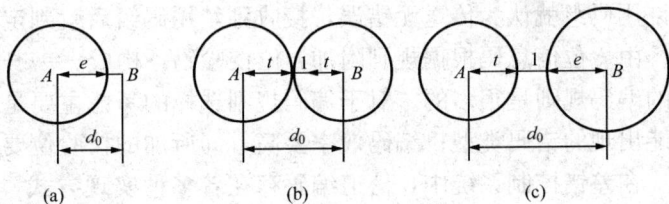

图 8-2　检（纠）错能力的几何解释

换句话说，对最小码距为d_{min}的编码系统，它能纠正码字中错误位数t和能检出的码字中错误位数 l 满足如下关系：

$$t \leqslant (d_{min}-1)/2$$

$$l \leqslant d_{min}-1$$

增大编码信息码距的一个明显缺点是降低数据传输效率。所以，选择最小距离要取决于特定系统的参数。数字系统的设计者必须考虑信息发生差错的概率和该系统能允许的最小差错率等因素。

三、差错控制编码

设有一个编码系统，用 3 个比特来表示 8 个不同的信息。在这个系统中，两个码字之间不同的比特数从 1～3 不等，但最小值为 1，所以这个系统的码距为 1。如果任何码字中一位或多位被颠倒了，结果这个码字就不能与其他有效信息区分开。例如，如果传送信息 001，而被误收为 011，因 011 仍是表中的合法码字，接收端仍将认为 011 是正确的信息。

差错控制编码是在一组信息码元的基础上，增加部分与信息码元具有某种相关性的校验码元，使原来本不相关的信息序列，转化为具有某种规律性的码元序列，差错控制的这种按某种规律编码，使接收端的检错、纠错功能得以实现。

设要传送k位信息，按一定的规则在k位信息后增加r位校验位，组成长度为$n=k+r$位的信息码。例如$k=3$，$r=1$校验位添加规则为使$k+r$位中"1"的码元数为偶数，即形成偶校验码，见表 8-1。

表 8 - 1　　　　　　　　　　　　偶　校　验　码

信息组	码字	信息组	码字
000	0000	100	1001
001	0011	101	1010
010	0101	110	1100
011	0110	111	1111

在传送偶校验码时，无论发生奇数个 1 变为 0 或 0 变为 1，接收端 1 的个数就不再是偶数，可检出存在错码。当发生偶数个 1 变为 0 或 0 变为 1，接收端无法检出错误。

长度为 n 的码元序列存在 2^n 种排列，选用其中 2^k 种排列允许在接收端出现，这 2^k 排列称为许用码组，简称码字，其他 $2^n - 2^k$ 种排列不允许出现，称为禁用码组。上述码长 $n=4$，有 $2^4 = 16$ 种不同排列，只有 $2^k = 2^3 = 8$ 种许用码组。采用这种编码方式后，接收端凡接收到许用码组就认为传送无错误，接收到禁用码组后就判定传送有误。

由 k 位信息码根据规则附加 r 位校验码，构成 $n=k+r$ 位的码字。其中，附加 r 位校验码的编码规则是很多的。对于编码规则选择的考虑主要是：码的性能要好，能检出或纠正最可能出现的错码类型；编码效率要高，即所加的校验位要少；实现编码译码的方法要简便。

在差错控制系统中，信道编码存在着多种实现方式，同时信道编码也有多种分类方法。本节只简要介绍信息码元和监督码元之间存在线性关系的线性分组码。

1. 海明码

(1) 海明码的概念。海明码是由 R. W. Hamming 提出的一种可以纠正差错的编码，通常用于纠正一位差错。它是利用在信息位为 k 位，增加 r 位冗余位，构成一个 $n=k+r$ 位的码字，然后用 r 个监督关系式产生的 r 个校正因子来区分无错和在码字中的 n 个不同位置的一位错。它必须满足以下关系式：

$$2^r \geqslant n+1 \text{ 或 } 2^r \geqslant k+r+1$$

海明码的编码效率为

$$R = k/(k+r) \tag{8-3}$$

式中　k——信息位位数；

　　　r——增加冗余位位数。

(2) 海明码的原理。

1) 冗余比特位的定位。在数据中间加入几个校验码，码距均匀拉大，将数据的每个二进制位分配在几个奇偶校验组里，当某一位出错时，会引起几个校验位的值发生变化。

设要传送一个字符的 ASCII 码 $D_7 D_6 D_5 D_4 D_3 D_2 D_1$，则传输过程可能出现的情况是第 D_1 位错，第 D_2 位错，第 D_3 位错，第 D_4 位错，第 D_5 位错，第 D_6 位错，第 D_7 位错和不出错 8 种情况，$2^r = 8$，故 $r=3$。此时

$$2^r \geqslant k+r+1 \quad (k=7)$$

不满足，因此，r 应取 4，即 $r = R_4 R_3 R_2 R_1$，此时，计 7 位 ASCII 码共有 11 位。将 $R_4 R_3 R_2 R_1$ 插在 11 位的 $2^3 2^2 2^1 2^0$ 位置上，得到各冗余比特位在 11 位海明码中的位置。

$$D_7 \quad D_6 \quad D_5 \quad R_4 \quad D_4 \quad D_3 \quad D_2 \quad R_3 \quad D_1 \quad R_2 \quad R_1$$

2）各冗余比特位值的计算。在海明码中，每个冗余比特位的值都是一组数据的奇偶校验位（如取偶校验）。其中：R_1 是 11 位海明码中，对位数最低位（二进制表示）为 1 的位置进行偶校验而得到的校验结果；R_2 是 11 位海明码中，对位数次低位（二进制表示）为 1 的位置进行偶校验而得到的校验结果；R_3 是 11 位海明码中，对倒数第 3 位（二进制表示）为 1 的位置进行偶校验而得到的校验结果；R_4 是 11 位海明码中，对倒数第 4 位（二进制表示）为 1 的位置进行偶校验而得到的校验结果。其余依次类推。

对于 11 位海明码，二进制表示的数据位是 0001、0010、0011、0100、0101、0110、0111、1000、1001、1010、1011。设传输的 ASCII 码是 1001101，$D_7 D_6 D_5 D_4 D_3 D_2 D_1 = 1001101$，则 R_1 是位 1、位 3、位 5、位 7、位 9、位 11 的偶校验，即 R_1、D_1、D_2、D_4、D_5、D_7 的偶校验，所以 $R_1 = 1$；R_2 是位 2、位 3、位 6、位 7、位 10、位 11 的偶校验，所以 $R_2 = 0$；R_3 是位 4、位 5、位 6、位 7 的偶校验，所以 $R_3 = 0$；R_4 是位 8、位 9、位 10、位 11 的偶校验，所以 $R_4 = 1$。见表 8-2。

表 8-2　　　　　　　　　　　　　　海明码校验位的确定

位 11	位 10	位 9	位 8	位 7	位 6	位 5	位 4	位 3	位 2	位 1
D_7	D_6	D_5	R_4	D_4	D_3	D_2	R_3	D_1	R_2	R_1
1	0	0	1	1	1	0	0	1	0	1

（3）海明码的错误检测与纠正。接收方按照发送方的编码原理，重新计算校验位 R_1、R_2、R_3、R_4，并与接收的对应位比较，或者计算对应的校验和，如一致（校验和为 0），则传输无差错；否则，$R_4 R_3 R_2 R_1$ 的值指出所在位传输差错，对该位取反即纠错。

例如：传输的 ASCII 码是 1001101，则其海明码是 10011100101。若第 7 位出错，即原来的 1 变为 0，则成为 10010100101。由此计算得 $R_4 R_3 R_2 R_1 = 0111$，它指出第 7 位传输出错。如果传输没出错，则 $R_4 R_3 R_2 R_1 = 0000$。采用海明码纠正多位差错，其编译码十分复杂。

2. 循环码

循环码是线性分组码的一个重要子集，是目前研究得最成熟的一类编码。它有许多特殊的代数性质，这些性质有助于按所要求的纠错能力系统地构造这类码，且易于实现。同时循环码的性能也较好，具有较强的检错和纠错能力。

（1）循环码的生成多项式。循环码由信息码元和监督码元组成，用 (n, k) 表示，其中 n 为循环码的长度，k 为信息码元的长度，监督码元的长度 $r = n-k$。

在代数理论中，为了便于计算，常用码多项式表示码字。(n, k) 循环码的码字，其码多项式（以降幂顺序排列）为 $C(x) = C_{n-1} x^{n-1} + C_{n-2} x^{n-2} + \cdots + C_1 x + C_0$，其中 $C_i = 0$ 或 1 代表循环码的码字，x 的幂次方代表码的位置。如果一种码的所有码多项式都是多项式 $g(x)$ 的倍式，则称 $g(x)$ 为该码的生成多项式。在 (n, k) 循环码中任意码多项式 $C(x)$ 都是最低次码多项式的倍式。

有 r 位校验位的多项式码将能检测所有小于等于 r 位的突发差错，故只要 $k-1 < r$，就能检测出所有突发差错。

生成多项式 $g(x)$ 的国际标准见表 8-3。

表 8-3　　　　　　　　　　　　　　多项式 $g(x)$ 的国际标准

CRC-12	$g(x) = x^{12}+x^{11}+x^3+x^2+x+1$	CRC ITU-T	$g(x) = x^{16}+x^{12}+x^5+1$
CRC-16	$g(x) = x^{16}+x^{15}+x^2+1$	CRC-32	$g(x) = x^{32}+x^{26}+x^{23}+\cdots+x^2+x+1$

CRC-16 和 CRC ITU-T 两种多项式生成的 CRC 码可以捕捉一位错、二位错、具有奇数个错的全部错误、可以捕捉突发错长度小于 16 的全部错误、长度为 17 的突发错的 99.998%、长度为 18 以上的突发错的 99.997%。

（2）循环码的编码方法。一般的 (n,k) 线性分组码，需要由 k 个独立码字才能生成全部 2^k 个码字，而循环码只要找到一个生成多项式，就可以生成全部 2^k 个码字。将生成多项式记为 $g(x)$，可以证明 $g(x)$ 的最低次数是 $n-k$ 次，这样的 $g(x)$ 是唯一的。

设 $g(x)$ 是 (n,k) 循环码的生成多项式，因 $g(x)$ 是个循环码字，使 $xg(x)$，$x^2g(x)$，$\cdots x^{n-1}g(x)$ 都是码字。又设有 k 位信息位组成的信息多项式为 $m(x)$，并表示为

$$m(x) = m_{k-1}x^{k-1}+m_{k-2}x^{k-2}+\cdots+m_1x+m_0 \tag{8-4}$$

其中，$m_i=0$ 或 1（$i=0,1,2,\cdots,k$），则 $c(x)=m(x)g(x)$ 仍为码字，即任一循环码的码多项式都是 $g(x)$ 的倍式。可见，不同的 $g(x)$ 将生成不同的 (n,k) 循环码。

可以证明，(n,k) 循环码的 $g(x)$ 是 x^n+1 的 $n-k$ 次因式。在 $(n,k)=(48,40)$ 循环码制中，选择 $g(x)=x^8+x^2+x+1$。

上述 $g(x)$ 生成的循环码，不能保证信息位一定在校验位之前。在远动信息编码中，经常采用系统码形式的循环码，其格式为码字的前 k 位是信息位，后 $n-k$ 位是校验位。系统码的编码步骤如下：

1）用 x^{n-k} 乘以信息多项式 $m(x)$，得 $x^{n-k}m(x)$；

2）将 $x^{n-k}m(x)$ 除以生成多项式 $g(x)$，得余式 $r(x)$。

$$x^{n-k}m(x) = Q(x)g(x)+r(x) \tag{8-5}$$

则

$$x^{n-k}m(x)+r(x) = Q(x)g(x)+r(x)+r(x) \tag{8-6}$$

从而 $C(x) = x^{n-k}m(x)+r(x)$

是 $g(x)$ 的倍式，它必然是一个码字。

为了增强同步控制能力，克服循环码易形成滑步的缺点，还可采用陪集码。陪集码将循环码生成的每个码字，在发送前加上一个次数小于 n 的固定多项式（非码字）$p(x)$，使新的码字成为

$$x^{n-k}m(x)+r(x)+p(x)$$

取 $p(x)=x^7+x^6+x^5+x^4+x^3+x^2+x+1$，则新码字的信息元部分没有改变，等于将校验码取反。

循环码既可采用硬件方法实现，也可采用软件方法实现。从灵活性、可靠性等方面综合考虑，更多采用软件实现。从上述系统码的编码原理可知，需要进行多字节除法运算。为了在单片机为核心的智能终端上实现，需要将多字节的除法运算变换为单字节的除法运算，以下即为具体的算法原理。设循环码 $(n,k)=(48,40)$，$g(x)=x^8+x^2+x+1$，其软件编码原理如图 8-3 所示。

其中，字节 $M_4 \sim M_0$ 是待编码的 5 个信息字节，最后空的一个字节是要生成的校验码

元。按循环码编码原理，即将 x^{n-k} $m(x)$ 被 $g(x)$ 相除得余式 $r(x)$。由于采用陪集码，且 $p(x)=x^7$ $+x^6+x^5+x^4+x^3+x^2+x+1$，即将 $r(x)$ 和 $p(x)$ 模 2 加后才是对应的校检码元，所以必须将 $r(x)$ 的系数取反后才是校验码元。多项式的除法可以用其系数数列的除法来进行，其具体的编码过程如下。

1）取出最高字节 M_4，在其后添加一个全零字节，再被生成数列 g 相除，得余数 r_4，其余数 r_4 对应的多项式的次数与 M_3 对应的多项式的次数相同，将 r_4 称为中间余式。

2）将 M_3 与 r_4 模 2 加，得中间被除式 $M_3{}'=M_3\oplus r_4$，在 $M_3{}'$ 后添全零字节后，再被生成数列 g 相除，得中间余式 r_3。

3）求 $M_2{}'=M_2\oplus r_3$，再求中间余式 r_2。

4）求 $M_1{}'=M_1\oplus r_2$，再求中间余式 r_1。

5）求 $M_0{}'=M_0\oplus r_1$，再求最后余式 r_0。

6）将 r_0 取反，得 $\bar{r}_0$。该 $\bar{r}_0$ 是一个字节长，即为陪集码的校验码元。

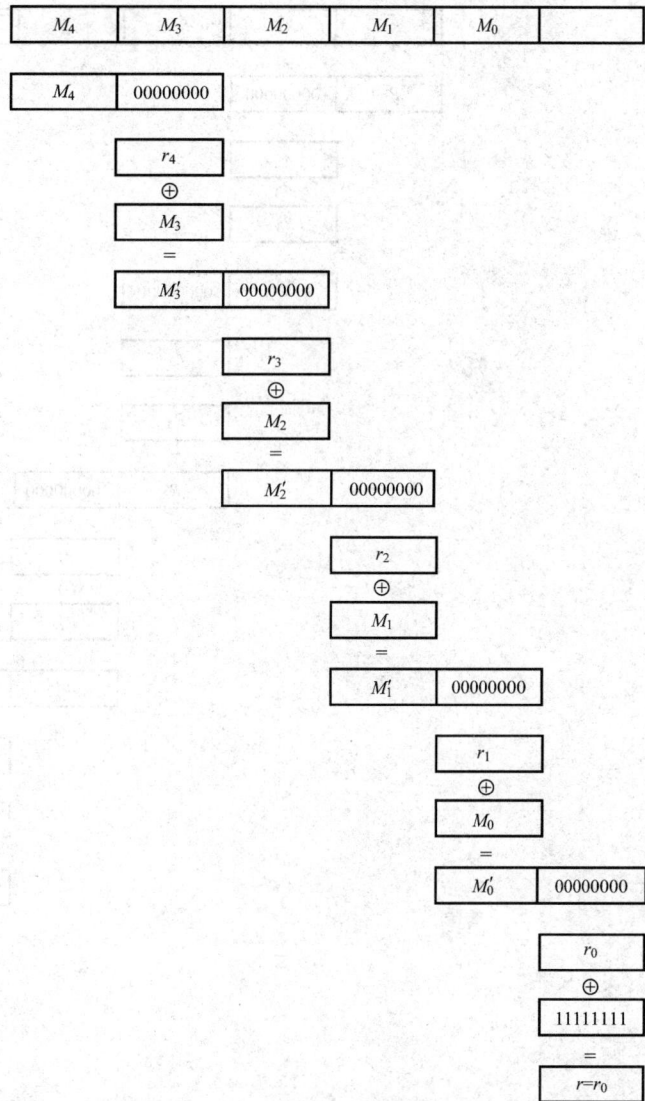

图 8-3　（48，40）码软件编码过程示意图

（3）循环码的解码方法。对接收端译码的要求是检错与纠错。达到检错目的的译码十分简单，通过判断接收到的码组多项式 $B(x)$ 是否能被生成多项式 $g(x)$ 整除作为依据。当传输中未发生错误时，也就是接收的码组与发送的码组相同，即 $C(x)=B(x)$，则接收的码组 $B(x)$ 必能被 $g(x)$ 整除；若传输中发生了错误，则 $C(x)\neq B(x)$，$B(x)$ 不能被 $g(x)$ 整除。因此，可以根据余项是否为零来判断码组中有无错码。

需要指出的是，有错码的接收码组也有可能被 $g(x)$ 整除，这时的错码就不能检出了。这种错误称为不可检错误，不可检错误中的错码数必将超过这种编码的检错能力。

软件解码原理框图如图 8-4 所示。图中字节 $R_5\sim R_0$ 是接收多项式 $R(x)$ 对应的 6 个字节。按循环码检错译码原理，将 $R(x)$ 被 $g(x)$ 相除，得余式 $r(x)$。由于采用陪集码，故 $r(x)$ 和 $p(x)$ 模 2 加后，才得伴随式 $S(x)$。最后根据 $S(x)$ 是否为零，确定其是否为码字。具体译码过程如下。

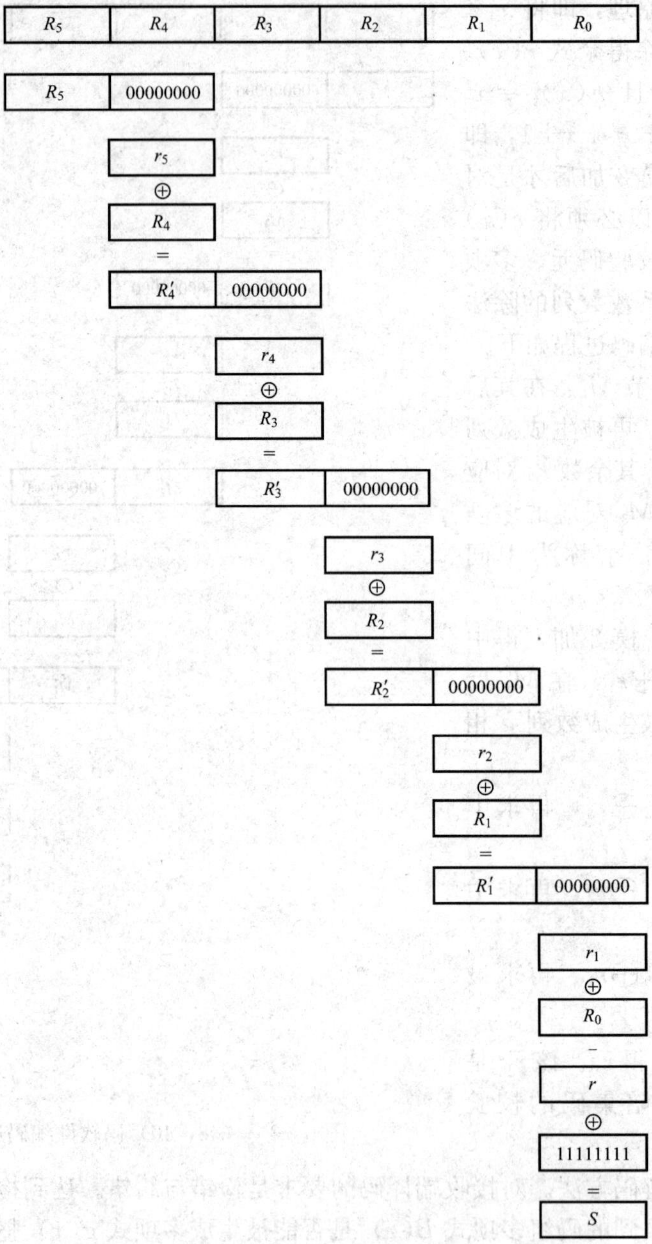

图 8-4　(48，40) 码软件译码过程示意图

1）取高字节 R_5，其后添一个全零字节，然后被生成数列 g 相除，得中间余式 r_5。

2）将中间余式 r_5 和字节 R_4 模 2 加，得中间被除式 $R_4{}'=R_4\oplus r_5$，在 $R_4{}'$ 后添一全零字节被 g 除，得 r_4。

3）求 $R_3{}'=R_3\oplus r_4$，再求中间余式 r_3。

4）求 $R_2{}'=R_2\oplus r_3$，再求中间余式 r_2。

5）求 $R_1{}'=R_1\oplus r_2$，再求余式 r_1。

6）求最后的余式为 $r=R_0\oplus r_1$。

7）将 r 取反，得伴随式 S。若 S 为全零字节，则说明收到的是一个码字，否则有差错。

由上述可知，使用软件实现循环码的编译码，其主要的运算是在一信息后面添上一个全零字节，并将它被生成多项式的值（107H）相除求余式。完成这个环节不仅可以在线运算，还可以事先做好表格，在线查表来完成。

第三节　远动通信规约

一、DL 451—1991

1. 主要性能

DL 451—1991《循环式远动规约》的性能主要包括：①以帧为单位组织数据，多种帧类别循环传送，且帧长可变；②区分循环量、随机量和插入量，变位信息、对时信息和返校信息优先插入传送，变位遥信、子站工作状态变化在 1s 内送达主站；③确定了上行信息的传送顺序和传送周期，见表 8 - 4；④规定了主站到子站的控制命令传送方式和优先顺序。

表 8 - 4　　　　　　　　上行信息的传送顺序和传送周期

帧类别	传送信息类型	建议传送周期
A	重要遥测信息	$\leqslant 3s$
B	次要遥测信息	$\leqslant 6s$
C	一般遥测信息	$\leqslant 20s$
D_1	遥信状态信息	定时
D_2	电能脉冲计数值	定时
E	随机量，事件顺序记录	随机

2. 帧系列及帧结构

由于信息分帧传送，必存在不同信息帧的排列顺序和方式问题。规约推荐了 4 种帧系列，分别记为 A_1、A_2、A_3、A_4，其中 A_2 帧系列得到广泛采用，其帧系列如图 1 - 9 所示。当 E 帧出现时，在插入箭头所指方框处传送，且连送 3 遍。D_1 帧、D_2 帧的传送周期决定 S_1 的重复次数。

上行信息帧和下行命令帧均由同步字、控制字和信息字组成，其结构如图 8 - 5 所示。其中同步字起帧信息收发同步的作用，控制字是对全帧信息的总体描述，信息字是该帧传送的信息实体。每个字均由 6 个字节组成。

3. 字格式

（1）同步字。规约所采用的同步字是 3 组 EB90H，这是从信息在信道上传送的顺序而言的。由于向信道发送时低字节先送，高字节后送，字节内低位先送，高位后送，故实际组装的 6 个同步字节应是 3 组 D709H。如图 8 - 5（a）所示。

（2）控制字。控制字由控制字节、帧类别字节、信息字数字节、源站址字节、目的站址字节和校验码字节组成，如图 8 - 5（b）所示。

1）控制字节的各位意义如图 8 - 6 所示。

此外，在控制字节中若 S＝D＝0 则无意义，而下行信息中 D＝0 表示目的站址中内容为

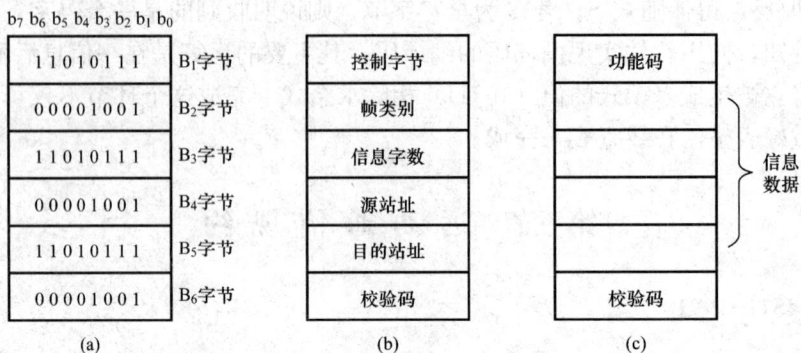

图 8-5　CDT 规约的字结构
(a) 同步字；(b) 控制字；(c) 信息字

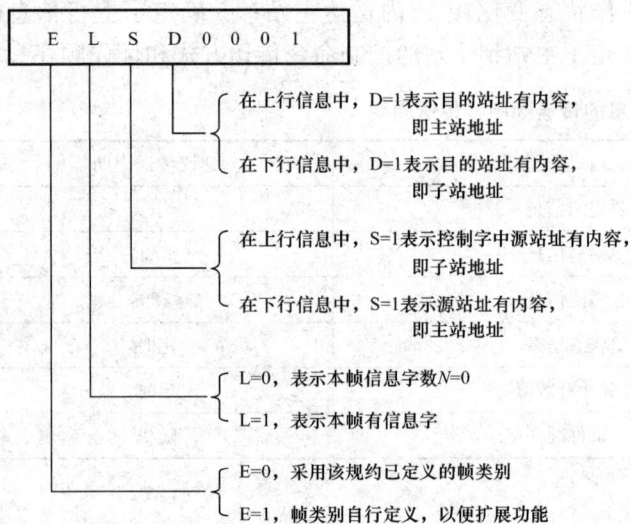

图 8-6　控制字节的意义

见表 8-6。

FFH，代表广播命令，所有站同时接收该命令。

2）帧类别。帧类别字节说明本帧信息的属性。CDT 规约中，对不同的帧类别给出了指定代码，见表 8-5。

信息字数 n，源站址和目的站址已在控制字节中说明，校验码字节已在上一节说明，在此不再赘述。

（3）信息字。信息字承载远动信息实体。其结构如图 8-5（c）所示。图中功能码说明不同信息的用途，其功能码定义分配

表 8-5　　　　　　　　　　　　帧 类 别 代 号 定 义 表

帧类别代号	定义	
	上行 E＝0	下行 E＝0
61H	重要遥测（A 帧）	遥控选择
C2H	次要遥测（B 帧）	遥控执行
B3H	一般遥测（C 帧）	遥控撤销
F4H	遥信状态（D_1 帧）	升降选择
85H	电能脉冲计数值（D_2 帧）	升降执行
26H	事件顺序记录（E 帧）	升降撤销
57H		设定命令

续表

帧类别代号	定义	
	上行 E＝0	下行 E＝0
A8H		
D9H		
7AH		设置时钟
0BH		设置时钟校正值
4CH		召唤子站时钟
3DH		复归命令
9EH		广播命令
EFH		

表 8 - 6　　　　　　　　　　　功 能 码 分 配 表

功能码代号	字数	用途	信息位数	容量
00H～7FH	128	遥测	16	256
80H～81H	2	事件顺序记录	64	4096
82H～83H		备用		
84H～85H	2	子站时钟返送	64	1
86H～89H	4	总加遥测	16	8
8AH	1	频率	16	2
8BH	1	复归命令（下行）	16	16
8CH	1	广播命令（下行）	16	16
8DH～92H	6	水位	24	6
93H～9FH		备用		
A0H～DFH	64	电能脉冲计数值	32	64
E0H	1	遥控选择（下行）	32	256
E1H	1	遥控返校	32	256
E2H	1	遥控执行（下行）	32	256
E3H	1	遥控撤销（下行）	32	256
E4H	1	升降选择（下行）	32	256
E5H	1	升降返校	32	256
E6H	1	升降执行（下行）	32	256
E7H	1	升降撤销（下行）	32	256
E8H	1	设定命令（下行）	32	256
E9H	1	备用		
EAH	1	备用		

续表

功能码代号	字数	用途	信息位数	容量
EBH	1	备用		
ECH	1	子站状态信息	8	1
EDH	1	设置时钟校正值（下行）	32	1
EEH~EFH	2	设置时钟（下行）	64	1
F0H~FFH	16	遥信	32	512

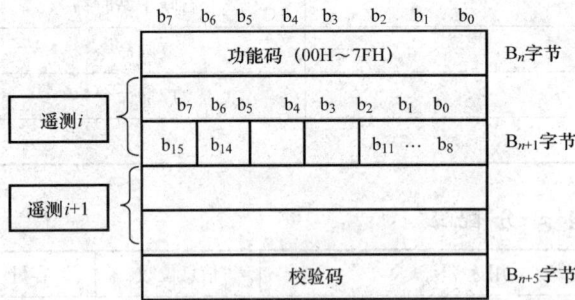

图 8-7　遥测信息字格式

由于信息类型较多，有多种信息字格式，现将遥测、遥信、SOE 字信息字格式说明如下。

1）遥测信息字格式。遥测信息字格式如图 8-7 所示。

2）遥信信息字格式。遥信信息字结构如图 8-8 所示。

3）事件顺序记录信息字。事件顺序记录 SOE 记录描述遥信状态变位的信息，遥信状态变位包括变位对象号、变位状态、变位时间（精确到 ms）等信息，如图 8-9 所示。

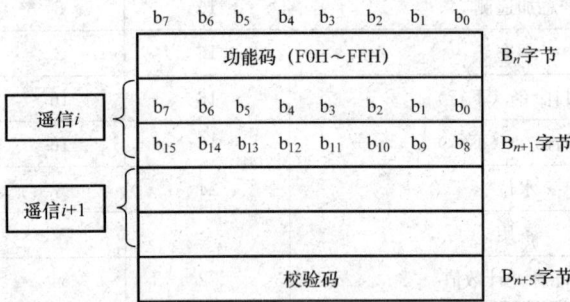

图 8-8　遥信信息字格式

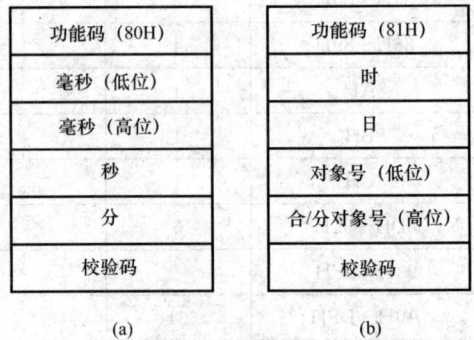

图 8-9　事件顺序记录信息字格式
(a) 毫秒～分；(b) 时～日

（4）信息字传送规则。在实时传送过程中，重要的信息应随机插入传送，这些信息及插入方式如下：

1）对时的子站时钟返回信息插入一遍。

2）变位遥信、遥控和升降命令的返校信息连续插送三遍，且应在同一帧中完成。

4. 命令格式

规约中涉及遥控命令、遥调命令以及时钟设置命令等，将在相应的章节中介绍，在此从略。

二、采用 CDT 规约接收和发送的软件结构

1. 按 CDT 规约组装发送数据

在此，按 A_2 帧系列组装发送远动数据进行讨论。首先设置 7 字节的发送缓冲器 BUF_1

和 6 字节组装缓冲器 BUF_2，其结构如图 8-10 所示。发送指针指向当前发送字节。

（1）帧类别的确定。根据规约，初始传送帧时从 S_2 中 D_1 帧开始。对于非初始传送，则应确定当前组装帧，由于 A_2 中存在 S_1 和 S_2 子系列，还应确定当前在 S_1 或是 S_2 中。为便于描述，A、B、C、D_1、D_2、E 帧的代码分别为 1、2、3、4、5、6，则可建立 S_1、S_2 子系列的帧代码表 $FTBLE_1$、$FTBLE_2$，如图 8-11 所示。

			S_1 子列		S_2 子列	
			帧序列	代码序列	帧序列	代码序列
			A	01	A	01
			B	02	B	02
			A	01	A	01
			C	03	C	03
			A	01	A	01
			B	02	B	02
			A	01	A	01
			A	01	D_1	04
			B	02	B	02
			A	01	A	01
			C	03	A	01
			A	01	C	03
			B	02	A	01
			A	01	B	02
					A	01
					D_2	05

BUF_1　发送缓冲器：

发送指针
1 号字节
2 号字节
3 号字节
4 号字节
5 号字节
6 号字节

(a)

BUF_2 组装缓冲器：

1 号字节
2 号字节
3 号字节
4 号字节
5 号字节
6 号字节

(b)

图 8-10　缓冲器格式
（a）发送缓冲器；（b）组装缓冲器

图 8-11　A_2 帧系列中 S_1、S_2 的帧代码序列

首先判断是否为一帧的开始，如图 8-12 所示，对于每帧数据的最后一个字组装结束，帧结束标志单元 FRMEMD 置位（FRMEND=FFH）。若 FRMEND=FFH，则表明新的一帧开始，将转入帧类别的确定程序，组装同步字；若 FRMEND=00H，表明不是一帧的开始，则转入常规字的组装。

在确定帧类别组装程序中，FSERIS 单元存放 S_1 系列计数值，每当该单元达到指定数后，将转入 S_2 系列帧的选择。FCOUNT 是 S_1 或 S_2 子系列中帧计数单元。EFREPT 用来计数 E 帧插入次数（减计数）。EVNCNT 单元存入当前遥信变位计数。FCODE 存放帧代码值。程序框图如图 8-13 所示。

（2）字组装。①组装同步字。当确认新的一帧开始后，首先组装同步字，因同步字内容不变，故可事先将 3 组 D709H 存在 SYNCH 为名的数据区，组装的过程就是将 SYNCH 区 6 个字节复制到 BUF_2 的过程。②组装控制字。在一个实际系统中，每帧的长度（除 E 帧长度）都已确定，因而其控制字也是确定的，可以事先组装在一个控制字数据区 COMMRD，组装的过程就是将指定控制字复制到 BUF_2 的过程。由于 E 帧长度不确定，所以 E 帧的控制字应在线组装。

（3）信息字的组装。按 CDT 规约的要求，遥信变位、遥控（升降）命令返校和对时返送信息须插入传送，因此，在组装信息字之前，必须先查询当前是否存在这些插入信息，如

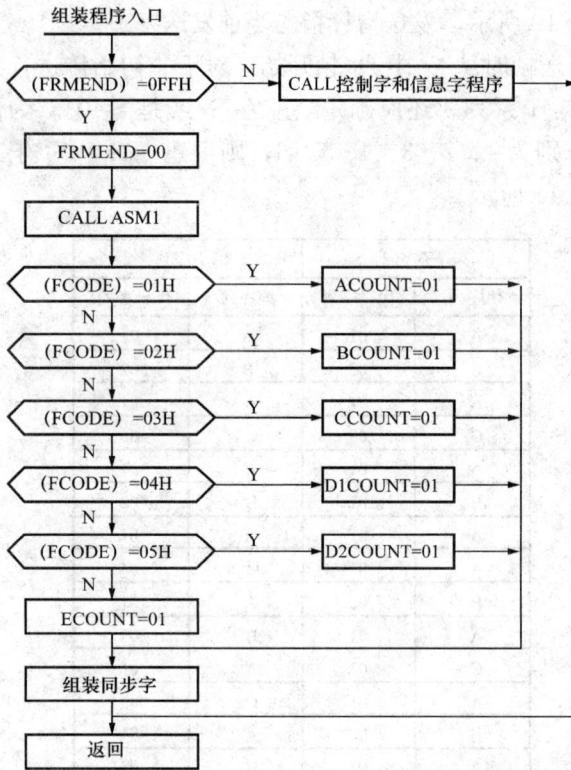

图 8-12　组装程序 ASSEMB

有插入信息时，先组装插入信息，无插入信息时，转入正常信息字的组装。原理框图如图 8-14 所示。

图 8-14 中 YXREPT、YKREPT 分别为连续插入遥信变位和遥控（升降）命令返校信息的次数（规约要求连续插入 3 遍）。FLNGTH、WCOUNT 分别表示本帧长度和当前组装到的字计数，因传送规则要求插入量不跨帧，故要对当前帧能否传送插入量加以判定。YX-QUE 表示当前存在新的遥信插入传送要求。PIPREQ 是当前存在对时返送信息插入传送标志，而 YKRETN 是遥控（升降）返校标志，这些标志置位（FFH）表示有效。

当确认了当前组装字后，可根据信息源和信息字格式进行组装。每当发送缓冲器发送结束，可将已组装好的 BUF$_2$ 送入 BUF$_1$，并开始组装下一个信息字。

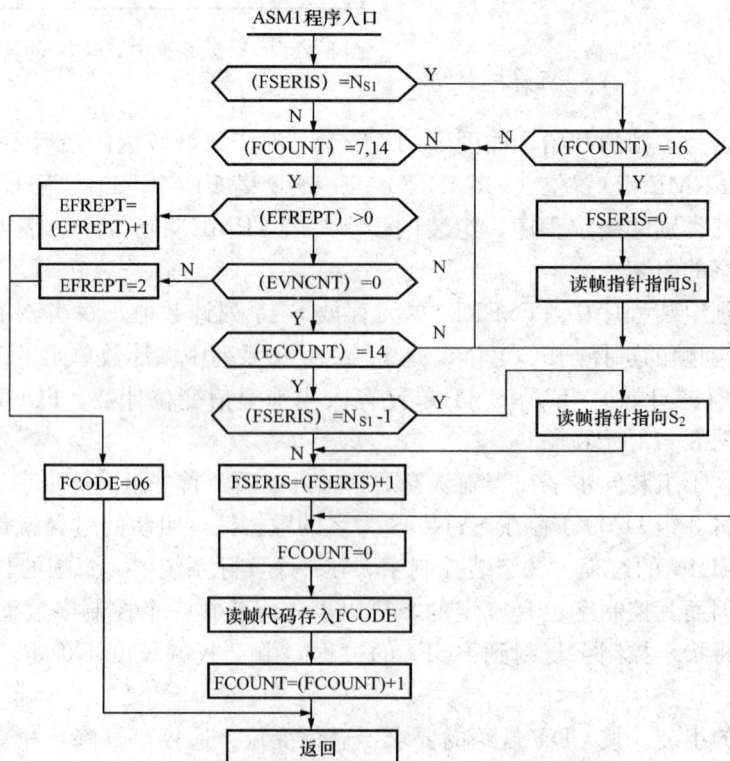

图 8-13　确定帧代码程序 ASM1 框图

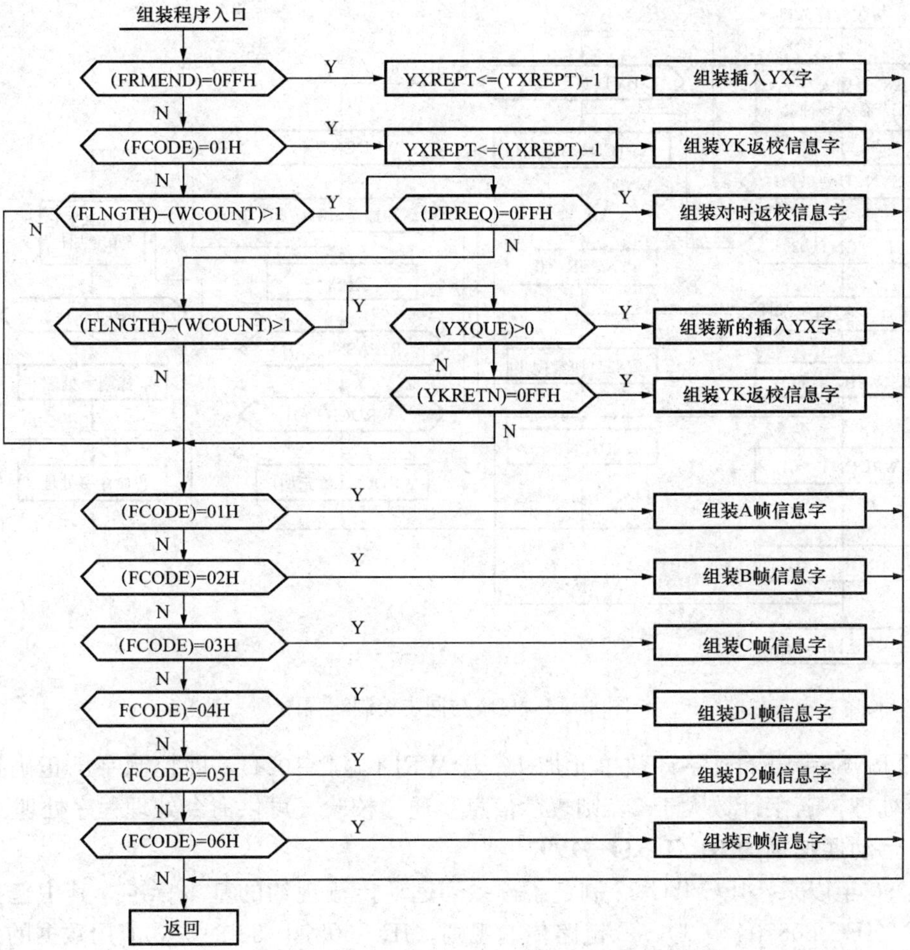

图 8 - 14　信息字的确定及组装

2. 按 CDT 规约接收数据

调度中心与厂站自动化系统采用 CDT 规约通信时，若调度中心有命令信息时传送命令信息，没有命令信息时循环地将同步字发往厂站端。下面以厂站端自动化系统采用 Intel 8251 串行口为例，简述数据接收过程。

与数据发送相似，接收端设置接收缓冲器 BUF_3，BUF_3 占 6 个字节，每当从通道接收到一个字节后，将其写入 BUF_3。接收完一个字后，再作数据处理。

为了正确地接收数据，厂站端接收系统必须与发送端保持同步。接收及同步控制的程序框图如图 8 - 15 所示。接收端采用 SYNCHR 单元标识同步状态，并采用 WRDCNT 和 BYTCNT 分别对接收帧内字和字中的字节进行计数。

开始接收时，清除同步标志（SYNCHR＝00H），并使串行口芯片 Intel 8251 进入搜索同步状态，WRDCNT 和 BYTCNT 均清零。当搜索进入同步后，建立同步标志（SYNCHR＝FFH），字计数单元加 1（WRDCNT 成为 1）。接着接收下一个字，当下一个字接收完后，首先判断是否仍为同步字，若是，则正常退出；若不是，则进行循环码校验。若校验不正确，置校验标志 RTPASS＝00H，表明同步字或控制字接收错，重新进入搜索同步。若校验

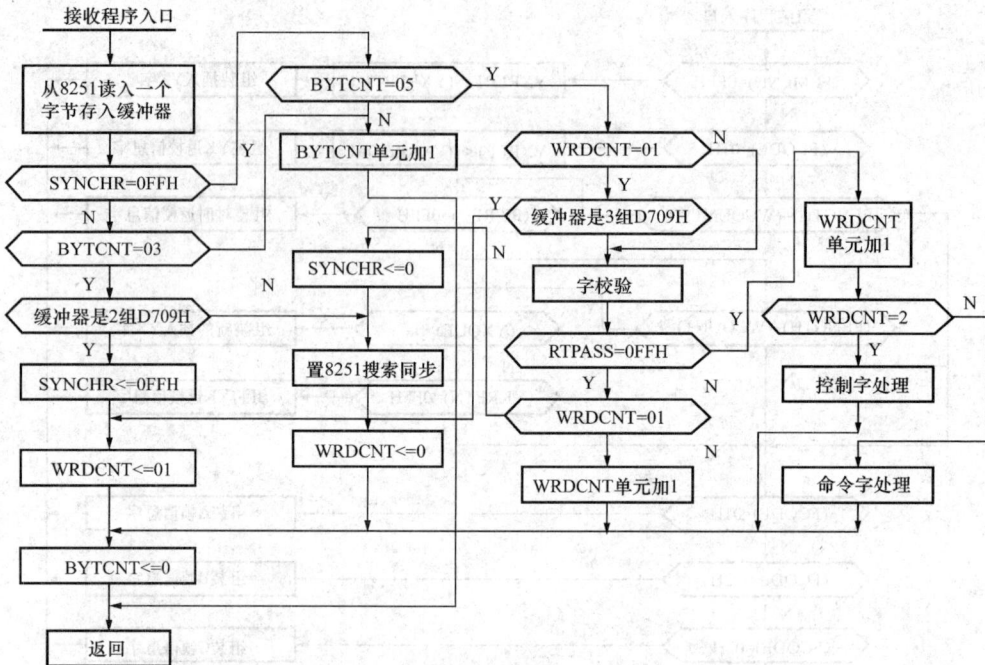

图 8-15 接收与同步控制流程图

正确，RTPASS＝FFH，字计数单元加 1。若 WRDCNT＝02H，即控制字已正确接收，可将控制字处理，若字计数大于 2，则表示信息字通过校验，可供命令处理程序处理。

三、远动通信规约 DL/T 634—1997

自 1990 年以来，IEC/TC 57 制定了一系列远动传输规约的基本标准，其中包括：①传输帧格式（IEC 60870-5-1）；②链路传输规则（IEC 60870-5-2）；③应用数据的一般结构（IEC 60870-5-3）；④应用数据的定义和编码（IEC 60870-5-4）；⑤基本应用功能（IEC 60870-5-5）共 5 篇。

为了在兼容的远动设备之间达到互换的目的，IEC /TC 57 又在 IEC 60870-5 系列标准的基础上，根据各种应用情况下的不同要求，制定了：①基本远动任务的配套标准（IEC 60870-5-101）；②电力系统中传输电能脉冲计数量配套标准（IEC 60870-5-102）；③继电保护设备信息接口配套标准（IEC 60870-5-103）；④IEC 60870-5-101 的网络访问 IEC 60870-5-104。

为使我国的远动传输规约尽快与国际标准接轨，1997 年 11 月 28 日，发布了电力行业标准 DL/T 634—1997《远动设备及系统 第 5 部分 传输规约 第 101 篇 基本远动任务配套标准》。这个标准非等效采用 IEC 60870-5-101 标准，根据我国点对点和多个点对点全双工通道居多的实际情况，补充了子站（厂站）事件启动触发传输和子站定期向主站传送全部数据的内容。由于该标准主要描述了调度中心主站和厂站之间的问答式远动数据传输规定，故可简称为问答式远动传输规约。

1. 适用范围

该标准规定了电网数据采集和监视控制系统（SCADA）中主站和子站（远动终端或综合自动化系统）之间以问答式进行数据传输的帧格式、链路层的传输规则、服务原语、应用数据结构、应用数据网、应用功能和报文格式。

该标准适用于网络拓扑结构为点对点、多个点对点、多点共线、多点环形和多点星形网络配置的远动系统中，通道可以是双工或半双工。

点对点或多个点对点的全双工通道结构，可以采用非平衡式传输的链路传输规则，也支持子站事件启动触发传输规则，进行平衡式传输。非平衡式传输方式，是指仅主站（启动站）启动各种链路传输服务，而其他从站（子站）仅当主站请求时才传输。平衡式传输方式，是指主站和子站可以同时启动链路传输服务。比较来说，非平衡式传输方式适用于点对点或多个点对点的全双工通道网络结构。DL/T 634—1997 标准还给出了各种网络拓扑情况下所采用的基本应用功能。

这个标准的应用功能适用于电网数据采集和监视控制系统，也适用于调度所之间以问答式规约转发实时远动信息的系统。

2. 帧格式

在 DL/T 634—1997 中，信息以帧的方式组织传输，所采用的帧格式为 IEC 60870-5 基本标准中的 FT1.2 异步式字节传输格式。FT1.2 具有可变帧长和固定帧长两种形式。

(1) FT1.2 帧格式。FT1.2 可变帧长的帧格式用于主站和子站之间的数据传输，其帧格式如图 8-16 所示。

由图 8-16 可见，帧包括由固定长度（4B）的报文头和由控制、地址、数据组成的信息实体以及校验码、结束字符等组成。启动字符为固定的 68H。为了维护数据的完整性水平，允许采用的最大帧长 $L_{max}=250$，即一帧实际长度不超过 256（4+250+1+1）B。由 L 个 8 位组成的信息将在下面介绍，帧校验和校验码是控制域、链路地址、应用服务数据单元所有字节的 256 模和。结束字符为固定的 16H。

这种帧在线路上传输顺序由第一个启动字符开始直至结束字符，每一个字符从低位至高低依次传送。此外，还有如下传输规定：①线路空闲状态为二进制 1；②每个字符有 1 位启动位（二进制），8 位信息码，1 位偶校验位，1 位停止位（二进制）；③每个字符间无需线路空闲间隔；④两帧之间的线路空闲间隔最少 33 位；⑤接收校验。

(2) FT1.2 固定帧长帧格式。FT1.2 固定帧长帧格式用于子站回答主站的确认报文或主站向子站的询问报文，其帧格式如图 8-17 所示。这种帧的传输规定与 FT1.2 可变帧长帧类似。

| 启动字符（68H） |
| 长度（L） |
| 长度（L） |
| 启动字符（68H） |
| 控制域（C） |
| 链路地址(A) |
| 应用服务数据单元（ASDU） |
| 校验码(CS) |
| 结束字符（16H） |

| 启动字符（10H） |
| 控制域（C） |
| 链路地址(A) |
| 校验码(CS) |
| 结束字符（16H） |

图 8-16　FT1.2 可变帧长帧格式　　　　图 8-17　FT1.2 固定帧帧格式

3. 链路传输规则

用户之间采用该规约进行数据传送时增加了链路层。链路层用于实现接收、执行和控制高层所需的传输服务功能，向高层报告传输的成功与失败，并且观察传输线路和站的工作状态。

该规约规定了窗口尺寸为1的非平衡方式传输的链路传输规则，适用于各种网络配置。对于点对点和多个点对点的网络配置，增加了子站事件启动触发传输的传输规则。窗口尺寸为1，即主站向子站触发一次传输服务，或者成功地完成或者报告产生差错之后才能开始下一轮的传输服务。对于发送/确认（SEND/CONFIRM）和请求/响应（REQUEST/RESPOND）传输服务，在传输过程中受到干扰时，用等待—超时—重发或等待－超时方式发送下一帧。发送/确认和请求/响应这两种服务由一系列在请求站和响应站之间不可分割的对话要素组成。

该规约采用的链路服务级别为3级，见表8-7。

表 8-7   链 路 服 务 级 别

链路服务级别	功能	用途
S_1	发送/无回答（SEND/NOREPLY）	由主站向子站发送广播报文
S_2	发送/确认（SEND/CONFIRM）	由主站向子站设置参数和发送遥控、设点、升降和执行命令
S_3	请求/响应（REQUEST/RESPOND）	由主站向子站召唤数据，子站以数据或事件数据回答

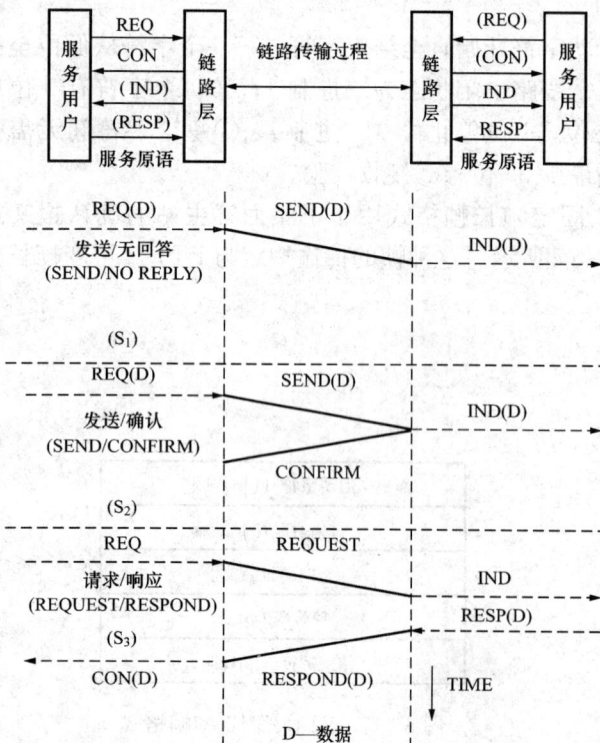

图 8-18 服务原语与传输过程之间的关系

服务原语和传输过程要素：①数据通信由服务原语以及在通信站之间的链路传输规则来描述；②服务原语是在服务用户和链路层之间的界面传送。

图8-18所示为无差错的传输过程。传输过程中由接收站检出传输差错，如接收站接收了受干扰的发送或请求帧后不作回答；由于所期望的确认或响应帧没有收到，启动站超时检出；如启动站接收了受干扰的确认帧或响应帧，则舍弃此帧。

服务原语如下：①请求原语（REQUEST PRIMITIVE）REQ：由用户发出在链路层启动一次传输过程；②确认原语（CONFIRM PRIMITIVE）CON：由链路层发出以结束原已启动的传输过程；③指示原语（INDICATION PRIMITIVE）IND：

由链路层向用户发出通知，希望传递数据给服务用户，或者触发某些服务用户进程；④响应原语（RESPOND PRIMITIVE）RESP：由用户发出，以数据响应来完成一个已启动的传输过程。

典型的服务原语的内容包括：参数、条件和用户数据。服务原语的内容包括：①用户数据；②否定/肯定认可或响应原语；③数据流控制；④访问要求；⑤重传次数；⑥链路层状态（重新启动条件）；⑦传输服务类型（功能码如 SEND/CONFIRM）。

（1）发送/无回答（SEND/NOREPLY）服务。

1）服务原语。主站：链路层从用户接收请求原语 REQ（SEND/NOREPLY），若链路层可以传输即开始数据传输，若链路层不能传输，则链路层加送一个否定确认原语给用户。

子站：若链路层收到数据后，向子站用户发出指示原语并将接收到的报文给用户。

2）传输规则。①只有在前一轮服务结束之后，才能开始新一轮的发送；②当一帧发送完后，按前述传输规定的要求发送线路空闲间隔。

（2）发送/确认（SEND/CONFIRM）服务。

1）服务原语。主站：链路层从主站用户接收到请求原语 REQ（发送/确认 SEND/CONFIRM、重传次数）触发一次发送/确认（SEND/CONFIRM）过程，若不能传送报文，链路层向主站用户回送一个否定确认原语（否定发送/确认 NEGSEND/CONFIRM、差错状态）。主站从子站收到否定确认，链路层将否定确认原语送给主站用户。当达到最大的重传次数，传送还未成功，链路层将否定确认原语送给主站用户。主站从子站接收到确认，链路层将确认原语送给主站用户。

子站：从主站接收到报文，该站链路层向子站用户发出一个传送报文数据的指示原语。

2）传输规则。①只有在前一轮传输结束之后，才能开始新一轮的发送；②当子站正确收到主站传送的报文时，子站立即向主站发送一个确认帧；③若子站由于过载等原因不能接收主站报文时，子站应传送忙帧给主站；④防止报文丢失和重复传送规则：主站在新一轮发送/确认（SEND/CONFIRM）服务时，帧计数位（FCB）改变状态，并从子站收到无差错的确认帧，则这一轮的发送/确认（SEND/CONFIRM）传输服务即告结束。若确认帧受到干扰或超时未收到确认帧，则不改变帧计数位的状态重发原报文，最大重发次数为 3 次。

在子站接收到主站的发送帧，并向主站发送确认帧，此时在子站将此确认帧复制后保存起来，在前后两次接收到的发送帧中帧计数位的值不同，此时即将保存的确认帧清除，并形成新的确认帧，否则不管收到的帧的内容是什么，将原保存的确认帧重发，当由到一个复位命令（RESET），此帧的帧计数位为 0，则子站将其保存的帧计数值置为 0，并期待下一帧的帧计数位和帧计数有效位均为 1。

（3）请求/响应（REQUEST/RESPOND）服务。

1）服务原语。主站：链路层在前一轮传输过程结束之后，从用户接收请求原语 REQ（请示响应 REQUEST/REWPOND、重传次数），触发一次请求/响应传输，若链路层不能传输，则链路层向用户回送一个否定确认原语（否定请求/响应、差错状态）。若主站从子站接收到响应报文，链路层送一个确认原语 CON（响应请求）给用户。若主站从子站接收到否定确认，即子站没有所要求的数据，则链路层送一个否定确认原语（对请求的否定响应、差错状态）给用户。若主站已达到重传次数而没有收到子站的回答，链路层将否定确认原语 CON（对请求的否定响应、传输差错）给用户。

子站：当接收到一个请求帧即发出指示原语给用户，若有所请求的数据，则用户回答一个带数据的响应原语 RESP 给链路层，否则回送一个无所请求的数据的响应原语 RESP。

2）传输规则。①只有在前一轮传输过程结束之后，才能触发新一轮的请求帧（RE-QUEST 帧）。②子站接收到请求帧后将发送：如有所请求的数据则发响应帧。如无所请示的数据则发否定的响应帧。③防止报文丢失和重复传送规则：每次新的一轮请求/响应服务在主站端将帧计数位改变状态。主站接收到无差错的响应帧，则此一轮请求/响应服务即告终止将数据送给主站端用户。若响应帧受到干扰或超时，则不改变帧计数位，重复发送请求帧，重发次数为 3 次。

在子站将接收到的帧计数位和相应的向主站发送的响应帧保存起来，若下一次接收到的帧计数位已改变状态，则将保存的响应帧清除并形成新的响应帧，若帧计数位状态未改变，则重发保存的响应帧。

4. 控制域（C）和地址域（A）

在 FT1.2 可变帧长或固定帧长的帧格式中，均具有控制域和地址域两栏，它们与 CDT 中的控制字相类似，是对本帧数据的总体描述，还包括数据流的控制。

（1）主站向子站传输报文中控制域（C）各位的定义。

主站向子站传输报文中控制域（C）占一个字节，定义如下：

DIR　　PRM　　FCB　　FCV　　2^3　　2^2　　2^1　　2^0

1）传输方向位 DIR。DIR＝0，表示报文是由主站向子站传输。

2）启动报文位 PRM。PRM＝1，表示主站向子站传输，主站为启动站。

3）帧计数位 FCB。主站向同一个子站传新一轮的发送/确认（SEND/CONFIRM）或请求/响应（REQUEST/RESPOND）将 FCB 位取相反值，主站为每一个子站保留一个帧计数位的拷贝，若超时没有从子站收到所期望的报文，或接收出现差错，则主站不改变帧计数位（FCB）的状态，重复传送原报文，重复次数为 3 次。若主站正确收到子站报文，则该一轮的发送/确认（SEND/CONFIRM）或请求/响应（REQUEST/RESPOND）传输服务结束。复位命令的帧计数位常为 0，帧计数有效位 FCV＝0。

4）帧计数有效位 FCV。FCV＝1 表示帧计数位（FCB）的变化有效。发送/无回答服务、重传次数为 0 的报文、广播报文时不需考虑报文丢失和重复传输，无需改变帧计数位（FCB）的状态，因此这些帧的计数有效位常为 0。

5）功能码。主站向子站传输的功能码定义见表 8-8。

表 8-8　　　　　　　　　　　　主站向子站传输的功能码

功能码序号	帧类型	业务功能	帧计数有效位状态 FCV
0	发送/确认帧	复位远程链路	0
1	发送/确认帧	复位远动终端的用户进程（撤销命令）	0
2	发送/确认帧	用于平衡式传输过程测试链路功能	—
3	发送/确认帧	传送数据	1
4	发送/无回答帧	传送数据	0
5		备用	—

续表

功能码序号	帧类型	业务功能	帧计数有效位状态 FCV
6、7		制造厂和用户协商后定义	—
8	请求/响应帧	响应帧应说明访问要求	0
9	请求/响应帧	召唤链路状态	0
10	请求/响应帧	召唤用户 1 级数据*	1
11	请求/响应帧	召唤用户 1 级数据**	1
12、13		备用	—
14、15		制造厂和用户协商后定义	—

* 1 级数据包括事件和高优先级报文。
** 2 级数据包括循环传送或低优先级报文。

(2) 子站向主站传输报文中控制域（C）各位的定义。

子站向主站传输报文中控制域（C）也占一个字节，各位的定义如下：

$$\text{DIR} \quad \text{PRM} \quad \text{ACD} \quad \text{DFC} \quad 2^3 \quad 2^2 \quad 2^1 \quad 2^0$$

1) 传输方向位 DIR。DIR＝1 表示报文是由子站向主站传输。

2) 启动报文位 PRM。PRM＝0 表示子站向主站传输，子站为从动站。

3) 要求访问位 ACD。ACD＝1 表示子站希望向主站传输 1 级数据。

4) 数据流控制 DFC：DFC＝0 表示子站可以继续接收数据。DFC＝1 表示子站数据区已满，无法接收新数据。

5) 功能码。子站向主站传输的功能码定义见表 8-9。

表 8-9 子站向主站传输的功能码

功能码序号	帧类别	功能
0	确认帧	确认
1	确认帧	链路忙、未接收报文
2～5		备用
6、7		制造厂和用户协商后定义
8	响应帧	以数据响应请求帧
9	确认帧	无所召唤的数据
10		备用
11	确认帧	以链路状态或访问请求回答请求帧
12		备用
13		制造厂和用户协商后定义
14		链路服务未工作
15		链路服务未完成

①主站召唤 1 级数据（遥信变位等），子站如有数据变化以响应帧回答。如响应 1 帧传不完这类变化数据，ACD＝1。

②主站召唤 2 级数据（如事件顺序记录），子站以事件顺序记录的响应帧回答。如响应帧 1 帧无法传完全部事件顺序记录，继续用召唤 2 级数据报文召唤；如无事件顺序记录，以无所要求数据报文回答。

③主站召唤遥测、遥信全数据等，子站以相应报文作为响应回答。

（3）地址域（A）。单字节的地址域（A）的含义是当由主站触发一次传输服务，主站向子站传送的帧中表示报文所要传送到的目的站址，即子站站址；当由子站向主站传送帧时，表示该报文发送的源站址，即表示该子站站址，其结构如下：

$$\text{MSB} \quad 2^6 \quad 2^5 \quad 2^4 \quad 2^3 \quad 2^2 \quad 2^1 \quad \text{LSB}$$

地址域是指链路层而言。地址域的值为 0 至 255，其中 FFH＝255 为广播站地址，即向所有站传送报文。

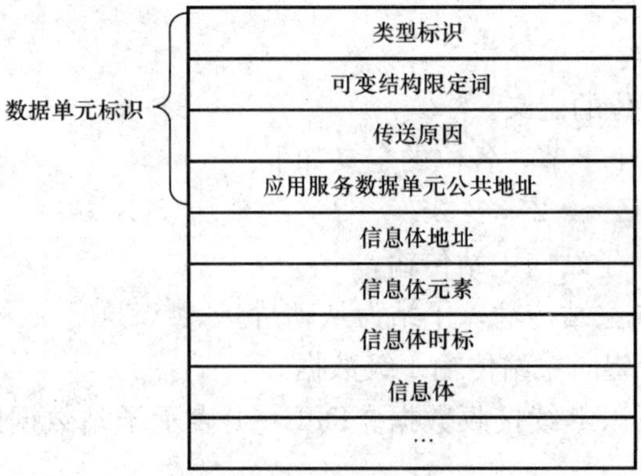

图 8 - 19　链路用户数据结构

5. 链路用户数据

在 FT1.2 可变帧长帧格式中，在链路地址域之后是一帧的主要数据区，即链路用户数据部分。链路用户数据结构如图 8 - 19 所示。

（1）类型标识。类型标识用来定义信息体的结构、类型和格式，也指明是否带有信息体时标。类型标识为一个 8 位位组，代表应用服务数据单元的类型。

（2）可变结构限定词。单字节的可变结构限定词如下所示。

$$B_7 \quad b_6 \quad b_5 \quad b_4 \quad b_3 \quad b_2 \quad b_1 \quad b_0$$
$$\text{SQ} \quad 2^6 \qquad\qquad \text{数目} \qquad\qquad \text{LSB}$$

可变结构限定词表示信息体是顺序的；还是非顺序的，并表示信息体的个数，如信息体数目等于 0，则表示没有信息体。

其中 SQ 位表示信息体或元素寻址方法。SQ＝0 表示每个信息元素或一个综合的信息元素都由信息体地址寻址，应用服务数据单元内可以包含多于一个信息体，数目 N 即为个数；SQ＝1 表示应用服务数据单元内有类似的顺序信息元素由信息体地址寻址，其信息体地址为序列信息元素中第一个信息元素的地址，后续信息元素的地址依次加 1。

（3）传送原因。传送原因表示的是周期传送、突发传送、总询问，还是分组询问、请求数据、重新启动、总启动、测试、确认、否定确认。传送原因的功能是当接收时将应用服务数据单元传送给特定的应用任务，便于处理。传送原因是一个 8 位位组，传送原因的代码可参见 DL/T 634—1997。

（4）应用服务数据单元公共地址。应用服务数据单元的公共地址为一个 8 位位组，它作为应用服务数据单元的寻址地址和一个应用服务数据单元的所有信息体联系在一起，地址分配由规约文本附录给出。

应用服务数据单元的公共地址为：0—未用；1～254—应用服务数据单元寻址地址、站地址；255—广播地址、对所有站总地址。

（5）信息体。信息体由信息体标识和一组信息元素以及信息体时标（如果有）组成。信息体标识仅由信息体地址组成，信息体地址和应用服务数据单元的公共地址一起可以区分全部信息元素，这两个地址结合起来在每一个系统中必须是有明确含义的，类型标识既不是公共地址的一部分，也不是信息体地址的一部分。

信息体地址将控制方向作为目的地址，将监视方向用作源地址。在一些应用服务数据单元没有用上信息体地址，信息体地址就为0。信息体地址为两个8位位组，如下所示。

b_7	b_6	b_5	b_4	b_3	b_2	b_1	b_0
2^7							LSB
MSB							2^8

其中，0—无关的信息体地址；1~65535—信息体地址。

6. 基本应用功能

DL/T 634—1997 定义了使用标准通信服务的基本应用功能，表述了主站和子站之间数据单元的交换，并介绍了数据单元完成这些功能的任务。有两个功能是基本应用功能，即站初始化和用询问方式收集数据，这两个功能是执行其他功能的基础，这两个基本功能由特定的应用和链路服务相配合来完成，其他基本功能可能会利用到询问过程。

（1）站初始化。在远动终端正常运行之前，需要有一个站初始化的过程，将主站或子站设定成正确工作状态。需要区分冷启动和热启动。冷启动是一个站的启动导引过程，这意味着过程变量信息已被清除需要将数据库按实际值刷新。热启动过程是一个重新导引过程，是此站在运行过程中被复位或重新激活，这意味着收集的过程变量信息在重新激活前并没有从数据库中清除。另外，需要区分主站初始化和子站初始化，下面介绍的主要是初始化过程，也包括两站之间数据传输过程。

主站通常重装备有丰富的控制和数据库设备，在工作控制设备出故障时，切机并不丢失信息，此时用不着启动一次总召唤去刷新主机数据库，只有在刚合上电源和整个主站复位时，总召唤命令和系统的时钟同步过程才是必不可少的。

站初始化包括主站初始化过程描述；子站当地初始化过程；子站被远程初始化的过程。

（2）用问答方式收集数据。在具有非平衡式数据传输过程的数据收集和监视控制系统（SCADA）中，采用问答方式（Polling）收集数据，以子站过程变量的实际值刷新主站的数据库。主站按顺序召唤子站的方式询问。

询问顺序是与系统有关的参数。收集数据分成如下几种方式：

1）采用询问子站事件的方式，该方式用于静态远动系统。

2）采用顺序询问的循环传送数据方式，该方式用于循环式数据传输系统。

3）混合采用询问子站事件和循环式传送数据方式。

允许由于应用过程引起变化而动态改变被定义的询问顺序。常用的方法是在主站按顺序询问循环数据，但其优先级较低，可以由事件中断，事件是命令传送、请求有关的数据等。用于收集发生在子站事件的方法有：①顺序收集循环数据和收集事件交替进行；②循环询问顺序中，在返送的循环数据中有告知子站出现事件的手段。

该标准在点对点、多个点对点的网络结构情况下，采用询问召唤2级用户数据变化和定时召唤各组数据，返送的数据中如有 ACD=1，主站即用"请求1级用户数据"向子站发出请求1级用户数据，子站即以1级用户数据回答，待1级用户数据传送完后，又转向询问2级用户数据和定时按组召唤用户数据。主站向子站请求2级用户数据，若子站有1级用户数据、2级用户数据，子站回答一个否定认可，并使ACD=1向主站表示，主站立即召唤1级用户数据，以保证优先传1级用户数据。如果是多点共线、多点环形、多点星形的网络结构则采用快速校验过程收集1级用户数据（事件）。

(3) 用户数据分类。1级用户数据：变位遥信、由读数命令所寻址的信息体的数据、子站初始化结束、子站状态变化。

2级用户数据：超过门限值的遥测、子站改变下装参数、水位超过门限值、变压器分接头变化、事件顺序记录数据和带时标的其他量，用召唤2级用户数据报文收集。

遥信、遥测、水位、变压器分接头位置、远动终端状态也属于2级用户数据，但由主站总召唤命令或分组召唤命令召唤后向主站传送；电能脉冲计数量由电能脉冲计数量的总召唤命令或分组召唤命令召唤后向主站传送。

(4) 链路规约数据单元（报文）格式。DL/T 634—1997详细列出了各种链路规约数据单元（报文）格式，以供应用参考。图8-20是复位远动终端报文（发送/确认帧）。主站向子站发送C_RP_NA_1ACT帧，子站接收到此报文，一激活肯定认可（C_RP_NA_1ACTCON）帧回答，子站即开始对本站进行初始化。

C_RP_NA_1 ACT	C_RP_NA_1 ACTCON
68H	68H
L=9	L=9
L=9	L=9
68H	68H
0 1 FCB 0 0 0 0 1	1 0 ACD DFC 0 0 0 0
链路地址域	链路地址域
类型标识105	类型标识105
可变结构限定词 0 信息体数目1	可变结构限定词 0 信息体数目1
传送原因06H 0 0 0 0 0 1 1 0	传送原因 0 P/N 0 0 0 1 1 1
应用服务数据单元公共地址	应用服务数据单元公共地址
信息元素地址 0000H	信息体地址 0000H
QRP复位命令限定词 0 0 0 0 0 0 0 1	QRP复位命令限定词 0 0 0 0 0 0 0 1
帧校验和(CS)	帧校验和(CS)
16H	16H

传送原因:<6>:= 激活；传送原因：<7>: = 激活确认

图8-20 复位远动终端发送帧及其确认帧

7. 子站事件启动触发传输

点对点和多个点对点的全双工结构应采用子站事件启动触发传输，此部分内容是该规约的重要内容。

当遥信发生变位，子站主动触发一次发送/确认服务，组织报文向主站传送。主站收到子站的报文后，以确认报文回答子站。如果主站忙，数据缓冲区溢出，则主站以忙帧回答子站，随后子站如还要传送数据时，则子站此时触发一次请求/响应服务；子站以请求帧询问主站链路状态，主站以响应帧报告链路状态。这种传输方式按平衡式传输的链路传输规则的规定进行。

平衡式传输的链路传输规则采用的窗口尺寸为 1，即子站事件启动触发一次传输服务，成功地收到主站的回答报文，或者未正确收到报文，超时后才能开始下一轮新的传输服务。

子站没有数据变化时，不主动发生事件启动触发传输，主站和子站之间，只按非平衡式传输的链路传输规则的规定进行，由主

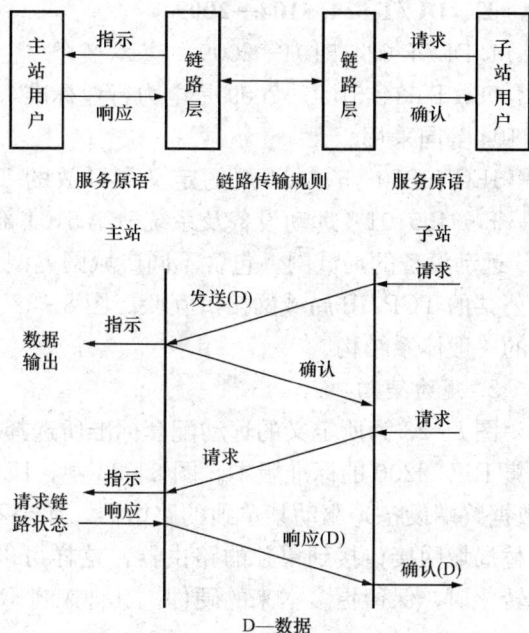

图 8-21　服务原语和链路传输过程之间的关系

站触发发送/确认、请求/响应、发送/无回答服务。

点对点和多个点对点的全双工通道结构按照一定时间间隔，子站主动向主站传送循环数据，主站收到子站的报文后，按发送/不回答服务的规则不回答子站。

循环数据包括子站的全部遥信、遥测、水位、变压器分接头全部 2 级用户数据。

如果子站长时间没有收到主站发送的链路规约数据单元，或者接收后长时间连续检出差错，则子站主动将传送 2 级用户数据，循环数据两帧之间的间隔时间缩短，最短的两帧之间的间隔为 33 位的时间。

子站事件启动触发传输服务原语和链路传输过程之间的关系如图 8-21 所示。

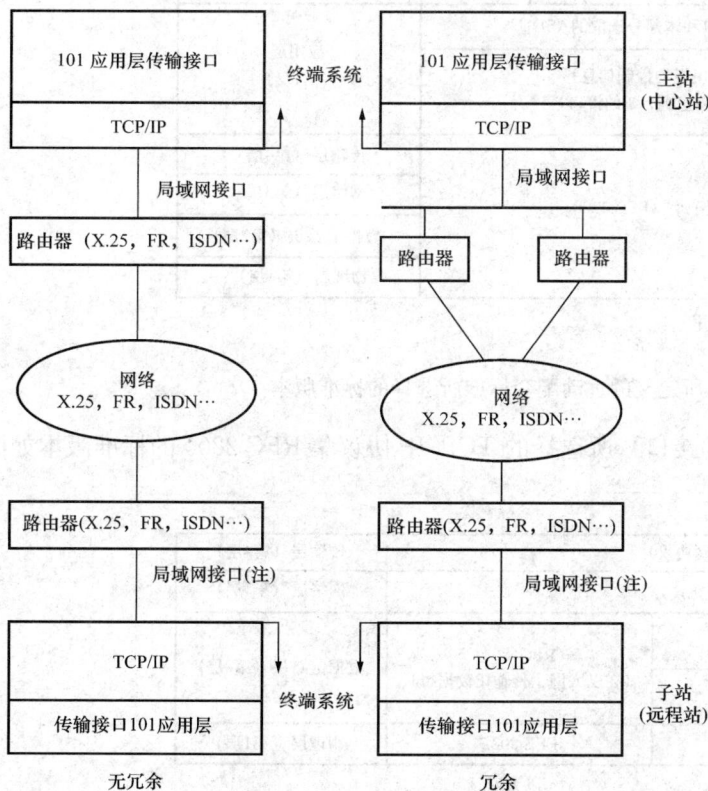

图 8-22　一般体系结构
注：局域网接口可能冗余。

四、DL/T 634.5104—2009

1. DL/T 634.5104—2009 的基本概念

DL/T 634.5104—2009 是电力行业标准，与 IEC 60870-5-101 的网络访问 IEC 60870-5-104 等同采用。

IEC 60870-5-104 规约定义了开放的 TCP/IP 接口的使用，这个网络包含例如传输 DL/T 634.5101《远动设备及系统 第 5101 部分：传输规约 基本远动任务配套标准》AS-DU 远动设备的局域网。包含不同广域网类型（如 X.25，帧中继；ISDN 等）的路由器可通过公共的 TCP/IP 局域网接口互联。图 8-22 为一个冗余的主站配置与一个非冗余的主站配置的一般体系结构。

2. 规约结构

图 8-23 为所定义的远动配套标准所选择的标准版本。图 8-24 为所选择的 TCP/IP 协议集 RFC 2200 的标准版本。图 8-23 中，IEEE 802.3 可能被用于远动站终端系统或 DTE（数据终端设备）驱动某单独的路由器。如果不要求冗余，可以用点对点的接口（如 X.21）代替局域网接口接到单独的路由器，这样可以在对原先支持 DL/T 634.5101 的终端系统进行转化时，保留更多本来的硬件。其他来自 RFC2200 的兼容选集都是允许的。

根据DL/T 634.5101从GB/T 18657.5《远动设备及系统 第五部分：传输规约 第五篇：基本应用功能》中选取的应用功能	初始化	用户进程
从DL/T 634.5101和本部分选取的ASDU		应用层（第7层）
APCI（应用规约控制信息）传输接口（用户到TCP的接口）		
TCP/IP协议子集（RFC 2200）		传输层（第4层）
		网络层（第3层）
		数据链路层（第2层）
		物理层（第1层）

注：第5层，第6层未用

图 8-23 所定义的远动配套标准所选择的标准版本

传输层接口（用户到 TCP 的接口）所选择的 TCP/IP 协议集 RFC 2200 的标准版本如图 8-24 所示。

RFC 793（传输控制协议）		传输层（第4层）
RFC 791（互联网协议）		网络层（第3层）
RFC 1661（PPP）	RFC 894（在以太网上传输IP数据报）	数据链路层（第2层）
RFC 1662（HDLC帧式PPP）		
X.21	IEEE 802.3	物理层（第1层）
串行线	以太网	

图 8-24 所选择的 TCP/IP 协议集 RFC 2200 的标准版本

3. DL/T 634.5104—2009 的基本规则

（1）应用标准控制信息（APCI）的定义。传输接口（用户到 TCP）是一个面向流的接口，它没有为 DL/T 634.5101 中的应用服务数据单元（ASDU）定义任何启动或者停止机制。为了检出 ASDU 的启动和结束，每个应用标准控制信息（APCI）包括下列定界元素：一个启动字符，ASDU 的规定长度，以及控制域，如图 8 - 25 所示。可以传送一个完整的应用标准数据单元（APDU）（或者出于控制目的，仅是 APCI 域也是可以被传送的），如图 8 - 26 所示。

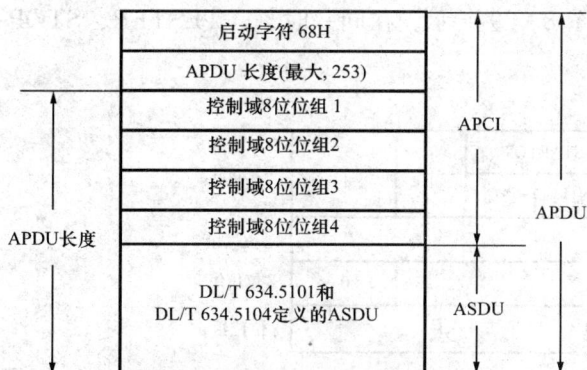

图 8 - 25　远动配套标准的 APDU 定义

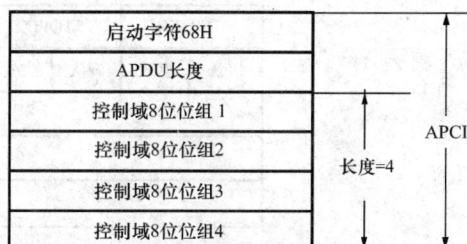

图 8 - 26　远动配套标准的 APCI 定义

启动字符 68H 定义了数据流中的起点。APDU 的长度域定义了 APDU 体的长度，包括 APCI 的 4 个控制域 8 位位组和 ASDU。第一个被计数的 8 位位组是控制域的第一个 8 位位组，最后一个被计数的 8 位位组是 ASDU 的最后一个 8 位位组。ASDU 的最大长度限制在 249 以内，因为 APDU 域的最大长度是 253（APDU 最大值＝255 减去启动和长度 8 位位组），控制域的长度是 4 个 8 位位组。

控制域定义了保护报文不至丢失和重复传送的控制信息，报文传输启动/停止，以及传输连接的监视等控制信息。

图 8 - 27～图 8 - 29 为控制域的定义。三种类型的控制域格式用于编号的信息传输（I 格式），编号的监视功能（S 格式）和未编号的控制功能（U 格式）。

控制域第一个 8 位位组的第一位比特为 0 定义了 I 格式，I 格式的 APDU 常包含一个 ASDU。I 格式的控制信息如图 8 - 27 所示。

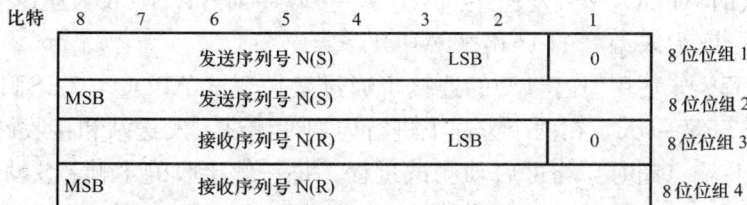

图 8 - 27　信息传输格式类型（I 格式）的控制域

控制域第一个 8 位位组的第一位比特为 1 并且第二位比特为 0 定义了 S 格式。S 格式的 APDU 只包括 APCI。S 格式的控制信息如图 8 - 28 所示。

控制域第一个 8 位位组的第一位比特＝1 并且第二位比特＝1 定义了 U 格式，U 格式的

比特	8	7	6	5	4	3	2	1	
	0						0	1	8位位组1
	0								8位位组2
	接收序列号N(R)						LSB	0	8位位组3
	MSB	接收序列号N(R)							8位位组4

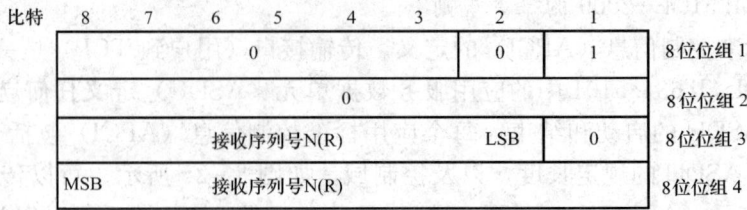

图 8-28　编号的监视功能类型（S格式）的控制域

APDU 只包括 APCI。U 格式的控制信息如图 8-29 所示。在同一时刻，TESTFR、STOP-DT 或 STARTDT 中只有一个功能可以激活。

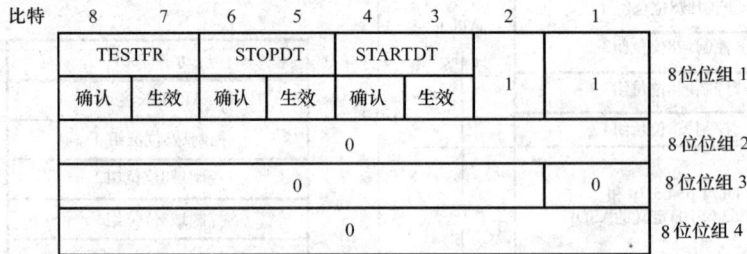

比特	8	7	6	5	4	3	2	1	
	TESTFR		STOPDT		STARTDT		1	1	8位位组1
	确认	生效	确认	生效	确认	生效			
	0								8位位组2
	0					0			8位位组3
									8位位组4

图 8-29　未编号的控制功能类型（U格式）的控制域

（2）防止报文丢失和报文重复传送的一般规则。发送序列号 N（S）和接受序列号 N（R）在每个 APDU 和每个方向上都应按顺序加 1。发送方增加发送序列号 N（S），而接受方增加接收序列号 N（R）。接收站认可接收的每个 APDU 或者多个 APDU，将最后一个正确接收的 APDU 的发送序列号加 1 作为接收序列号返回。发送站把一个或几个 APDU 保存到一个缓冲区里，直到它收到接收序列号，这个接收序列号是对所有发送序列号小于该号的 APDU 的有效确认，这样就可以删除缓冲区里已正确传送过的 APDU。如只在一个方向进行较长的数据传输，就得在另一个方向发送 S 格式，在缓冲区溢出或超时前认可 APDU。这种方法应该在两个方向上应用。在创建一个 TCP 连接后，发送和接收序列号都被设置成 0。

图 8-30～图 8-33 列出 APDU 传输过程。其中 V（S）为发送状态变量；V（R）为接收状态变量；ACK 指示 DTE 已经正确收到所有小于或等于这个编号的 I 格式 APDU；I（a，b）为 I 格式的 APDU，a＝发送序列号，b＝接收序列号；S（b）为 S 格式的 APDU，b＝接收序列号；U 为未编号的 U 格式 APDU。

（3）测试过程。未使用但已打开的连接可通过发送测试 APDU（TESTFR＝act）并由接收站发送 TESTFR＝con，在两个方向上进行周期性测试。发送站和接收站在某个具体时间段内没有数据传输（超时）均可启动测试过程。每一帧接收的 I 帧、S 帧或 U 帧会重新计时 t_3。

B 站要独立地监视连接。只要它接收到从 A 站传来的测试帧，它就不再发送测试帧。当连接长时间缺乏活动性，又需要确保不断时，测试过程也可以在"激活"的连接上启动。

（4）用启/停进行传输控制。控制站（如 A 站）利用 STARTDT（启动数据传输）和STOPDT（停止数据传输）来控制被控站（B 站）的数据传输。这个方法很有效。例如，当

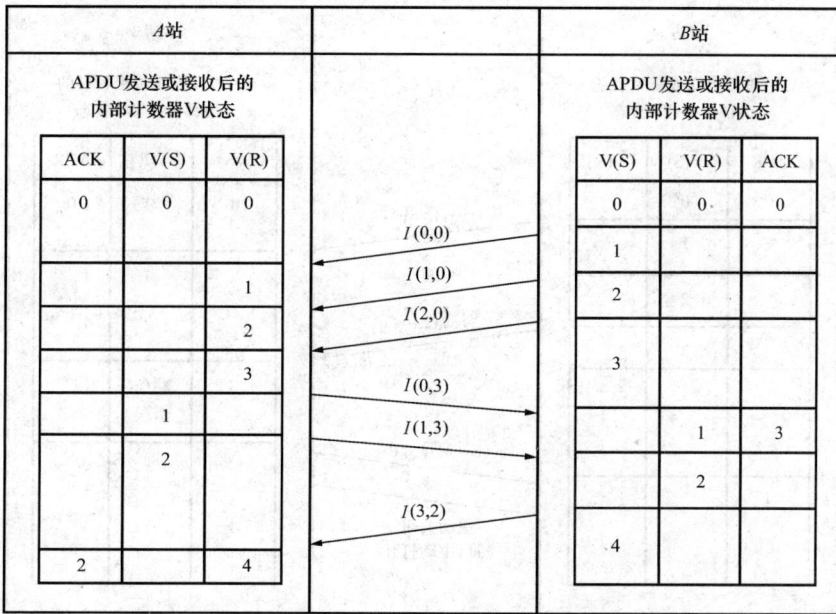

图 8-30　编号 I 格式 APDU 的未受干扰过程

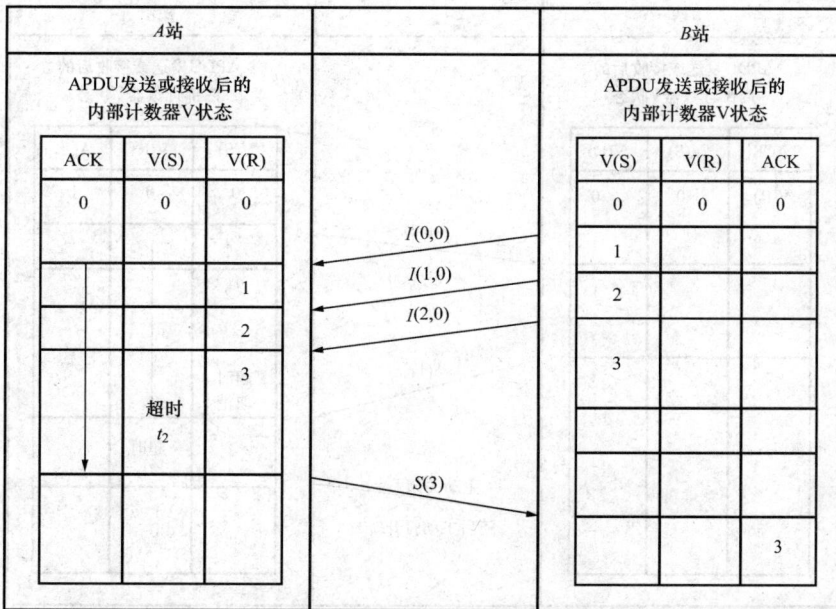

图 8-31　用 S 格式 APDU 确认编号 I 格式 APDU 的未受干扰过程

在站间有超过一个以上的连接打开从而可利用时，一次只有一个连接可以用于数据传输。定义 STARTDT 和 STOPDT 的功能在于从一个连接切换到另一个连接时避免数据丢失。STARTDT 和 STOPDT 还可与单个连接一起用于控制连接的通信量。

当连接建立后，连接上的用户数据传输不会从被控站自动激活，即当一个连接建立时

图 8-32 的内容：

A站			中间报文	B站		
APDU发送或接收后的内部计数器V状态				**APDU发送或接收后的内部计数器V状态**		
ACK	V(S)	V(R)		V(S)	V(R)	ACK
0	0		I(0,0)	0	0	0
		1			1	
		2	I(2,0)		顺序错误	
	3					
			S(1)			
1			主动关闭 随后主动打开			

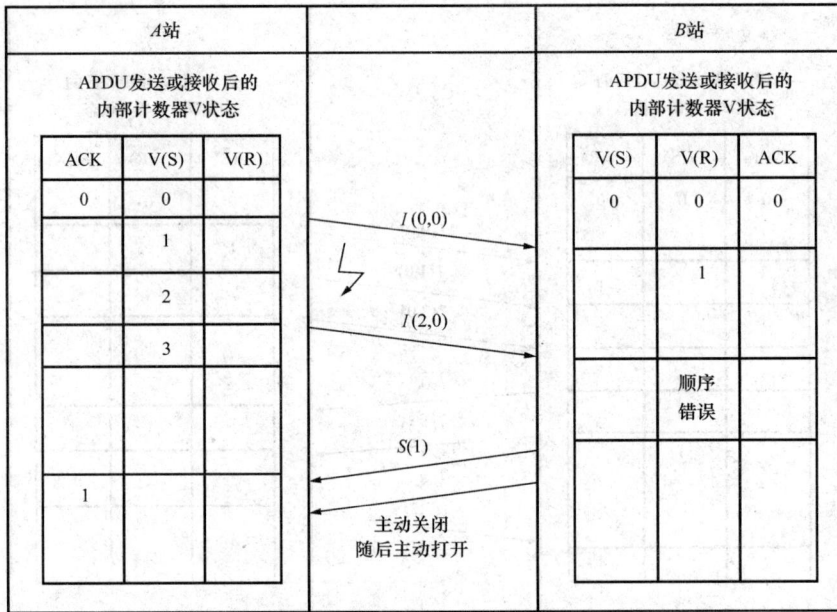

图 8-32　编号 I 格式 APDU 的受干扰过程

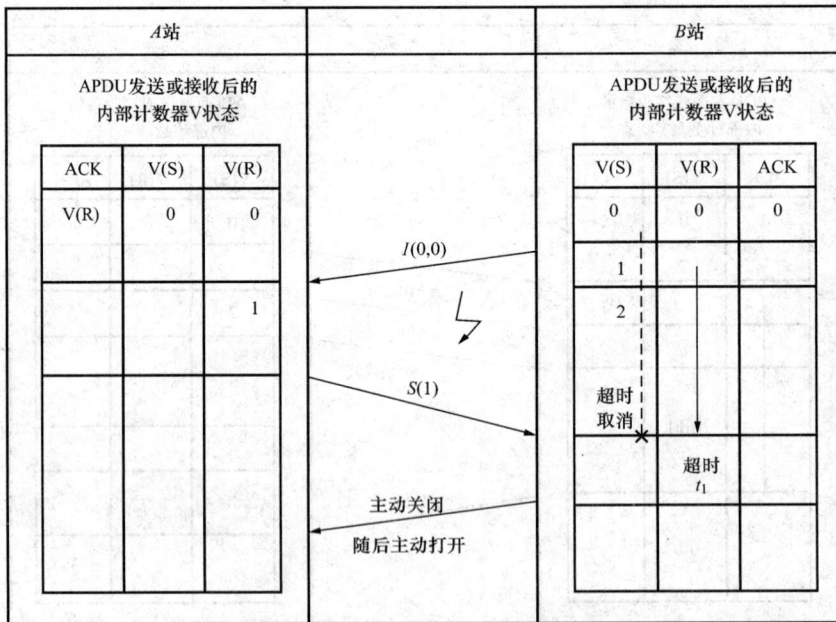

图 8-33 的内容：

A站			中间报文	B站		
APDU发送或接收后的内部计数器V状态				**APDU发送或接收后的内部计数器V状态**		
ACK	V(S)	V(R)		V(S)	V(R)	ACK
V(R)	0	0	I(0,0)	0	0	0
		1		1		
			S(1)	2		
				超时取消		
			主动关闭 随后主动打开		超时 t_1	

图 8-33　最后 I 格式 APDU 未被认可情况下的超时

STOPDT 处于默认状态。在这种状态下，被控站并不通过这个连接发送任何数据，除了未编号的控制功能和对这些功能的确认外。控制站必须通过这个连接发送一个 STARTDT 指令来激活这个连接中的用户数据传输。被控站用 STARTDT 响应这个命令。如果 START-DT 没有被确认，这个连接将被控制站关闭。这意味着站初始化之后，STARTDT 必须总是在来自被控站的任何用户数据传输（如一般的询问信息）开始前发送。任何被控站的待发用户数据都只有在 STARTDT 被确认后才发送。

　　STARTDT/STOPDT 是一种控制站激活/解除激活监视方向的机制。控制站即使没有收到激活确认，也可以发送命令或者设定值。发送和接收计数器继续运行，它们并不依赖于 STARTDT/STOPDT 的使用。

　　在某种情况下，例如，从一个有效连接切换到另一连接（如通过操作员），控制站首先在有效连接上传送一个 STOPDT 指令，受控站停止这个连接上的用户数据传输并返回一个 STOPDT 确认。挂起的 ACK 可以在被控站收到 STOPDT 生效指令和返回 STOPDT 确认的时刻之间发送。收到 STOPDT 确认后，控制站可以关闭这个连接。另建的连接上需要一个 STARTDT 来启动该连接上来自于被控站的数据传送。

　　（5）端口号。每一个 TCP 地址由一个 IP 地址和一个端口号组成。每个连接到 TCP - LAN 上的设备都有自己特定的 IP 地址，而为整个系统定义的端口号却是一样的。IEC 60870 - 5 - 104 要求，端口号 2404 已由 IANA（互联网数字分配授权）定义和确认。

　　（6）未被确认的 I 格式 APDU 最大数目（k）。k 表示在某一特定的时间内未被 DTE 确认（即不被承认）的连续编号的 I 格式 APDU 的最大数目。每一 I 格式帧都按顺序编好号，从 0 到模数 n 减 1。以 n 为模的操作中 k 值永远不会超过 $n-1$。当未确认 I 格式 APDU 达到 k 个时，发送方停止传送。接收方收到 w 个 I 格式 APDU 后确认。模 n 操作时 k 的最大值是 $n-1$。

　　k 值的最大范围：$1 \sim 32767$（2^{15} - 1）APDU，精确到一个 APDU。

　　w 值的最大范围：$1 \sim 32767$ APDU，精确到一个 APDU（推荐：w 不应超过 $2k/3$）。

　　（7）应用参数。

　　1）ASDU 公共地址：2B。

　　2）信息对象地址：3B。

　　3）传送原因：2B。

　　4）超时参数，见表 8 - 10。

表 8 - 10　　　　　　　　　　　　　　　超　时　参　数

参数	默认值（s）	备注	参数	默认值（s）	备注
t_0	10	连接建立的超时	t_3	15	长期空闲状态下发送测试帧的超时
t_1	12	发送或测试 APDU 的超时	t_4	8	应用报文确认超时
t_2	5	无数据报文时确认的超时，$t_2 < t_1$			

　　（8）报文类型标识。

　　1）监视方向的过程信息，见表 8 - 11。

表 8 - 11　　　　　　　　　　　监视方向的过程信息

报文类型 （十进制）	报文语义	报文类型 （十进制）	报文语义
1	单位遥信	7	32 比特串
3	双位遥信	9	归一化遥测值
5	步位置信息	11	标度化遥测值

续表

报文类型（十进制）	报文语义	报文类型（十进制）	报文语义
13	短浮点遥测值	34	带绝对时标的归一化遥测值
15	累计值	35	带绝对时标的标度化遥测值
20	带变位检出标志的成组单位遥信	36	带绝对时标的短浮点遥测值
21	归一化遥测值	37	带绝对时标的累计量
30	带绝对时标的单位遥信（SOE）	38	带绝对时标的继电保护装置事件
31	带绝对时标的双位遥信（SOE）	39	带绝对时标的继电保护装置成组启动事件
32	带绝对时标的步位置信息	40	带绝对时标的继电保护装置成组输出电路信息
33	带绝对时标的 32 比特串		

2）控制方向的过程命令，见表 8 - 12。

3）监视方向的系统信息，见表 8 - 13。

4）控制方向的系统命令，见表 8 - 14。

5）控制方向的参数命令，见表 8 - 15。

表 8 - 12　　　　控制方向的过程命令

报文类型（十进制）	报文语义
45	单位遥控命令
46	双位遥控命令
47	挡位调节命令
48	归一化值设定命令
49	标度化值设定命令
50	短浮点值设定命令
51	32 比特串
58	带时标的单命令
59	带时标的双命令
60	带时标的步调节命令
61	带时标的归一化值设定命令
62	带时标的标度化值设定命令
63	带时标的短浮点值设定命令
64	带时标的 32 比特串

表 8 - 13　　　　监视方向的系统信息

报文类型（十进制）	报文语义
70	初始化结束

表 8 - 14　　　　控制方向的系统命令

报文类型（十进制）	报文语义
100	总召唤命令
101	累计量召唤命令
102	读命令
103	时钟同步命令
105	复位进程命令
107	带时标的测试命令

表 8 - 15　　　　控制方向的参数命令

报文类型（十进制）	报文语义
110	归一化遥测参数
111	标度化遥测参数
112	短浮点遥测参数
113	参数激活

（9）传输原因。传输原因见表 8-16。

表 8-16　　　　　　　　　　　传　输　原　因

传送原因 （十进制）	语义	应用方向	传送原因 （十进制）	语义	应用方向
0	任何情况都不用	任何情况都不用	…		
1	周期、循环	上行	28	响应第 8 组召唤	上行
2	背景扫描	上行	29	响应第 9 组召唤	上行
3	突发	上行	…		
4	初始化	上行	34	响应第 14 组召唤	上行
5	请求或被请求	上行、下行	35	响应第 15 组召唤	上行
6	激活	下行	36	响应第 16 组召唤	上行
7	激活确认	上行	37	响应累计量站召唤	上行
8	停止激活	下行	38	响应第 1 组累计量召唤	上行
9	停止激活确认	上行	39	响应第 2 组累计量召唤	上行
10	激活终止	上行	40	响应第 3 组累计量召唤	上行
11	远方命令引起的返送信息	上行	41	响应第 4 组累计量召唤	上行
12	当地命令引起的返送信息	上行	44	未知的类型标识	上行
20	响应站召唤	上行	45	未知的传送原因	上行
21	响应第 1 组召唤	上行	46	未知的应用服务数据单元公共地址	上行
22	响应第 2 组召唤	上行	47	未知的信息对象地址	上行

（10）信息对象地址分配方案。信息对象地址分配方案见表 8-17。

表 8-17　　　　　　　　　信息对象地址分配方案

信息对象名称	对应地址（十六进制）	信息量个数	信息对象名称	对应地址（十六进制）	信息量个数
遥信信息	1H～1000H	4096	遥控信息	6001H～6200H	512
继电保护信息	1001H～4000H	12 288	设定信息	6201H～6400H	512
遥测信息	4001H～5000H	4096	累计量信息	6401H～6600H	512
遥测参数信息	5001H～6000H	4096	分接头位置信息	6601H～6700H	256

第四节　IEC 61850 通信及建模标准

一、IEC 61850 标准概述

20 世纪 90 年代中期，IEC/TC 57 和 IEC/TC 95 成立了一个联合工作组，制定了 IEC 60870-5-103 标准（继电保护设备信息接口配套标准），同时美国电力研究院 EPRI 开始制定公用事业通信系统结构 UCA 并发布了 UCA2.0。1994 年由德国国家委员会提出制定通用的变电站自动化标准建议，1998 年 IEC、IEEE 和 EPRI 达成共识，由 IEC 牵头，以美国

UCA 2.0 为基础，开始制定 IEC 61850 变电站自动化标准，由 IEC/TC 95 工作组对 IEC 61850 及其数据模型开展研究。1999 年的 IEC/TC 57 京都会议和 2000 年 SPAG 会议提出将 IEC 61850 作为无缝通信标准。1999 年 8 月 IEC SBI 成立配电自动化工作组，指出要开展无缝通信，统一数据建模，更多配电专家参与标准制定。在 IEC/TC 57 工作组 2002 年北京会议上，指出今后的工作方向：追求现代技术水平的通信体系，实现完全的互操作性，体系向下兼容，基于现代技术水平的标准信息和通信技术平台，在 IT 系统和软件应用通过数据交换接口标准化实现开放式系统。IEC 61850 不仅用于变电站内通信，而且用于变电站和控制中心通信。目前，IEC 61850 共 14 个部分已全部成为国际标准。

1. IEC 61850 标准主要内容

（1）功能建模。从变电站自动化通信系统的通信性能（PICOM）要求出发，定义了变电站自动化系统的功能模型（IEC 61850 - 5）。

（2）数据建模。采用面向对象的方法，定义了基于客户机/服务器结构的数据模型（IEC 61850 - 7 - 3/4）。

（3）通信协议。IEC 61850 标准总结了变电站内信息传输所必需的通信服务，设计了独立于所采用网络和应用层协议的抽象通信服务接口（ACSI）。在 IEC 61850 - 7 - 2 中，建立了标准兼容服务器所必须提供的通信服务模型，包括服务器、逻辑设备、逻辑节点、数据和数据集模型。客户通过 ACSI，由特殊通信服务映射（SCSM）到所采用的具体协议栈，如制造报文规范（MMS）等。IEC 61850 标准使用 ACSI 和 SCSM 技术，解决了标准的稳定性与未来网络技术发展之间的矛盾，即当网络技术发展时只要改动 SCSM，不需要修改 ACSI（IEC 61850 - 7 - 2，IEC 61850 - 8/9）。

（4）变电站自动化系统工程和一致性测试。定义了基于 XML 的结构化语言（IEC 61850 - 6），描述变电站和自动化系统的拓扑以及 IED 结构化数据。为了验证互操作性，IEC 61850 - 10 描述了 IEC 61850 标准一致性测试。

2. IEC 61850 的主要特点

（1）定义了变电站的信息分层结构。变电站通信网络和系统协议 IEC 61850 标准草案提出了变电站内信息分层的概念，将变电站的通信体系分为 3 个层次，即变电站层、间隔层和过程层，并且定义了层和层之间的通信接口。

（2）采用了面向对象的数据建模技术。IEC 61850 标准采用面向对象的建模技术，定义了基于客户机/服务器结构数据模型。每个 IED 包含一个或多个服务器，每个服务器本身又包含一个或多个逻辑设备。逻辑设备包含逻辑节点，逻辑节点包含数据对象。数据对象则是由数据属性构成的公用数据类的命名实例。从通信来说，IED 同时也扮演客户的角色。任何一个客户可通过抽象通信服务接口（ACSI）和服务器通信可访问数据对象。

（3）数据自描述。该标准定义了采用设备名、逻辑节点名、实例编号和数据类名建立对象名的命名规则；采用面向对象的方法，定义了对象之间的通信服务，比如，获取和设定对象值的通信服务，取得对象名列表的通信服务，获得数据对象值列表的服务等。面向对象的数据自描述在数据源就对数据本身进行自我描述，传输到接收方的数据都带有自我说明，不需要再对数据进行工程物理量对应、标度转换等工作。由于数据本身带有说明，所以传输时可以不受预先定义限制，简化了对数据的管理和维护工作。

（4）网络独立。变电站内采用 IEC 61850，通过通信网络，只需要在客户端配置服务器网络 IP 地址，变电站内各种应用可以得到各个设备的数据；由于数据具有自描述特征，所有测点名可用通信方式获得，无需人工配置，当变电站内增加或删除装置或应用时不需要进行通信配置；站内所有应用程序和智能设备采用相同的标准、数据格式、数据访问方式、命名规则和配置语言，采用标准的网络通信平台，提高了系统的灵活性、扩展性和互操作性。在系统集成时，应用程序不需处理大量不同的通信标准、数据格式和数据访问形式，也无需进行重复的变电站配置和对点工作，简化了维护工作量，同时也增强了变电站的可靠性和安全性。IEC 61850 与 IEC 61970 调度通信标准具有一定的互操作性，将来可以实现无缝连接，实现主站对变电站的直接访问，降低了通信瓶颈和标准转换数据损失。

3. IEC 61850 的重要术语

（1）LD（LOGICAL - DEVICE）：逻辑设备，代表典型变电站功能集的实体。

（2）LN（LOICAL - NODE）：逻辑节点，代表典型变电站功能的实体。

（3）CDC（Common DATA Class）：公用数据类（DL/T860.73《变电站通信网络和系统　第 7 - 3 部分：变电站和馈线设备的基本通信结构　公用数据类》）。

（4）Data：位于自动化设备中能够被读、写，有意义的结构化应用信息。

（5）DA（Data Attribute）：数据属性，数据属性（IEC 61850 - 8 - 1）命名。

（6）FC（Functional Constraint）：功能约束。

（7）FCDA（Functionally Constrained Data Attribute）：功能约束数据属性。

（8）互操作性：同一或不同制造商提供的两台或多台 IED 交换信息，并用这些信息正确地配合工作的能力。

（9）服务器：为客户提供服务或发出非请求报文的实体。

（10）客户端：向服务器请求服务以及接收来自服务器非请求报文的实体。

（11）MMS（Manufacturing Message Specification）：制造报文规范（ISO 9506）。

（12）SMV（Sampled Measured Value）：采样测量值。

（13）GSE（Generic Substation Event）：通用变电站事件。

（14）GSSE（Generic Substation Status Event）：通用变电站状态事件。

（15）GOOSE（Generic Object Oriented Substation Events）：通用面向变电站事件对象。

（16）Dataset：数据集。

（17）Report Control Block：报告控制块。

（18）BRCB（Buffered Report Control Block）：可缓冲报告。

（19）URCB（Unbuffered Report Control Block）：无缓冲报告。

二、IEC 61850 标准建模

数字化变电站通过对全站 IED 设备统一建模，采用面向对象的建模技术和独立于网络结构的抽象通信服务接口，实现了智能装置之间互操作和信息共享，在不同厂家设备之间实现了无缝连接及互操作。抽象通信服务的数据模型如图 8 - 34 所示。

IEC 61850 是新一代的变电站自动化系统的国际标准，它规范了数据的命名、数据定义、设备行为、设备的自描述特征和通用配置语言。同传统的 IEC 60870 - 5 - 103 标准相比，它不仅仅是一个单纯的通信标准，而且是数字化变电站自动化系统的标准，它指导了变电站

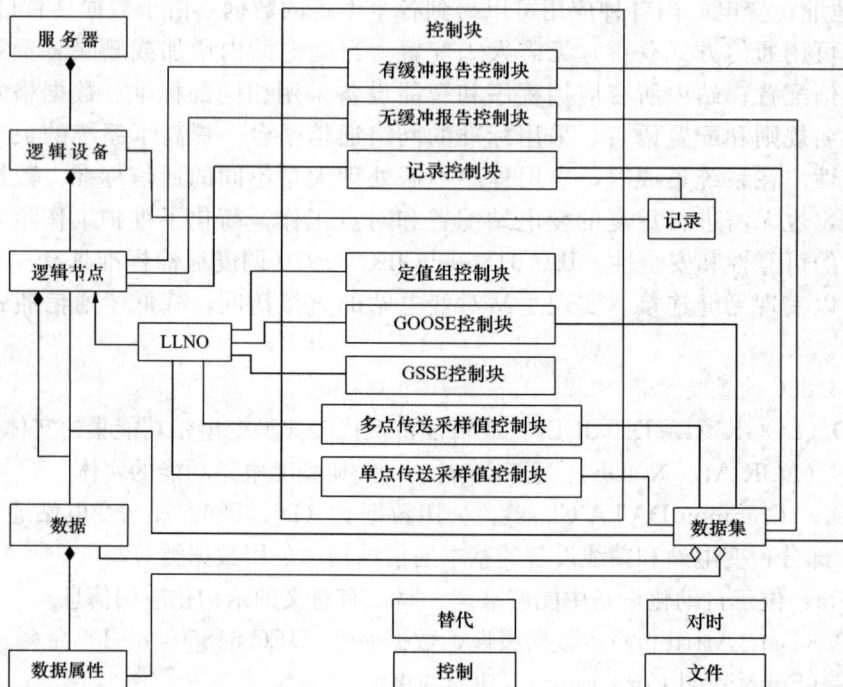

图 8-34　抽象通信服务数据模型

自动化的设计、开发、工程、维护等各个领域。该标准通过对变电站自动化系统中的对象统一建模，采用面向对象技术和独立于网络结构的抽象通信服务接口，增强了设备之间的互操作性，可以在不同厂家的设备之间实现无缝连接。智能化一次设备和数字式变电站要求变电站自动化采用 IEC 61850 标准。IEC 61850 是至今为止最完善的变电站自动化标准，它不仅规范了保护测控装置的模型和通信接口，而且还定义了数字式 TA、TV、智能式开关等一次设备的模型和通信接口。采用 IEC 61850 国际标准可以大幅度提高变电站自动化技术水平、提高变电站自动化安全稳定运行水平，节约开发、验收、维护的人力、物力，实现完全的互操作。

三、IEC 61850 标准层次结构

物理设备（相当于某一装置）映射到 IED，然后将各个功能分解到 LN，组织成一个或者多个 LD。每个功能的保护数据映射到 DO，并且根据功能约束（FC）进行拆分并映射到若干个 DA。

四、IEC 61850 标准的服务

IEC 61850 标准的服务实现主要分为 MMS 服务、GOOSE 服务、SMV 服务三个部分。其中，MMS 服务用于装置和后台之间的数据交互，GOOSE 服务用于装置之间的通信，SMV 服务用于采样值传输。在装置和后台之间涉及双边应用关联，在 GOOSE 报文和传输采样值中涉及多路广播报文服务。双边应用关联传送服务请求和响应（传输无确认和确认的一些服务）服务，多路广播应用关联（仅在一个方向）传送无确认服务。IEC 61850 标准的服务如图 8-36 所示。

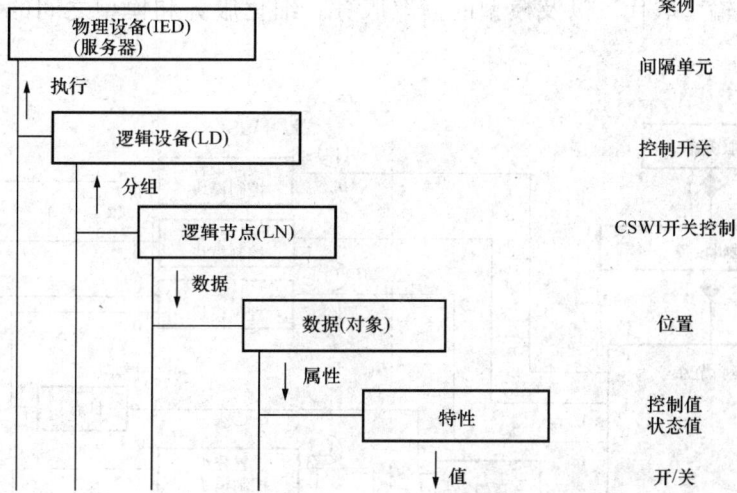

图 8 - 35　IEC 61850 标准层次结构

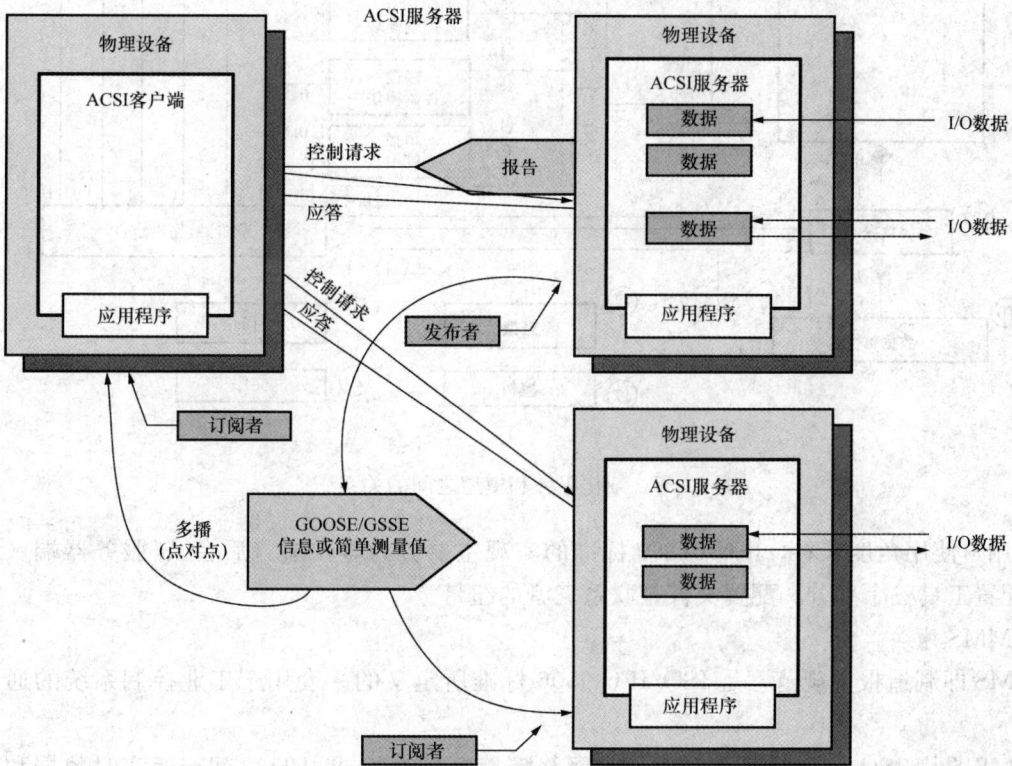

图 8 - 36　IEC 61850 标准的服务

如果把 IEC 61850 标准的服务细化，主要有：报告（事件状态上送）、日志历史记录上送、快速事件传送、采样值传送、遥控、遥调、定值读/写服务、录波、保护故障报告、时间同步、文件传输、取代，以及模型的读取服务。细化服务和模型之间的关系如图 8-37 所示。

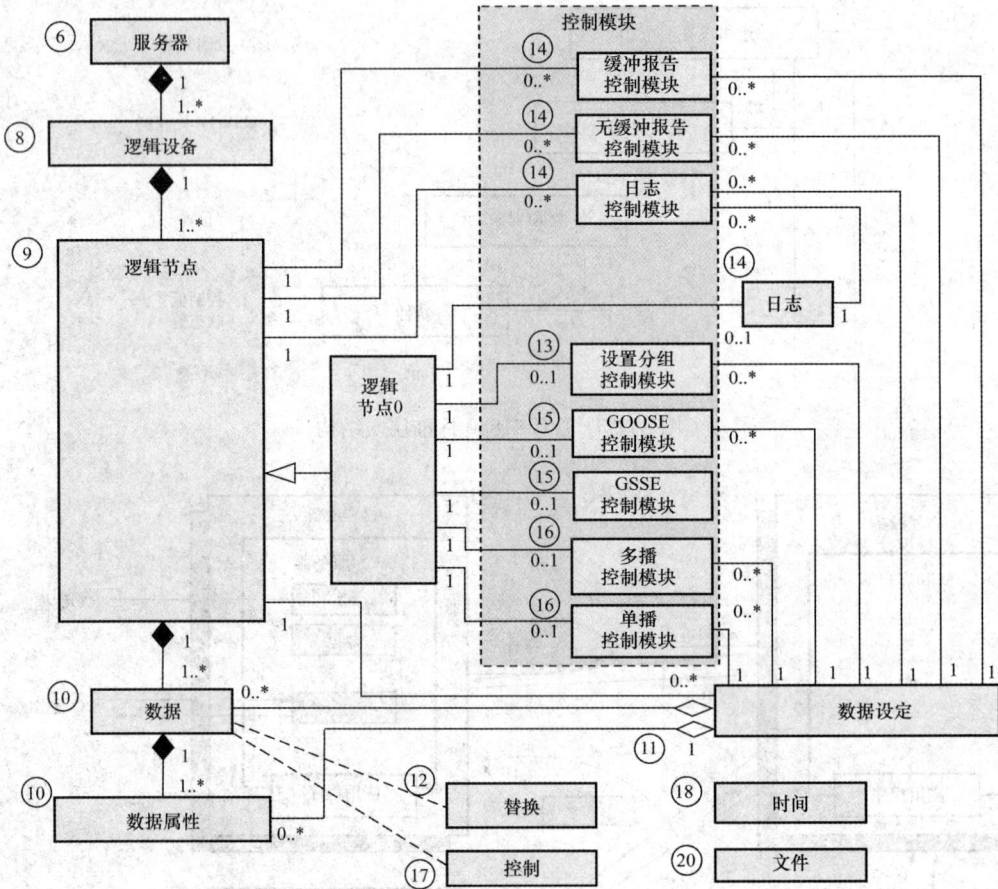

图 8-37 细化服务和模型之间的关系

从用户使用角度来看，IEC 61850 标准的实现主要分为客户端（后台）、服务器端（装置）、配置工具三个部分。配置文件是联系三者的纽带。

1. MMS 服务

MMS 即制造报文规范，是 ISO/IEC 9506 标准所定义的一套用于工业控制系统的通信协议。

MMS 是由 ISO TC184 开发和维护的网络环境下计算机或 IED 之间交换实时数据和监控信息的一套独立的国际标准报文规范。它独立于应用和设备的开发者。MMS 特点介绍如下。

（1）它定义了交换报文的格式；结构化、层次化的数据表示方法；可以表示任意复杂的数据结构；ASN.1 编码可以适用于任意计算机环境。

（2）定义了针对数据对象的服务和行为。

（3）为用户提供了一个独立于所完成功能的通用通信环境。

2. GOOSE 服务

IEC 61850 标准中定义的面向通用对象的变电站事件（GOOSE）以快速的以太网多播报文传输为基础，代替了传统的智能电子设备（IED）之间硬接线的通信方式，为逻辑节点间的通信提供了快速且高效、可靠的方法。

GOOSE 服务支持由数据集组成的公共数据交换，主要用于保护跳闸、断路器位置，联锁信息等实时性要求高的数据传输。GOOSE 服务的信息交换基于发布/订阅机制基础上，同一 GOOSE 网中的任一 IED 设备，既可作为订阅端接收数据，也可以作为发布端为其他 IED 设备提供数据。这样可以使 IED 设备之间通信数据的增加或更改变得更加容易实现。

（1）GOOSE 收发机制。为了保证 GOOSE 服务的实时性和可靠性，GOOSE 报文采用与基本编码规则（BER）相关的 ASN.1 语法编码后，不经过 TCP/IP 协议，直接在以太网链路层上传输，并采用特殊的收发机制。

GOOSE 报文发送采用心跳报文和变位报文快速重发相结合的机制。在 GOOSE 数据集中的数据没有变化的情况下，发送时间间隔为 T_0 的心跳报文，报文中的状态号（Stnum）不变，顺序号（Sqnum）递增。当 GOOSE 数据集中的数据发生变化时，发送一帧变位报文后，以时间间隔 T_1、T_1、T_2、T_3 进行变位报文快速重发。数据变位后的报文中状态号（Stnum）增加，顺序号（Sqnum）从零开始。

GOOSE 接收可以根据 GOOSE 报文中的允许生存时间 TATL（time allow to live）来检测链路中断。GOOSE 数据接收机制可以分为单帧接收和双帧接收两种。智能操作箱使用双帧接收机制，收到两帧 GOOSE 数据相同的报文后更新数据。其他保护和测控装置使用单帧接收机制，接收到变位报文（Stnum 变化）以后，立刻更新数据。当接收报文中状态号（Stnum）不变时，使用双帧报文确认来更新数据。

（2）GOOSE 报警功能。GOOSE 对收发过程中产生的异常情况进行报警，主要分为 GOOSE A 网/B 网断链报警，GOOSE 配置不一致报警，GOOSE A 网/B 网网络风暴报警。

GOOSE A 网/B 网断链报警：在两倍的报文允许生存时间 TATL 内没有收到正确的 GOOSE 报文，就产生 GOOSE A 网/B 网断链报警。

GOOSE 配置不一致报警：GOOSE 发布方和订阅方中 GOOSE 控制块的配置版本号等属性必须一致，否则产生 GOOSE 配置不一致报警。

GOOSE A 网/B 网网络风暴报警：当 GOOSE 网络中产生网络风暴，网络端口流量超过正常范围，出现异常报文时，会产生 GOOSE A 网/B 网网络风暴报警。

（3）GOOSE 检修功能。当装置的检修状态置 1 时，装置发送的 GOOSE 报文中带有测试（test）标志，接收端就可以通过报文的 test 标志获得发送端的置检修状态。当发送端和接收端置检修状态一致时，装置对接收到的 GOOSE 数据进行正常处理。当发送端和接收端置检修状态不一致时，装置可以对接收到的 GOOSE 数据做相应处理，以保证检修的装置不会影响到正常运行状态的装置，提高了 GOOSE 检修的灵活性和可靠性。

3. SMV 服务

采样值的传输所交换的信息是基于发布/订户机制。在发送侧发布方将值写入发送缓冲区；在接收侧订户从当地缓冲区读值。在值上加上时标，订户可以校验值是否及时刷新。通信系统负责刷新订户的当地缓冲区。

在一个发布方和一个或多个订户之间有两种交换采样值方法。一种方法采用 MULTI-CAST - APPLICATION - ASSOCIATION（多路广播应用关联控制块 MSVCB）。另一种方法采用 TWO - PARTY - APPLICATION - ASSOCIATION（双边应用关联，即单路传播采样值控制块 USVCB）。按规定的采样率对输入进行采样。由内部或者通过网络实现采样的同步。采样存入传输缓冲区。

网络嵌入式调度程序将缓冲区的内容通过网络向订户发送，采样率为映射特定参数。采样值存入订户的接收缓冲区。一组新的采样值到达了接收缓冲区就通知应用功能。IEC 61850 9 - 2 报文类似于 GOOSE 报文，以组播的方式在交换机上被转发到同组的端口。

五、IEC 61850 标准配置流程

1. IEC 61850 配置文件

IEC 61850 配置文件是指描述通信相关的智能电子设备（IED）配置和参数、通信系统配置、开关场（功能）结构及它们之间关系的文件。规定文件格式的主要目的是：可以兼容的方式，在不同厂家提供的 IED 配置工具和系统配置工具间交换智能电子设备能力描述和变电站自动化系统描述。系统应具备的配置文件包括以下几方面。

（1）ICD 文件。IED 能力描述文件，由装置厂商提供给系统集成厂商，该文件描述了 IED 提供的基本数据模型及服务，但不包含 IED 实例名称和通信参数。

（2）SSD 文件。系统规格文件，全站唯一，该文件描述了变电站一次系统结构以及相关联的逻辑节点，最终包含在 SCD 文件中。

（3）SCD 文件。全站系统配置文件，全站唯一，该文件描述了所有 IED 的实例配置和通信参数、IED 之间的通信配置以及变电站一次系统结构，由系统集成厂商完成。SCD 文件应包含版本修改信息，明确描述修改时间、修改版本等内容。

（4）CID 文件。IED 实例配置文件，每个装置有一个，由装置厂商根据 SCD 文件中本 IED 相关配置生成。

2. IEC 61850 配置工具

IEC 61850 配置工具分为系统配置工具和装置配置工具，配置工具应能对导入导出的配置文件进行一致性检查，生成的配置文件应能通过 SCL 的 Schema 验证，并生成和维护配置文件的版本号和修订版本号。

系统配置工具负责生成和维护 SCD 文件，支持生成或导入 SSD 和 ICD 文件，其中须保留 ICD 文件的私有项，对一次系统和 IED 的关联关系、全站的 IED 实例，以及 IED 间的交换信息进行配置，完成系统实例化配置，并导出全站 SCD 配置文件。

装置配置工具负责生成和维护装置 ICD 文件，并支持导入全站 SCD 文件以提取需要的装置实例配置信息，完成装置配置并下装配置数据到装置。同一厂商应保证其各类型装置 ICD 文件的数据模板 Data Type Templates 的一致性。装置配置工具应至少支持系统配置工具进行以下实例配置：①通信参数，如通信子网配置、网络 IP 地址、网关地址等；②IED 名称；③GOOSE 配置，如 GOOSE 控制块、GOOSE 数据集、GOOSE 通信地址等；④DOI 实例值配置；⑤数据集和报告的实例配置。

3. IEC 61850 配置流程

工程实施过程中，系统集成商提供系统配置工具，并根据用户的需求负责整个系统的配置及联调，装置厂商提供装置配置工具，并负责装置的配置及调试。系统配置工具是系统级配置工具，独立于 IED。它导入装置配置工具生成的 IED 能力描述文件以及系统规格文件，按照系统配置的需要，增加 IED 所需要的实例化配置信息和系统配置信息。当上述配置完成后，系统配置工具应导出全站系统配置文件，并将该文件反馈给装置配置工具。装置配置工具导入配置完成的全站系统配置文件，生成 IED 工程调试运行所需的 CID 实例配置文件，并下载最终配置文件到 IED 中，具体流程参照图 8-38 所示。

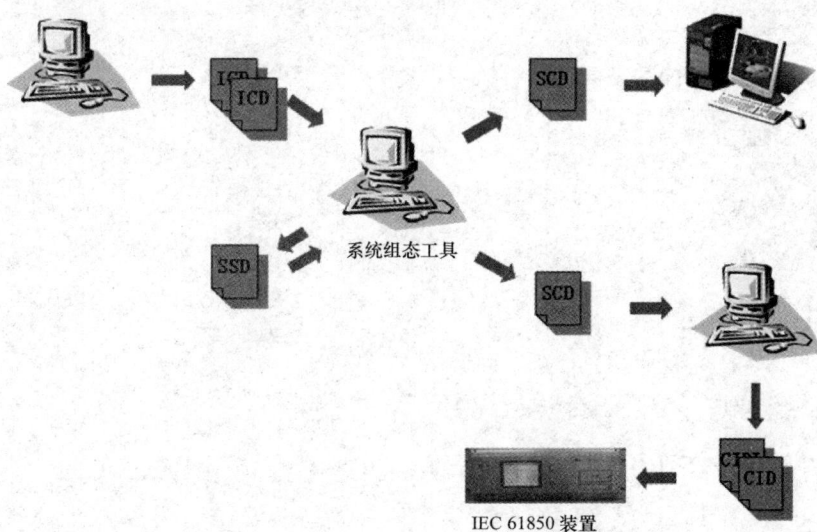

图 8-38 IEC 61850 配置流程

六、IED 设备之间的互操作性

制定 IEC 61850 标准的重要驱动力是实现变电站内各种智能 IED 设备之间的互操作性及互换性，IED 设备的互操作性可以最大限度地保护用户原来的软/硬件投资，实现不同厂家产品集成。在 IEC 61850 标准中互操作性被表述为："来自同一厂家或不同厂家的智能装置 IED 之间交换信息，和正确使用信息协同操作的能力。"

互操作性强调信息和服务语义的确定性，而确定性需要面向应用领域的针对性，对于 IEC 61850 来说，就是面向变电站自动化领域的针对性。它一方面与语义约定的层次有关，一个变电站的数据可以被赋予"模拟量"、"信号量"的语义；也可以被赋予"电压"、"电流"的语义；如果与保护相关还可以被赋予"距离一段出口"、"距离一段阻抗定值"的语义。依据信息语义具有偏序关系的理论，信息语义相对数据对象含义的逼近程度代表了信息语义的不同约定层次，也决定了互操作性所需要的信息相互理解程度，信息和服务的语义约定越有针对性，互操作性就越强，反之则越弱，早期的通信协议不能很好地支持互操作性的原因之一就是语义约定的层次较低。语义确定性另一方面还与自动化功能的应用背景有关。例如，上面的"距离一段出口"显然就是针对"距离保护"，而"一段出口"本身则因为存在语义二义性，不符合互操作性所要求的语义确定性。

为保证互操作性，需要开展两类试验与测试：一致性测试（conformance test）和性能测试（performance test）。IEC 61850-10 中专门定义了一致性测试方法：一致性测试属于证书测试（certification test），目的是测试 IED 是否符合特定标准；性能测试属于应用测试（application test），其侧重于将 IED 置于实际应用系统中，以测试整个应用系统是否满足运行性能要求。以保护系统的应用测试为例，需要利用来自多个厂家的新型互感器、合并单元、交换机以及数字式保护构成全数字化保护系统，模拟各种电网运行情况及通信网络情况，测试整个保护系统的"四性"是否满足要求。一般来说，一致性测试由授权机构完成，而性能测试则由用户组织实施。

第九章 智能变电站技术简介

第一节 智能变电站概述

电网是经济社会发展的基础设施，是能源战略布局的重要内容，也是能源产业链的重要环节。实现电网的安全稳定运行，提供高效、优质、清洁的电力供应是全面建设小康社会和构建社会主义和谐社会的重要保障。随着社会经济的发展，能源短缺问题日益严峻、结构性矛盾日益突出、供电可靠性要求不断提高，用户服务需求更加多样化，电网运营面临巨大的挑战。与此同时，现代通信技术、信息技术、自动化技术和测量技术等逐步高度集成，融合用于发电、输电、变电、配电、用电和调度等各个环节，为有效地解决现代电网面临的一系列问题提供了坚实的技术支持，也使现代电网获得了智能化的发展机遇。因此，智能电网是现代电网发展的必经之路。

智能电网是通过发电、输电、变电、配电、用电、调度各环节流程的智能化、信息化、数字化和互动化的实现来整合和改造传统的电力产供销流程，使电网更可靠、更坚强、更经济、更高效、更安全、环境更友好。智能电网的主要特征表现在能及时发现、快速诊断和消除故障的自愈能力；能与电力用户之间实现友好互动；能抵御物理攻击和信息攻击；能提供用户需求的优质电能；能兼容新能源发电和储能的接入；能支持新型电力市场；能优化资产利用，提高运行效率。

一、智能变电站概念

我国微机保护在原理和技术上已相当成熟，常规变电站发生事故的主要原因在于电缆老化接地造成误动、TA 特性恶化和特性不一致引起故障、季节性投切连接片易出错等。这些问题在数字化变电站中都能得到根本解决。另外，微机技术和信息、通信技术、网络技术的迅速发展和现有的成熟技术也促成了数字化技术在电力行业内的应用进程。这几年国内智能化一次设备产品质量提升迅速，从一些试运行站的近期反馈情况可以看出，智能化一次设备已经从初期的不稳定达到了基本满足现场应用的水平。工业以太网是随着微机保护开始应用于电力系统的，更是成为近几年变电站自动化系统的主流通信方式。大量的工程实践证明站控层与间隔层之间以太网通信的可靠性不存在任何问题。而间隔层与过程层的通信对实时性、可靠性提出了更高的要求，但通过近两年的研究与实践发现，这一难点问题已经得到解决。可以说，原来制约数字化变电站发展的因素目前已经逐一排除。数字化变电站按照变电站自动化系统所要完成的控制、监视和保护三大功能提出了变电站内功能分层的概念：无论从逻辑概念上，还是从物理概念上都可将变电站的功能分为站级层、间隔层和过程层三层。

数字化变电站主要解决现有变电站可能存在的以下问题：①传统互感器的绝缘、饱和、谐振等；②长距离电缆、屏间电缆；③通信标准等。

数字化变电站与传统变电站相比，主要需对过程层和间隔层设备进行升级，将一次系统的模拟量和开关量就地数字化，用光纤代替现有的电缆连接，实现过程层设备与间隔层设备之间的通信。

智能变电站（smart substation）采用先进、可靠、集成、低碳、环保的智能设备，以全站信息数字化、通信平台网络化、信息共享标准化为基本要求，自动完成信息采集、测量、控制、保护、计量和监测等基本功能，并可根据需要支持电网实时自动控制、智能调节、在线分析决策、协同互动等高级功能的变电站。图9-1为智能变电站要素示意图。

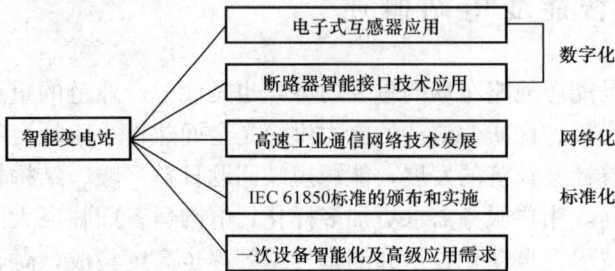

图 9-1 智能变电站要素示意图

智能变电站的主要一次设备和二次设备均应为智能设备，这是变电站实现数字化的基础。智能设备具有与其他设备交互参数、状态和控制命令等信息的通信接口。如果确实需要使用传统非智能设备，应通过配置智能终端将其改造为智能设备。设备间信息传输的方式为网络通信或串行通信，取代传统的二次电缆等硬接线。

智能变电站的设备根据需要设计相应的在线检测功能，变电站自动化系统可根据设备实时提供的健康状态提出检修要求，实现计划检修向状态检修的转变。

智能变电站不需解决不同制造商设备信息代码表不统一的问题。智能变电站的设备信息应符合标准的信息模型，具有自我描述机制。采用面向对象自我描述的方法，传输到自动化系统的数据都带说明，写入数据库，使现场验收的验证工作得到大量简化，数据库的维护工作量大幅度减少，实现设备的即插即用。

按照 IEC 61850，变电站的功能应分为站控层、间隔层和过程层，如图9-2所示。

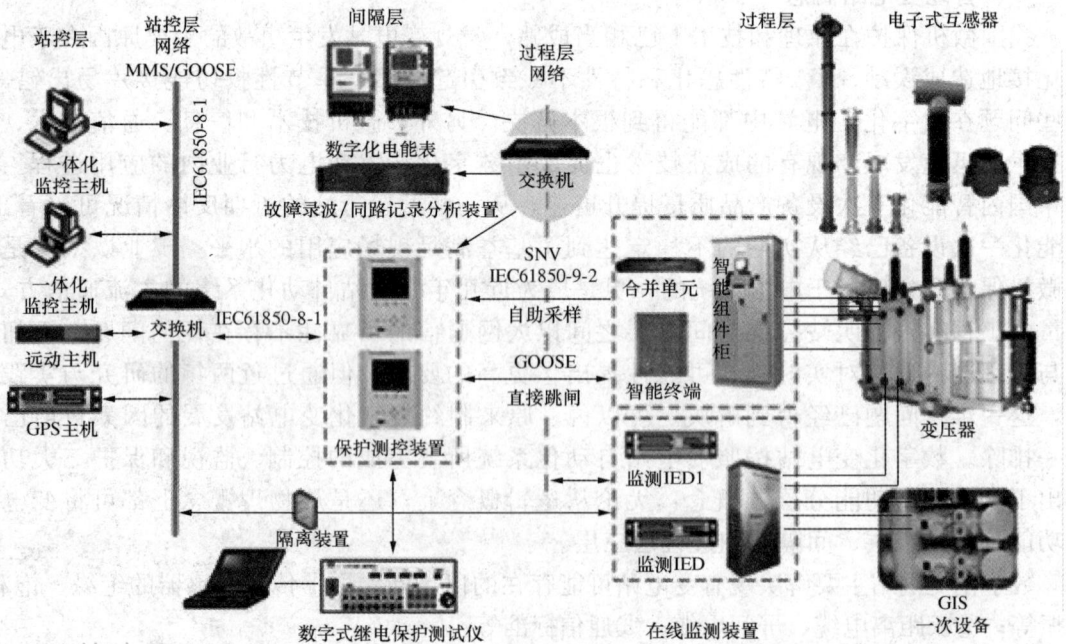

图 9-2 IEC 61850 的变电站功能划分

1. 过程层

过程层是一次设备与二次设备的结合面，或者说过程层是指智能化电气设备的智能化部分。过程层的主要功能分为以下三类。

（1）实时运行电气量检测。与传统的功能一样，主要是电流、电压、相位以及谐波分量的检测，其他电气量如有功、无功、电能量可通过监控的设备运算得到。与常规方式相比，不同的是传统的电磁式电流互感器、电压互感器被非常规互感器取代，采集传统模拟量被直接采集数字量所取代，动态性能好，抗干扰性能强，绝缘和抗饱和特性好。

（2）运行设备状态检测。变电站需要进行状态参数检测的设备主要有变压器、断路器、隔离开关、母线、电容器、电抗器以及直流电源系统等。在线检测的主要内容有温度、压力、密度、绝缘、机械特性以及工作状态等数据。

（3）操作控制命令执行，包括变压器分接头调节控制、电容、电抗器投切控制、断路器、隔离开关合分控制以及直流电源充放电控制等。过程层的控制命令执行大部分是被动的，即按上层控制指令而动作，如接到间隔层保护装置的跳闸指令、电压无功控制的投切命令、断路器的遥控分合命令等，并具有一定的智能性，能判别命令的真伪及合理性，如实现动作精度的控制，使断路器定相合闸、选相分闸，在选定的相角下实现断路器的合闸和分闸等。

2. 间隔层

间隔层的主要功能：①汇总本间隔过程层实时数据信息；②实施对一次设备的保护控制功能；③实施本间隔操作闭锁功能；④实施操作同期及其他控制功能；⑤对数据采集、统计运算及控制命令的发出具有优先级别控制；⑥执行数据的承上启下通信传输功能，同时高速完成与过程层及变电站层的网络通信功能，上下网络接口具备双口全双工方式以提高信息通道的冗余度，保证网络通信的可靠性。

3. 站控层

站控层的主要任务：①通过两级高速网络汇总全站的实时数据信息，不断刷新实时数据库，按时登录历史数据库；②将有关数据信息送往电网调度或控制中心；③接受电网调度或控制中心有关控制命令并转间隔层、过程层执行；④具有在线可编程的全站操作闭锁控制功能；⑤具有（或备有）站内当地监控、人机联系功能，显示、操作、打印、报警等功能以及图像、声音等多媒体功能；⑥具有对间隔层、过程层设备在线维护、在线组态、在线修改参数的功能。

二、智能化变电站与常规变电站的区别

1. 智能变电站与数字化变电站的区别

数字化变电站是智能化变电站发展的必经阶段和实现基础，通过对数字化变电站的技术改造，可以实现一次主设备状态监测、高级功能和辅助系统智能化等。另外，智能化变电站可根据需要实现电网实时自动控制、智能调节、在线分析决策、协同互动等高级功能，智能化程度更高。

2. 数字化变电站与传统综合自动化变电站的区别

（1）间隔层和站控层。只是接口和通信模型发生了变化，通常间隔层装置对下接口为光纤接口，接收过程层设备上送的数字量。站控层通信采用 IEC 61850 标准，监控后台、远动通信管理机和保护信息子站均可直接接入 IEC 61850 装置，可实现信息共享和互操作。

（2）过程层改变较大。由传统的电流、电压互感器、一次设备以及一次设备与二次设备之间的电缆连接，逐步改变为电子式互感器、智能化一次设备、合并单元（电子式互感器的一部分）、光纤连接等内容，实现电流电压模拟量就地数字化，一次设备状态量的就地采集和 GOOSE 网络传输、保护跳合闸和监控系统遥控命令的网络传输和执行。

3. 数字化变电站较传统综合自动化变电站的优势

（1）电子式互感器的应用彻底解决了电缆的干扰、老化问题。电子式互感器具有绝缘简单、体积小、质量轻、TA 动态范围宽、无磁饱和、TA 无谐振、TA 二次可开路、直接数字量输出等优势。简化二次回路，降低了安装、调试、维护工作量，减少运行维护人员的"三误"事故，且电子式互感器的成本随电压等级升高并无明显增加。

（2）智能化汇控柜的应用节约了电缆投资、保护小室和主控室的占地面积及投资，优化了二次回路和结构，提供了强大的系统交互性，减少了现场调试工作量。

（3）数字化、网络化的光纤传输大大减少了传统长距离电缆和屏间电缆，节约了成本和管道面积；解决了信号电缆传输过程中的电磁干扰问题，增加了通信可靠性；可通过网络报文实现信号传输回路自检，实现传输回路状态检修，避免了传统电缆回路接触不可靠时无法自检的缺点。

（4）IEC 61850 通信规范的引入使得智能电气设备间可以实现信息共享和互操作，把用户从不同制造商设备之间互联困难的困扰中解脱出来，通用配置模式提高了用户对设备的选择能力和驾驭能力，减少了投资，提高了可靠性。

（5）减小了现场人员的调试工作量，缩短建设周期和停电时间，具有良好的经济效益。

三、智能变电站相关术语与定义

1. 智能设备（intelligent equipment）

一次设备与其智能组件的有机结合体，两者共同组成一台（套）完整的智能设备。

2. 智能组件（intelligent combination）

对一次设备进行测量、控制、保护、计量、检测等一个或多个二次设备的集合。

3. 智能单元（smart unit）

一种智能组件。与一次设备采用电缆连接，与保护、测控等二次设备采用光纤连接，实现对一次设备（如断路器、隔离开关、主变压器等）的测量、控制等功能。

4. 电子式互感器（electronic instrument transformer）

一种装置，由连接到传输系统和二次转换器的一个或多个电流或电压传感器组成，用于传输正比于被测量的量，供测量仪器、仪表和继电保护或控制装置。

5. 电子式电流互感器（electronic current transformer，ECT）

一种电子式互感器，在正常适用条件下，其二次转换器的输出实质上正比于一次电流，且相位差在联结方向正确时接近于已知相位角。

6. 电子式电压互感器（electronic voltage transformer，EVT）

是一种电子式互感器，在正常适用条件下，其二次电压实质上正比于一次电压，且相位差在联结方向正确时接近于已知相位角。

7. 合并单元（merging unit）

用以对来自二次转换器的电流和/或电压数据进行时间相关组合的物理单元。合并单元可以是互感器的一个组件，也可以是一个分立单元。

8. MMS（manufacturing message specification）

MMS 即制造报文规范，是 ISO/IEC 9506 标准所定义的一套用于工业控制系统的通信协议。MMS 规范了工业领域具有通信能力的智能传感器、智能电子设备（IED）、智能控制设备的通信行为，使出自不同制造商的设备之间具有互操作性（interoperation）。

9. GOOSE（generic object oriented substation event）

GOOSE 是一种通用面向对象变电站事件。主要用于实现在多 IED 之间的信息传递，包括传输跳合闸信号，具有高传输成功概率。

10. 互操作性（interoperability）

来自同一或不同制造商的两个以上智能电子设备交换信息，使用信息以正确执行规定功能的能力。

11. 交换机（switch）

一种有源的网络元件。交换机连接两个或多个子网，子网本身可由数个网段通过转发器连接而成。

第二节　电子式互感器

电子式互感器是具有模拟量电压输出或数字量输出，供频率 15～100Hz 的电气测量仪器和继电保护装置使用的电流互感器或电压互感器。

一、电子式互感器的定义

按照 IEC 60044－7/8 的定义，电子式互感器是由连接到传输系统和二次转换器的一个或多个电流或电压传感器组成，用于传输正比于被测量的量，供给测量仪器、仪表和继电保护或控制装置使用的装置。在数字接口情况下，一组电子式互感器共用一台合并单元完成此功能，如图 9-3 所示。电子式互感器包括电子式电流互感器（ECT）和电子式电压互感器（EVT）。

（1）电子式电流互感器。一种电子式互感器在正常使用条件下，其二次转换器的输出实质上正比于一次电流，且相位偏差在连接方向正确时为已知相位角。

（2）电子式电压互感器。一种电子式互感器在正常使用条件下，其二次电压实质上正比于一次电压，且相位差在连接方向正确时接近于零。

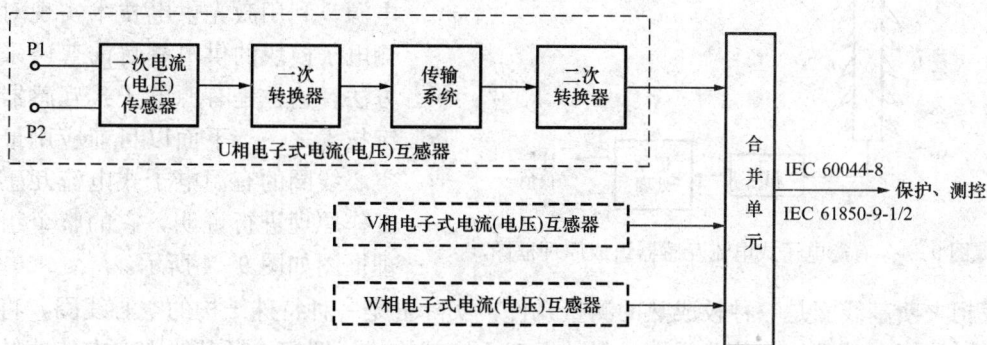

图 9-3　电子式互感器在变电站中的应用

二、电子式互感器的分类

电子式互感器通常由传感模块（安装在远端一次侧，又称为远端模式）和合并单元（又称为合并器）两部分构成，传感模块又称远端模块，安装在高压一次侧，负责采集、调理一次侧电压电流并转换成数字信号。合并单元安装在二次侧，负责对各相远端模块传来的信号做同步合并处理。按远端模块是否需要供电划分为①有源电子式互感器；②无源电子式互感器。按应用场合划分为①GIS 结构的电子式互感器；②AIS 结构（独立式）电子式互感器；③直流用电子式互感器。

GIS 结构电子式互感器一般为电流、电压组合式，其采集模块安装在 GIS 的接地外壳上，由于绝缘由 GIS 解决，远端采集模块在低电位上，可直接采用变电站 220/110V 直流电源供电。独立电子式互感器的采集单元安装在绝缘瓷柱上，因绝缘要求，采集单元的供电电源有激光、小电流互感器、分压器、光电池供电等多种方式，实际工程应用一般采取激光供电，或激光与小电流互感器协同配合供电，即线路有电流时由小电流互感器供电，无电流时由激光供电。对于独立电子式互感器，为了降低成本、减少占地面积，一般采用组合式，即将电流互感器、电压互感器安装在同一个复合绝缘子上，远端模块同时采集电流、电压信号，可合用电源供电回路。

三、有源电子式互感器

有源电子式互感器利用电磁感应等原理感应被测信号，对于电流互感器采用罗柯夫斯基（Rogowski）线圈，对于电压互感器采用电阻、电容或电感分压等方式。有源电子式互感器的高压平台传感头部分具有需电源供电的电子电路，在一次平台上完成模拟量的数值采样（即远端模块），利用光纤传输将数字信号传送到二次的保护、测控和计量系统。

1. 有源电子式电流互感器工作原理

有源电子式电流互感器高压侧有电子电路构成的电子模块，电子模块采集线圈的输出信号，经滤波、积分变换及 A/D 转换后变为数字信号，通过电光转换电路将数字信号变为光信号，然后通过光纤将数字光信号送至二次侧供继电保护和电能计量等设备用。有源电子式电流互感器高压侧的电子模块需工作电源，利用激光供电技术实现对高压侧电子模块的供电是目前普遍采用的方法，这也是有源电子式互感器的关键技术之一。下面以目前应用最多的空心线圈的有源电子式电流互感器的工作原理进行说明，它的整个组成原理框图如图 9-4 所示。

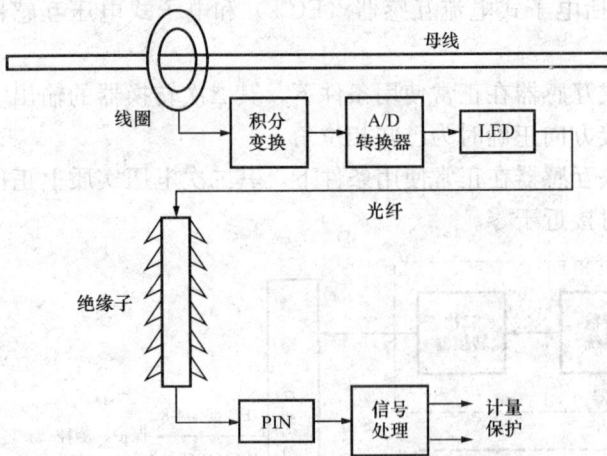

图 9-4　有源电子式电流互感器组成原理框图

罗柯夫斯基线圈是一种较成熟的测量元件，实际上是一种特殊结构的空心线圈，将测量导线均匀地绕在截面均匀的非磁性材料的框架上，就构成了罗柯夫斯基线圈，在传感结构上根本解决了铁芯线圈电流互感器的磁路饱和问题，如图 9-5 所示。

罗柯夫斯基线圈是可根据被测电流的变化，感应出被测电流变化的信号，其特点在于被测电流几乎不受限制，反映速度快，可以测量前沿上升时间为纳秒级的电流，且精度高达 0.1%。从测量大电流的观点来看，罗柯夫斯基线圈是一种较理想的敏感元件。由于它不与被测电路直接接触，可方便地对高压回路进行隔离测量，当被测电流从线圈中心通过时，在线圈两端将会产生一个感应电压，若线圈匝数密度 n 及线圈截面积 S 均匀，则线圈感应电压的大小为（μ_0 为真空导磁率）：

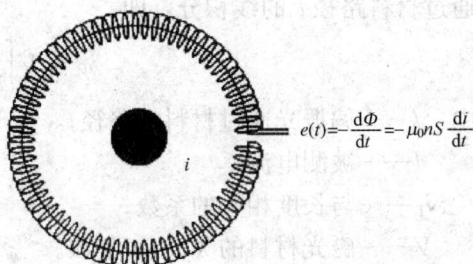

$$e(t)=-\frac{\mathrm{d}\Phi}{\mathrm{d}t}=-\mu_0 nS\frac{\mathrm{d}i}{\mathrm{d}t}$$

图 9-5　罗柯夫斯基线圈示意图

$$u_0=-\mu_0 nS\frac{\mathrm{d}i}{\mathrm{d}t} \tag{9-1}$$

式（9-1）表明空芯线圈的感应信号与被测电流的微分成正比，经积分变换等信号处理便可获知被测电流的大小。

2. 有源电子式电压互感器工作原理

有源电子式电压互感器主要是由电容分压器（或电阻分压器、阻容分压器）、电子处理电路和光纤等组成。电子电路的工作电源由分压器或者从变电站的电源获取，被测电压信号由互感器或分压器从电网中取出，然后由前端处理电路处理后转换成数字光信号传输到控制室。在控制室由光电转换电路、EFG 处理电路处理后得到保护和计量所需的电压信号，图 9-6 为有源电子式电压互感器原理框图。

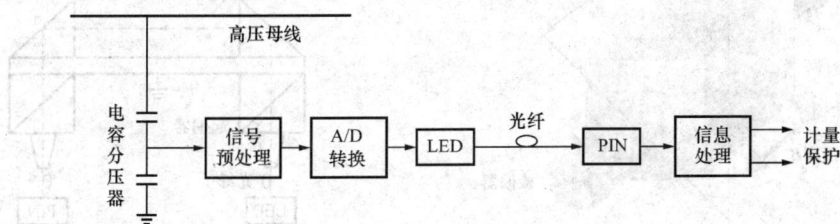

图 9-6　有源电子式电压互感器原理框图

有源电子式电压/电流互感器的特点：它既发挥了光纤系统的绝缘性能好、抗干扰能力强的优点，明显降低了高电压等级电流/电压互感器的体积、质量和制造成本，又利用了传统互感器原理技术成熟的优势，避开了纯光学互感器光路复杂、稳定性差等技术难点。

四、无源电子式互感器

无源电子式互感器可分为无源电子式电流互感器（也可称为光学电流互感器）和无源电子式电压互感器（也可称为光学电压互感器）两种。

1. 光学电流互感器工作原理

光学电流互感器（OCT）主要利用 Faraday 磁光效应。1846 年，Faraday 首次发现磁场不能对自然光产生直接作用，但在光学各向同性的透明介质中，外加磁场强度 H 可以使在介质中沿磁场方向传播的平面偏振光的偏振面发生旋转，这种现象称为磁致旋光效应或 Faraday 效应。

当一束线性偏振光通过放置在磁场中的 Faraday 旋光材料（如重火石玻璃）时，若磁场方向与光的传播方向相同，则光的偏振面将产生旋转，旋转角 φ 正比于磁场强度 H 沿偏振

光通过材料路径 l 的线积分，即

$$\varphi = V \int_l H \cdot dl = V N_L I \qquad (9-2)$$

式中　l——偏振光通过材料的路径；

　　　I——被测电流；

　　　N_L——与长度相关的系数；

　　　V——磁光材料的 Verdet 常数。

由式（9-2）可知，旋转角 φ 与被测电流 I 成正比，利用检偏器将角度 φ 的变化转换为输出光强的变化，经光电变换及相应的信号处理便可求得被测电流 i。其测量原理如图 9-7 所示。

光学电流互感器中，光学介质（包括光纤、光学玻璃、晶体等）既起高低压之间绝缘隔离的作用，又起对电流进行采样的作用。在光学介质中传播的光波，其状态可以用强度、频率、波长、相位和偏振态等参数描述。当外界信息与光波发生相互作用时，如果作用的结果改变了上述 5 个参数中的一个，则称为该参数调制。因此，除了上面介绍的偏振态调制型工作原理外，已研究和报道的还有利用光的导模向辐射模转换引起能量变化而制成的强度调制型；利用光波相位变化和干涉技术的相位调制型等光学电流互感器。

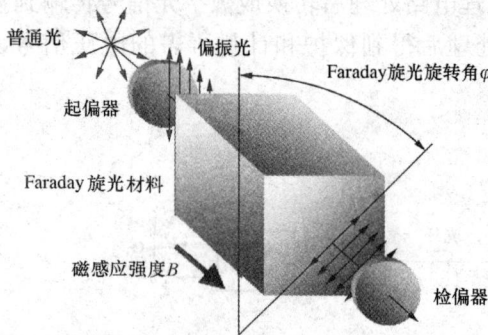

图 9-7　光学电流互感器的传感头

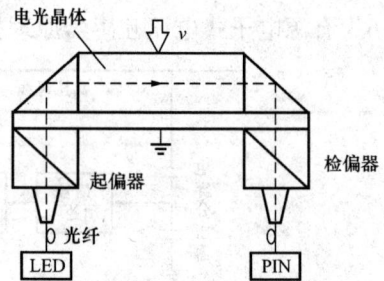

图 9-8　光学电压传感器原理图

2. 光学电压互感器工作原理

光学电压互感器（OVT）主要是利用晶体的 Pockels 效应（线性电光效应）。能够稳定应用于高压测量的晶体并不多，目前应用最多的电光晶体就是 BGO 晶体（即锗酸铋晶体）。OVT 的工作原理如图 9-8 所示。

LED（发光二极管）发出的光经起偏器后为一线性偏振光，在外加电压作用下，线性偏振光经电光晶体（如 BGO 晶体）后发生双折射，双折射两光束的相位差 δ 与外加电压 U 有如下关系：

$$\delta = \frac{2\pi}{\lambda} n_0^3 \gamma_{41} \frac{l}{d} U \qquad (9-3)$$

式中　n_0——BGO 晶体的折射率；

　　　γ_{41}——BGO 晶体的电光系数；

　　　l——BGO 晶体中光路长度；

　　　d——施加电压方向的 BGO 晶体厚度；

λ——入射光的波长。

相位差 δ 与外加电压 U 成正比，利用检偏器将相位差 δ 的变化转换为输出光强的变化，经光电变换及相应的信号处理便可求得被测电压。根据传光方向与电压（电场）方向的位置关系可分为纵向调制型和横向调制型两种方式，图 9-8 为横向调制型 OVT 原理框图。

光学电流/电压互感器的特点：整个系统线性度好、灵敏度较高、绝缘性能好。其难点是精度和稳定性易受温度与振动的影响。由于温度对晶体和光纤的影响比较大，对晶体加工的工艺要求很高，因此，长期运行中的稳定性问题是光学电流/电压互感器实用化和产品化的一个技术难点。

五、合并单元

为了有效利用电子式互感器的优点，各个数据信息必须统一处理，所取电流电压瞬时值应传输到测量和保护装置。因此对同变电站间隔的各电流、电压信号，即三相电流，电压信号应按协议规程进行传输，而作为电流电压综合的物理单元称合并单元。

合并单元是电子式传感器与间隔层二次设备接口的重要组成部分。合并单元功能模型如图 9-9 所示，其中包含多路数据采集与处理模块、串行发送模块和同步功能模块。

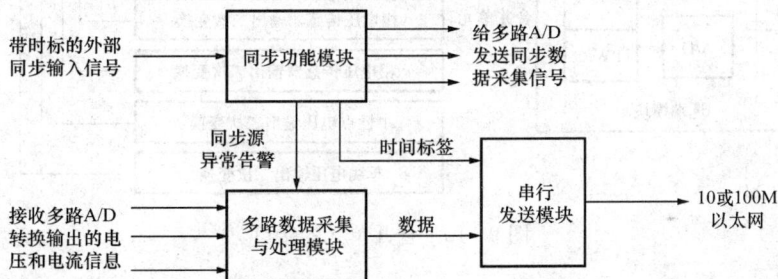

图 9-9 合并单元功能模型

（1）多路数据采集和处理功能模块。合并单元与电子式互感器进行接口的主要功能。在合并单元给多路 A/D 发送同步转换信号后，将同时接收 12 路通道的输出数据并对其有效性进行校验。此外，合并单元还需对这些数据进行正确排序并输出给串口发送功能模块。

（2）串口发送功能模块。将各路采样值数据进行组帧并发送给保护和测控设备。一种是 IEC 60044-8 中描述的通信技术，采用点对点方式，并按照 IEC 60870-5-1 规定的 FT3 标准数据格式封装，实现数据传输，由于传输速率较慢（编码前为 2.5Mb/s），限制了采样率，不适用于对采样率要求较高的计量和差动保护等。另一种是 IEC 61850-9-2 中描述的以太网风格，按照 ISO/IEC 802.3 协议规定的帧格式进行数据封装实现数据传输，速度可达 100Mb/s 甚至更高，相对于 IEC 60044-7/8，其应用更广。

（3）同步功能模块。在正确识别外部输入的同步秒脉冲时钟信号（一般来自于 GPS 接收机的输出）后，合并单元给各路 A/D 转换器发送同步转换信号。同步转换信号的频率应符合二次保护测控设备的采样率要求，例如对于距离保护，一般要求一次电流/电压需每周波 24 点采样，即采样率为 1200 点/s，故同步转换信号的频率是 1200Hz，其帧格式及传输速率可自定义。

（4）合并单元接口。合并单元的接口可以分为两种，如图 9 - 10 所示。一种是与电子式电流、电压传感器的接口；另一种是与保护、测量等设备的接口。第一种接口为专用连接，在标准里没有进行统一规定，因为合并单元可能是一个独立的器件，也可能是电子式传感器的一个组成部分，故各厂商可以自定义。对第二种接口，必须严格遵循标准定义。

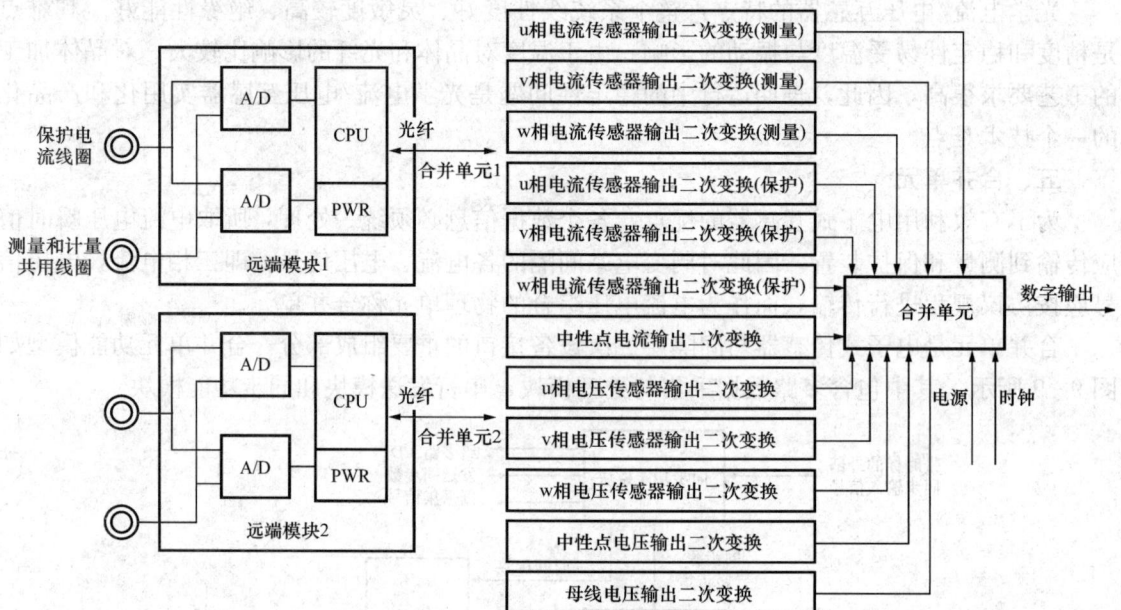

图 9 - 10　合并单元的接口

合并单元与 ECT/EVT 的数字输出接口通信具有以下重要特点。

1）同时处理任务多。合并单元需同时接收各自独立的多路数据，并对各路数据在传输过程中是否发生错误进行检验，以防止提供错误数据给保护和测控设备。

2）高可靠性和强实时性。合并单元所接收的电流、电压信息是保护动作判据需要的信息，接口通信处理时间的快慢将直接影响到保护动作的时间。此数据通信位于开关附近，故对其抗干扰性要求很高，需保证数据安全、可靠的传输给保护等设备。

3）通信信息流量大。合并单元需要采集三相电流、电压信息，电流信息又分保护和测量两种，这些信息均是周期性（非突发性）的，接口通信流量较大。在对采样率要求较高的线路差动保护和计量等应用中，通信流量会更大。

4）通信速度较高。由于接口的通信环境恶劣，故合并单元与各路数据通道一般采用光纤通信，选择串行通信的方式更合理，这就对通信速度提出了较高的要求。对于合并单元与间隔层保护、测量设备的接口，应遵循 IEC 61850 - 9 - 2 中的规范。通过以太网进行发送，速度可达 100Mb/s 甚至更高，所以其采样速率可以很高，能够满足计量要求。由于合并单元供给的设备种类较多，如保护、测量和计量，而且这些设备对采样率要求不一致，如考虑到精度问题，计量一般要求采样率高达数千点每秒，而简单的过电流保护则只需几百点每秒。从设计的角度来看，合并单元应按满足最大要求进行采样，对采样值的重采样可以交给后面相应的二次设备完成，合并单元需要给二次设备提供采样率和采样计数等有用信息。

六、电子式互感器发展状况

1. 国外电子式互感器发展概况

由于电子式互感器具有多方面的优点，国外对于电子式互感器的研究已有30多年的历史，投入了较大的人力物力，不断推进电子式互感器的发展，相关行业的一些大公司已经迈向产品化、市场化的道路。

ABB公司作为国际上提供标准化光学电流和电压传感设备的领先者之一，已研制出多种无源电子式互感器及有源电子式互感器，在插接式智能组合电器（PASS）、SF_6 气体绝缘开关（GIS）、高压直流（HVDC）及中低压开关柜中都有应用。组合式光电互感器、用于 GIS 的复合式电子互感器都已经达到 0.2 级的准气度；数字式光学仪用互感器已有电压等级 72~800kV、电流等级 50~4000A 的产品推向市场；其 33kV GIS 空气绝缘开关柜用电子式互感器已应用于我国广州地铁 2 号线、3 号线，实现与保护控制设备的直接弱点接口；500kV 电压等级的电子式电流互感器也在我国的新建变电站中有了成功的实际应用。

法国 AREVA（原 ALSTOM）公司主要研究无源电子式互感器，包括 CTO、VTO 和 CMO，自 1996 年以来，AREVA 公司已有 70 多台电子式互感器在美国、法国、英国、加拿大、荷兰、比利时等多个国家的多个变电站运行，目前正在研究 145~1100kV AIS 用光电电流电压互感器和 145~500kV GIS 用混合式电子互感器。

日本三菱公司的伊丹工厂制造的 6.6kV、600A 的组合式光学零序电流、电压互感器，安装在中部（Chubu）电力公司的配电网中，经过长期户外运行试验，效果良好。另外，东芝、东电、住友等都已经开发或正在开发一系列的 OCT 和 OVT 产品，并有现场联网。

2. 国内电子式互感器发展概况

国际电工委员会关于电子式互感器的标准已经出台，我国的电子式互感器国家标准已基本完成，近期将公布，国家电子式互感器的检测中心已经建立于国网电力科学研究院，这预示着电子式互感器的产品化应用已经具备了行业规范，为其市场化提供了基础平台。

广州伟钰从 2002 年作为广州中钰公司的一个研发部门开始研制光电互感器，在国内最早通过了 110kV 设备的型号试验。已有 110kV 产品在广东梅州及山西联网运行。其电流互感器的绝缘子选用东莞高能产品，电压分压器选用桂容公司的电容式分压器。在北京 2006 年 IEC 61850 国际标准第六次互操作试验中与南京南瑞集团公司、深圳南瑞科技有限公司、北京四方继保自动化股份有限公司、许继集团有限公司、南京新宁光电自动化有限公司（简称新宇光电）、北京融科联创电力科技有限公司的保护装置进行了互操作试验并取得成功。该公司在电信号处理、光信号传输方面有技术优势，产品有联网运行经验。

北京天威瑞恒电气有限责任公司的主要产品为干式高压电流互感器，近年来与高校合作，在原来传统干式互感器基础上改装成光电式互感器，其一次结构和绝缘设计未做大的改动。目前，只研制了 110kV 电流互感器样品，尚未通过型式试验。作为传统电磁式专业互感器生产厂家，在一次结构及绝缘设计方面有技术优势和制造经验。

南京南瑞继保电气有限公司开发了 110kV 电压电流组合式光电互感器，500kV 电流互感器、220kV 电压互感器、电流互感器及电流电压组合式互感器产品已在国网电力科学研究院通过了相关试验。该公司在继电保护装置设计制作、质量控制方面具有较强优势。电子式电压互感器采用电容分压原理，具有暂态特性一般，多用于电压抽取。

新宁光电已研制、生产出了110～500kV电子式电流、电压互感器，其中220kV电流互感器已通过型式试验鉴定，其他500kV电流互感器、220kV电压互感器、电流互感器及电流电压组合式互感器产品已在国网电力科学研究院通过了相关试验。新宇光电具备生产数字化变电站系统中的互感器能力，其光电互感器产品已在云南曲靖等46个供电局得到使用，并有与国电南京自动化股份有限公司、江苏方天电力技术有限公司、深圳南瑞科技有限公司（母线差动保护）及北京四方继保自动化股份有限公司（线路保护）装置配合的经验。该公司的优势：具备设计、生产互感器的能力，其关键、重要部件均自己生产。生产规模相对较大，已有系列产品通过了相关鉴定，并有相当数量的产品联网运行。电子式互感器采用电感分压原理，具有暂态特性较好，有利于距离保护。

第三节　智能变电站通信网络系统

一、变电站通信网络

通信网络的根本任务是解决数字化变电站内部以及与其他系统之间的实时信息交换，而网络是不可或缺的功能载体，那么构建一个可靠、实时、高效的网络体系是通信系统的关键。通信网络是连接站内各种智能电子设备（IED）的纽带，因此它必须能支持各种通信接口，满足通信网络标准化。随着变电站的无人化以及自动化信息量的不断增加，通信网络必须有足够的空间和速度来存储和传送事件、电量、操作、故障以及录波等数据。而由于变电站的特殊环境和变电站自动化系统的要求，变电站通信网络应具备以下特点和要求。

（1）实时性，即严格时限要求。因测控数据、保护信号、遥控命令等都要求实时传送，虽然正常工作时，站内数据流不大，但出现故障时要传送大量的数据，要求信息能在站内通信网络上快速传送。要保证严格的时限要求，规定在特定时间内完成特定的任务（如测量、保护、控制、事件记录的报文传输），特别是过程层的采样值报文和跳闸报文的传输都有严格的时间限制，即使在极坏情况下也要确保报文响应时间是可确定性的。

（2）可靠性。由于电力系统是连续运行的，变电站数据通信网络也必须连续、可靠运行，通信网络的故障和非正常工作会影响整个变电站自动化系统的运行。设计不合理的系统，严重时甚至会造成设备和人身事故、带来巨大的经济损失，因此变电站自动化系统的通信网络必须保证很高的可靠性。

（3）良好的开放性。站内通信网络为调度自动化的一个子系统，除了保证站内IED设备互连、便于扩展外，还应服从电力调度自动化的总体设计，硬件接口应满足国际标准，选用国际标准的通信协议，方便用户的系统集成。

（4）优先级。数据有轻重缓急之分，重要的数据须优先于其他数据传输，要求支持优先级调度，以提高时间紧迫性任务的信息传输可确定性。

（5）良好的电磁兼容性能。变电站是一个具有强电磁干扰的环境，存在电源、雷击、跳闸等强电磁干扰，通信环境恶劣，数据通信网络必须注意采取相应的措施消除这些干扰的影响。

二、变电站通信网络结构

合理的组网方式是保证以太网高效、可靠运行的重要条件。在数字化变电站中，合理的组网方式可以简单概括为：组建的网络在实现承载功能并满足性能要求的基础上，在不改变网络本体参数的条件下，通过对网络结构和节点分布的优化，提高网络的效能和变电站信息化应用的水平，并达到效能与投入的平衡。

IEC 61850 将变电站自动化系统划分为变电站层、间隔层和过程层，而变电站层与间隔层之间的站级网络、间隔层与过程层之间的过程网络的组建方法并无明确规定。通常有两种组建方案：根据站级网络与过程网络是否联通，可以有独立过程网络和全站统一式网络两种基本组建方式。前者，站级网络与过程网络相互独立，包括二层物理网络；后者，站级网络与过程网络相互联通，整体为一个物理网络。

1. 独立过程网络结构

如图 9-11 所示，变电站网络由二层物理网络构成，由交换机将所有的间隔层智能电子设备（IED）与变电站层设备连成站级网络，并由路由器将远动网络接入，远动网络能够直接访问到间隔层设备；间隔层设备与过程层设备之间根据不同间隔或功能划分为多个子网，当间隔具有唯一的间隔层设备和过程层设备时，可直接采用点对点连接方式。

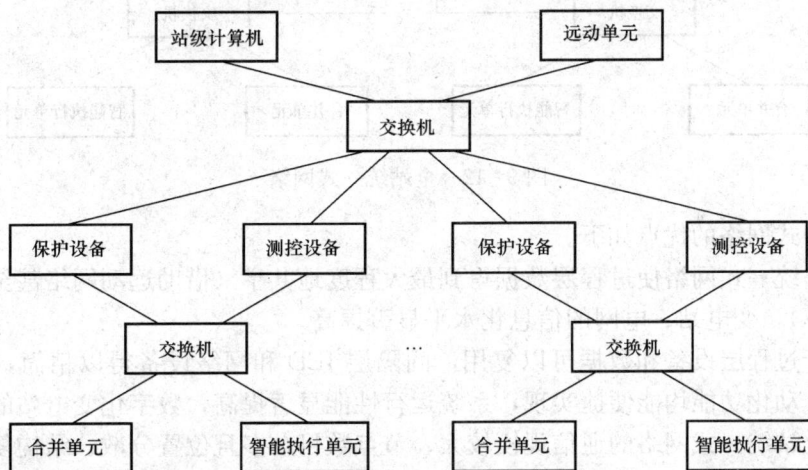

图 9-11 独立过程网络结构

独立过程网络的优点如下。

（1）与常规变电站通信网络相比，变电站网络的整体格局未发生根本变化，只是间隔层设备与过程层设备之间的电缆接线变成了光纤以太网，不必过多关心数字化给变电站自动化系统整体运行机制带来的影响。

（2）按照不同的间隔或功能，数字化变电站的建设可以分阶段进行。

（3）过程子网的节点数目少，网络负荷得到有效控制，不必过多关心通信网络的性能，网络性能易于保障，为兼容原有设备或节约投资，甚至可适当降低网络规格。

独立过程网络的缺点如下。

（1）虽然过程层信息（如采样值、状态位置信息等）已经数字化，但只能被间隔内的设备获得，间隔之间无法共享，间隔 IED 之间只能通过站级网络实现有限的信息交互，这会影响到过程层数据的集成应用或分布式自动化功能的实施。

（2）网络设备较多，设备投资增加。

（3）间隔层 IED 需要有多个网口，才能分别实现站级网络和过程网络的冗余。

总之，独立过程网络较易实现，但数字化变电站的功能发挥受到了一定的限制。

2. 全站统一式网络

数字化变电站内的所有智能电子设备都接入同一个网络，任意智能设备之间，特别是变电站层设备与过程层设备之间，都能够直接通过该网络交互信息，如图 9-12 所示。

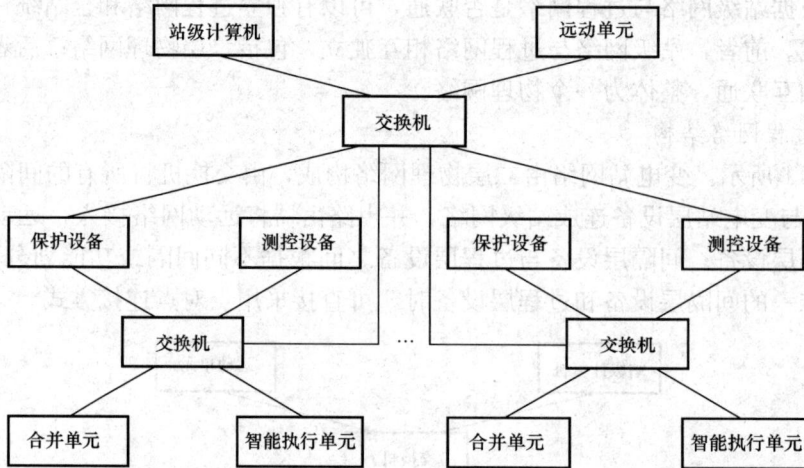

图 9-12　全站统一式网络

全站统一式网络的优点如下。

（1）全站统一式网络使过程层数据得到最大程度地共享（借助远动网络甚至可以实现电网范围的共享），变电站、电网的信息化水平显著提高。

（2）由于过程层设备和数据可以复用，间隔层 IED 和网络设备得以精简，各种集成应用和分布式自动化功能均能便捷实现，系统运行性能显著提高，数字化变电站的效能得到充分发挥。但全站统一式网络的通信规模较大、节点数目众多且位置分散、结构复杂，组网和运行管理的难度有所增加，主要体现在：

1）由于过程层设备数目众多且位置分散（特别是高压变电站中），通常需要多级交换，即先将地理位置相邻（可能是同一间隔内）的几个节点接至 1 个接入交换机，再将接入交换机串联成环网或汇聚至变电站层的核心交换机。

2）由于所有智能设备都接入同一个网络，各种类型的数据流，如随机出现的电能质量监测数据、录波数据、设备配置及程序文件等大流量数据，使数字化变电站通信网络整体的运行状况变得复杂，且较难评估。报文区分优先级并采取全双工通信方式是确保数字化变电站通信网络实时性能的必要措施。

可见，数字化变电站信息化应用水平的提高有赖于以网络技术为主的各项技术水平的提高。根据目前的技术条件，独立过程网络结构的站内通信网络更易于实现，而站内统一式网络可先在规模不大、节点数较少的低压变电站中进行试验，当各项技术水平达到一定高度并积累了一定的组网和运行经验后，站内统一式网络将凭借其信息高度共享的优势，成为数字化变电站通信网络的最终形式。

三、变电站通信网络实时性分析

1. 报文传输时延分析

数字化变电站实时网络通信中，报文的成功发送不仅取决于收到报文的完整性，更取决于收到报文的时间。以太网实时通信要提供时限（Deadline）保证，就必须知道最坏情况下的报文端到端时延。报文传输时延如图 9-13 所示。

（1）端节点的处理时延 t_a 和 t_c。

发送节点物理装置 PD1 的发送功能 F1 进行报文分段、协议封装，并将报文从 PD1 的应用数据缓冲区复制到通信处理器的发送缓冲区所产生的时延。t_a、t_c 与通信处理机的性能、所采用的操作

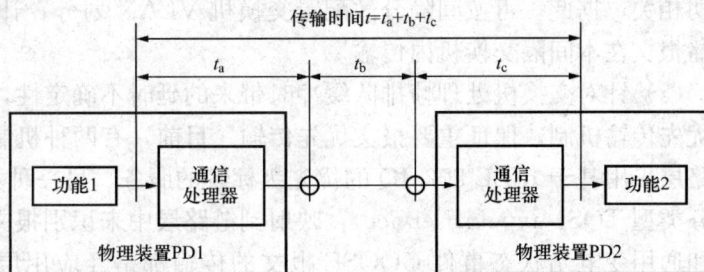

图 9-13　报文传输时延

系统、通信协议的性能有关，设计中应采用合适的微处理器、实时操作系统以及高效的协议编/解码算法。如果报文长度已经给定，协议封装、微处理器执行指针处理、数据复制等指令所耗费的时间，对于特定的微处理器，时延 t_a、t_c 为确定值。

（2）网络传输延时 t_b 由以下延时组成。

1）交换机存储转发时延 L_{sf}。现代交换机都是基于存储转发原理的，数据在交换机的存储转发时延等于帧长除以传输速率，这个时延与被转发帧的大小成比例，与传输速率成反比。

如果对于100Mb/s速率的交换机，则其最大的以太网帧1518B时延为

$$L_{sf} = 1518 \times 8/(100 \times 10^6) \approx 121(\mu s)$$

2）交换机交换时延 L_{sw}。交换机交换时延为固定值。交换机制由复杂的硬件电路执行存储转发引擎、MAC 地址表、VLAN、COS 及其他的功能。交换机制产生的时延用以执行这些逻辑功能。一般工业以太网交换机的交换时延不超过 $10\mu s$。

3）光缆传输延时 L_{wl}。电磁波在自由空间的传播速率是光速，即 $3 \times 10^8 m/s$。电磁波在网络传输媒体中的传播速率比在自由空间要略低一些，在光纤中的传播速率约为 $2 \times 10^8 m/s$。当部署很长距离以太网线路时，这个时延可能值得注意。对于 1km 光缆传输时延，则

$$L_{wl}(1km) = 1 \times 10^3/(0.67 \times 3 \times 10^8) \approx 5(\mu s)$$

4）排队时延（L_q）。交换机发生帧冲突时均采用排队方式顺序传送，这给交换机时延带来不确定性，因为很难精确预测网络上的通信工况。考虑最不利的情况，假设交换机共有 K 个端口，所有其他（$K-1$）个端口同时向另一端口发送报文，忽略帧间时间间隔。最长帧排队时延约为 $(K-1) \times L_q$，最短排队时延则为 0，平均排队时延为 $(K-1) \times L_q/2$。

2. 减小通信传输时延的方案

结合以上分析，可以考虑采取以下方法来减少报文在变电站网络中的传输时延。

（1）优化组网方式，将同一间隔内的设备尽量分配到一台交换机上，减少报文跨交换机

传输。

（2）采用虚拟局域网配置，采样值 SV 报文和通用变电站状态事件 GOOSE 报文按照基于虚拟局域网标签的多播模式通信，实现一发多收，而非广播转发，减低网络流量和接收设备的处理负担。因电力系统继电保护有按间隔配置的特殊性，间隔间通常无信号联系或联系较少，母线则与母线上所有间隔都有信号联系。这些信号量与一次接线方式和继电保护配置密切相关，据此，可按间隔分散配置交换机 VLAN 划分，让大部分只与本间隔相关的设备多播报文在本间隔交换机内传输。

（3）针对交换机处理帧排队缓冲时带来的延时不确定性，启用分级服务质量（QoS）提供优先传输机制，保证重要报文优先传输。目前，有两种机制可提供优先级服务，一种是在链路层采用基于 IEEE 802.IQ 的优先级标签的服务，另一种是利用网络层的 IP 报文头中的服务类型 TOS（type of service），映射到链路层中来识别报文的优先级。鉴于采样值 SV 报文和通用变电站状态事件 GOOSE 报文的传输都是经应用层到表示层（ASN.1 编码）后，不经 TCP/IP 协议栈，直接映射到数据链路层和物理层，即运输层和网络层均为空。因此，适宜采用基于 IEEE SOZ.IQ 的优先级标签传输机制。

第四节 智 能 一 次 设 备

一、概述

电气一次设备是电网的基本单元，智能一次设备智能化（或称智能设备）是智能电网的重要组成部分，也是区别传统电网的主要标志之一。

目前，国内外关于智能设备尚没有统一的定义和标准。用传感器对关键设备的运行状况进行实时监控，进而实现电网设备可观测、可控制和自动化是智能设备的核心和目标。到目前为止，上述论述还只是相关专家的一种设想，并没有给出智能设备的明确定义，更没有论及智能设备的实现方案。

我国自开始研究智能电网以来，在借鉴国外有关智能电网描述，提出了高压设备智能化或智能设备的概念和技术要求，并就智能一次设备在智能电网中的作用进行了更加清晰的描述。目前对智能设备的描述是：智能设备是附加了智能组件的高压设备，智能组件通过状态感知和指令执行元件，实现状态的可视化、控制的网络化和自动化，为智能电网提供最基础的功能支撑。

传感器、控制器及其接口成为智能一次设备不可或缺的一部分。智能组件承担了过程层和间隔层全部计量、检测、测量、控制、保护等功能。数字化和网络化技术是提出智能电网概念之前已有的技术，是智能设备的基础。智能设备最为核心的特征是建立在数字化和网络化之上的智能技术。智能技术包括基于传感器的自我状态感知技术和基于自检测信息的智能控制与保护技术。智能技术是高压设备智能化的核心特征。

智能设备另一个重要特征是信息互动功能。自我状态感知信息必须提交给智能电网的相关系统才能实现其价值。调度系统、检修管理系统都与高压设备状态息息相关，智能设备与这些系统的信息互动是提升整个电网智能化水平的重要基础。

现阶段的国产一次设备很难完全实现上述要求。但是与常规变电站一次设备相比，现阶段的智能变电站在应用方面进一步加大了一次设备信息化。智能化的一次设备将监测更多设备自身状态信息，全面实现对一次设备的物理状况、动作情况、运行工况等方面的信息化实现；在自动化功能方面，进一步实现智能化，在控制功能、状态自检测、状态检修等方面实现智能化控制操作；设备信息及智能功能，可通过网络实现与上级系统及其他设备的运行配合，自动化程度更高，具有比常规自动化设备更多、更复杂的自动化功能；具备互动化能力，与上级监控设备、系统及相关设备、调度及用户等及时交换信息，分布协同操作。

智能化一次设备通过本体外的智能终端不断从电力系统中采集某些特定信息，据此来判别断路器当前的工作状态，同时处于操作的准备状态。当变电站的主控室因系统故障由继电保护装置发出分闸信号或正常操作向断路器发出操作命令后，智能终端根据一定的算法求得与断路器工作状态对应的操动机构预定的最佳状态，并驱动执行机构操动机构调整至该状态，从而实现最优操作。显然，智能终端是目前断路器智能操作实现的核心部件。

二、智能操作箱

智能终端是目前智能化断路器的灵魂，它是以微处理机为核心部件，综合应用传感技术、光电转换技术、数字控制技术、微电子技术和信息技术等多种现代技术，以完成断路器的智能操作，实现断路器的智能化。

智能操作箱的基本功能如下。

（1）自动识别断路器的工作状态。断路器工作状态的准确识别是实现智能操作的前提。对于超高压断路器而言，其任务主要有分断短路电流、负载电流、过载电流、小容性电流和小电感性电流等。

（2）自动调整断路器的操动机构。这是智能终端的核心功能。因此智能终端必须在识别断路器工作状态的基础上确定与之相对应的操动机构的调整量。

（3）记录并显示断路器的工作状态。由于断路器在大多数运行时间内是不动作的，在此期间，本单元的任务是对断路器的工作状态不断地进行监测，同时它还记录断路器每次开断情况，包括开断电流的大小、开断类型及是否发生拒分或拒合等信息。短路时还应记录短路电流的变化过程，以便于电力部门进行，事故分析及断路器的维护。同时，也可通过断路器累积开断电流的大小来表示断路器触头的烧蚀情况。

（4）具有与监控系统进行通信的功能。智能终端可以根据监控系统的要求将断路器的开断记录及其他数据经信息传输接口上网传送至上位机，并通过上位机经信息传输网络将操作命令及保护参数、保护及重合闸方式等配置要求传送过来。

三、一次设备在线监测技术

智能变电站一个重要组成部分是一次设备的智能化和数字化。目前，采用全新原理的电子式互感器技术已经日趋成熟，但开关设备的智能化还处于初级阶段，目前的智能变电站中只是通过智能终端和 GOOSE 网的构建实现了开关和间隔级设备之间的数字化传输，而对包括开关设备在内的一次设备本身没有做太多数字化和智能化的改造。

随着变电站数字化技术的不断提高，国家电网公司变电站全寿命周期概念的提出，都对变电站内一次设备的在线监测和状态检修提出了要求。

变电站内有在线监测需求的一次设备主要包括各种类型的开关（断路器、隔离开关）、变压器、避雷器、绝缘套管以及电缆等。一次设备的异常或故障将严重危及电力系统的安全、稳定、经济运行，全面、清晰地把握设备运行状态、发现设备潜伏故障为目的的状态监测与诊断技术就成为迫切的需要。同时，一次设备监测的相关数据信息也应该整合到以 IEC

61850 通信为基础的智能变电站体系中来。

高压断路器是电力系统中最重要的开关设备，它担负着控制和保护的双重任务，开关状态的好坏直接影响着电力系统的安全运行。对高压断路器实施状态监测和故障诊断，掌握其运行特性及变化趋势，对提高其运行可靠性极为重要。在线监测主要包括机械特性在线监测、触头电寿命监测等，监测内容有泄漏电流监测、气体密度监测、开断次数监测、累积开断电流监测、振动波形监测、分合闸线圈电流波形监测、断路器红外成像监测和操作机构油压监测等。

变压器在长期运行中，由于绝缘的劣化及潜伏性故障，使其在运行电压下产生光、电、声、热等一系列的化学反应。变压器在线监测主要包括油气体在线监测、局部放电在线监测和绝缘在线监测等。其中，油气体在线监测的主流方案是油气色谱在线监测，通过监测分析变压器油中因电、热、氧化和局部电弧等多种因素逐渐作用变质分解出的 H_2、CO、CH_4、C_2H_2、C_2H_4、C_2H_6 等溶解气体的成分及浓度，通过油气色谱分析气体含量和产气速率，从而实现变压器内部故障诊断。

局部放电监测也是主变压器状态监测的一个重要内容，很多故障都可以从放电量和放电模式的变化中反映出来。常用的局部放电检测方法有声学检测、光学检测、化学检测、电气测量等方法。

避雷器是一种过电压保护设备，最常见的氧化锌避雷器在运行电压下阀片会逐渐老化或进水受潮。避雷器监测包括全（泄漏）电流监测、阻性电流监测和功率损耗监测。避雷器的运行质量主要是指密封性能与阀片运行稳定性，其中密封性主要依靠全（泄漏）电流监测；而阀片运行稳定性主要依靠阻性电流监测；功耗直接反映 MOV 劣化过程。为了检出受潮和劣化缺陷，需要密切监视其运行工况，及时发现缺陷是状态检修的目的。

四、断路器工作状态的监测与诊断

监测与诊断是智能化电器设备的重要环节。断路器工作状态的监测与诊断要求具有以下功能。

（1）灭弧室电寿命的监测与诊断。

（2）断路器机械故障的监测与诊断。其中包括：①合分线圈电流波形监测，非正常报警；②合分线圈回路断路监测，断路报警；③监测行程，过限报警；④监测合分速度，过限报警；⑤机械振动，非正常报警；⑥液压机构打压次数、打压时间、压力；⑦弹簧机构弹簧压缩状态，传动机构和锁扣部分的工作状态，电动机，工作时间；⑧永磁机构：线圈状况、磁性的稳定状况和弹簧的压缩、状态等；⑨关键部分的机械振动信号；⑩合、分闸线圈电流和电压波形的检测等。

（3）绝缘状态的监测气体断路器气体压力，越限报警，闭锁。监测局部放电，用以预报绝缘事故。

（4）载流导体及接触部位温度的监测。

（5）监测诊断系统的总体方案。

五、智能开关的实施技术

断路器的智能操作是智能化断路器最典型的应用，它是将智能化技术引入到断路器的电气性能中，使断路器能更好地完成开断任务和提高开断的可靠性，提高断路器的综合技术性能，无论是生产运行还是对研究制造都具有十分重要的作用和价值。目前认为，它至少应包括以下两方面内容。

（1）要求断路器的操作性能可根据电网中发出的不同工况自动选择和调整操动机构或者灭弧室合理的预定工作条件。

（2）要求断路器在零电压下关合，在零电流下分断，这与断路器的同步分断与选相合闸的工况是完全一致的，同步分断可以大大提高断路器的分析能力；选相合闸可以避免系统的不稳定，其意义主要在于对系统的冲击大大减少，以及由于抑制涌流后延长断路器设备的寿命。从国内外的运行情况来看，应用选相合闸装置是有可能作为取消分/合闸电阻的手段的，目前分/合闸电阻价格大约为每个间隔的断路器总投资的 15% 左右，而选相分/合闸装置价格大约只为分/合闸电阻的 1/3。国外有 ABB、三菱公司的产品在国内工程中应用，国内南瑞继保和西安创元公司的产品也都在国内换流站工程中有实际应用。

目前，通过一次设备本身实现智能化控制和传输技术尚未达到实际应用水平，国内主要

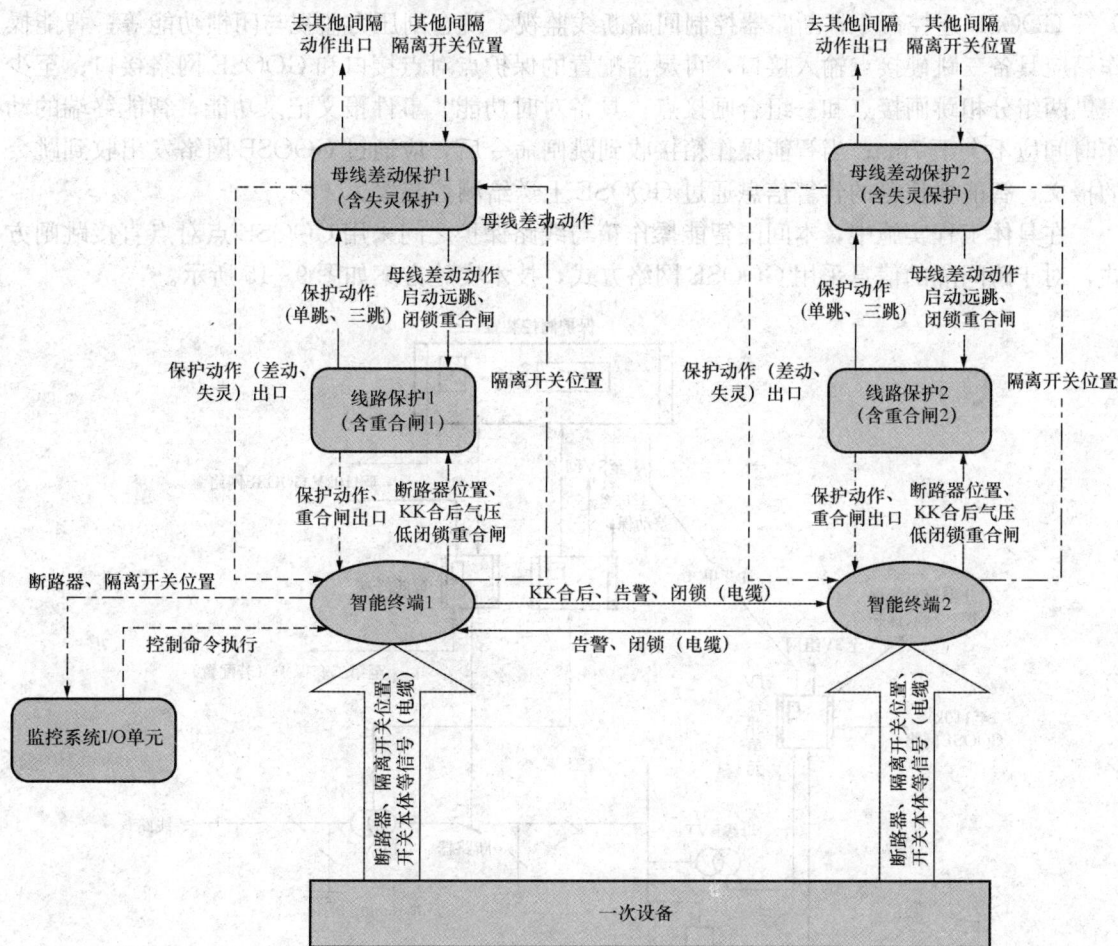

图 9-14 智能操作箱的 GOOSE 信息示意图

厂家大部分仍采用就地加装智能终端来实现。智能终端集成安装于 HGIS/GIS 开关的汇控柜中，在不改变传统开关结构的基础上提升了一次设备的智能化程度，将大量的信号和控制电缆连接在汇控柜内完成，并且提供 GOOSE 协议的光纤数字接口与控制室设备连接，完成一次设备信息的上传和远程控制。

六、智能开关的工程实施方案

通常一个间隔应配有一个智能操作箱，智能操作箱可以集成控制、保护、测量、检测和计量等全部或部分功能，放置于智能组件柜内。智能操作箱对下与一次设备使用电缆连接，对上转换成光数字信号（GOOSE）与间隔层内的 IED 设备配合。智能操作箱的 GOOSE 信息示意图如图 9 - 14 所示。

智能操作箱应具备以下功能：接入断路器位置、隔离开关及接地开关位置、断路器结构信号（含压力低闭锁重合闸等）；接收保护装置的跳合闸命令，断路器、隔离开关、接地开关等 GOOSE 遥控命令；断路器控制回路断线监视、跳合闸压力监视与闭锁功能等；智能操作箱应具备三跳硬接点输入接口，可灵活配置的保护点对点接口和 GOOSE 网络接口；至少提供两组分相跳闸接点和一组合闸接点；具备对时功能、事件报文记录功能；智能终端的动作时间应不大于 7ms；当智能操作箱接收到跳闸命令后，应通过 GOOSE 网络发出收到跳令的报文；智能操作箱的告警信息通过 GOOSE 上送给测控装置。

在具体工程实施中，本间隔智能操作箱与线路保护之间采用 GOOSE 点对点直接跳闸方式，对于跨间隔的信息采用 GOOSE 网络方式，技术实施方案如图 9 - 15 所示。

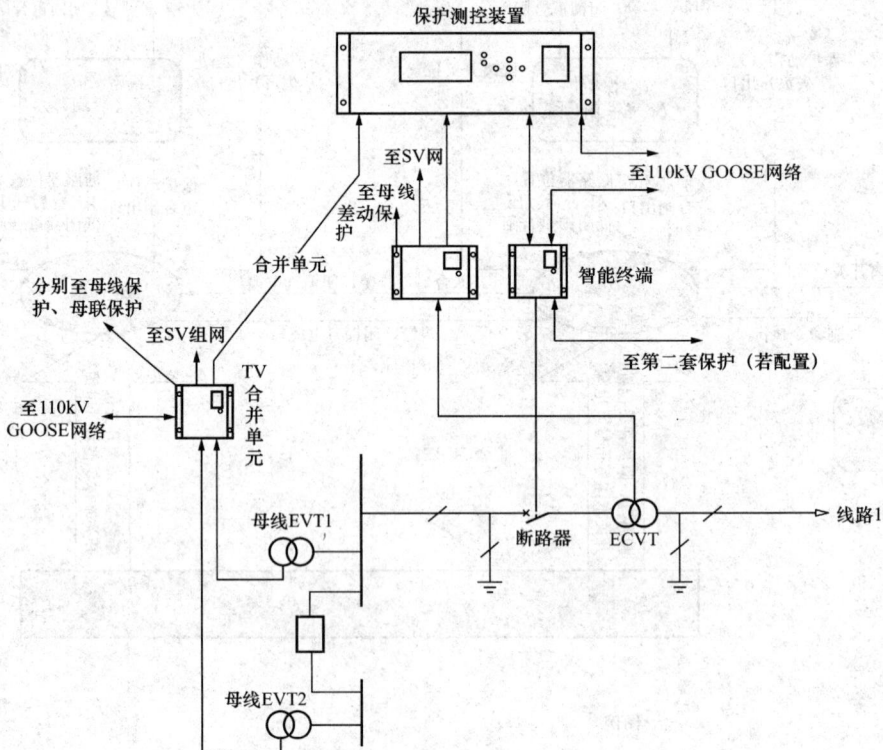

图 9 - 15　智能操作箱与保护配合示意图

七、智能一体化平台技术

智能一体化平台包括传统意义的监控后台功能、远动功能和故障信息子站功能，还包括高级应用功能。

智能一体化平台统一从 IED 获取信息，并存储在各个应用可共享访问的数据库中，本地监控功能、远动功能、故障信息子站功能以及各高级应用统一从共享数据库获取信息。传统的监控、远动、故障信息子站对于 IED 来说是多个客户端，而在本方案中将只有一个统一的客户端通过 IEC 61850 标准访问 IED。

目前，智能变电站的高级应用主要有一体化"五防"和顺序控制、站域控制、全景信息平台及分布式建模、一体化故障信息子站、故障信息综合分析决策、智能报警、分布式状态估计、辅助系统智能化等。

第十章　RCS - 9700 变电站综合自动化监控系统简介

RCS - 9700 变电站自动化系统是南瑞继电保护电气有限公司为适应变电站自动化的需求，在总结多年从事变电站自动化系统开发、研究经验的基础上，基于变电站自动化整体解决方案，运用新一代计算机技术、网络通信技术、最新国际标准，而推出的新一代集保护、测控、远动功能于一体的新型变电站自动化系统。

RCS - 9700 分层分布式变电站自动化系统采用先进的技术精心设计，使变电站保护和测控既相对独立又相互融合，保护装置工作不受测控和外部通信的影响，确保保护的安全性和可靠性，同时又实现信息共享，为变电站综合自动化提供一个完整的解决方案。借助于先进的计算机网络通信技术，实现变电站内外各子系统、装置的信息交换。RCS - 9700 变电站综合自动化系统不仅支持各种电压等级变电站所需的保护、监视、控制功能，还提供变电站自动化所需的高压超高压变电站中所需的故障信息、录波信息分析和处理等各种高级应用功能，为变电站安全、稳定、经济运行提供了坚实的基础。

第一节　RCS - 9700 变电站综合自动化系统概述

一、RCS - 9700 变电站综合自动化系统结构

RCS - 9700 变电站自动化系统采用一种分层分布式结构，如图 10 - 1 所示。最底层为过程层，它指变电站各类一次设备，是监控系统最为关注的信息源。一次设备上的位置和报警触点、电流电压互感器、执行继电器等元件与保护及测控设备通过电缆连接，使变电站信息

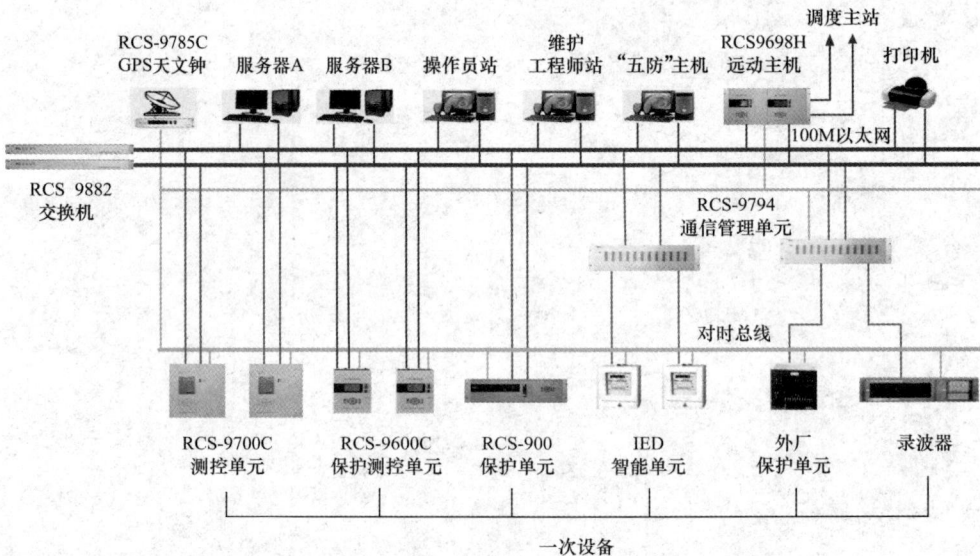

图 10 - 1　RCS - 9700 变电站自动化系统结构

通过这些电缆接入监控系统中。测控设备采集并实时处理这些信息，保护装置一方面通过采样，逻辑，出口完成对一次设备的保护，另一方面也把自身的诊断信息归总并上送。这两类设备所处的层，称为间隔层。在现场有很多设备属于这个层，如直流屏、电能表、录波器等。它们通过通信网络把更为丰富、更为细致的信息传递到站控层。在站控层中，后台监控的作用是对海量信息进行收集、显示、报警、记录，以及对间隔层装置的查询和控制，不同的后台节点完成不同的功能，共同承担监控任务，共享监控数据信息。远动机则完成信息收集和对调度端的转发任务，双重化的配置也使远动通信更可靠。

变电站监控系统的通信技术经历了串行通信、现场总线、以太网各个阶段，因以太网技术符合现代通信的发展与要求，故得到广泛而充分的运用。变电站内部的 IEC 870-5-103 标准已经成为目前厂站综合自动化系统最成熟的通信标准，标准转换器实现各种非 103 标准向 103 标准转换的任务，同时也实现各种非以太网通信向以太网通信转换的任务。对于主站与厂站间的调度通信，基于网络的 IEC 870-5-104 标准也已经成为了首选。

随着数字化变电站项目的建设，目前厂站综合自动化后台系统已经能够同时支持 103 与 61850 标准。

二、变电站站控层

RCS-9700 变电站自动化系统站控层典型配置如图 10-2 所示，由服务器 A、服务器 B、操作员站、维护工程师站、远动主机、"五防"主机，以及保护信息子站等部分组成。

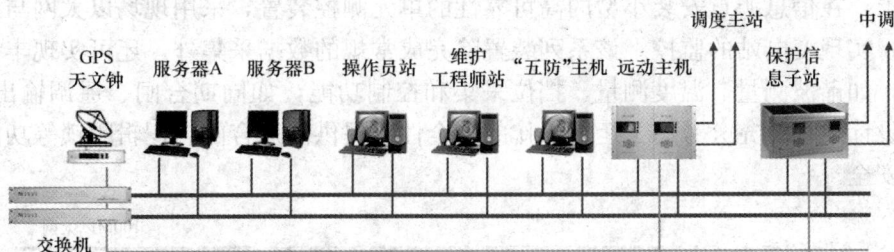

图 10-2　RCS-9700 变电站自动化系统站控层典型配置

服务器、操作员站、维护工作师站可以配置多机，冗余配置，也可以将功能适当集中，甚至配置单机系统。后台操作系统可选择 Windows、Unix 等。

服务器 A、服务器 B 为冗余主机配置，实时数据处理与历史数据储存等重要过程都集中在这两台互为热备用的主机上。

操作员站完成对电网实时监控和操作功能，显示各种图形和数据并进行人机交互，可以选用双屏。它为操作员提供了权限范围内的所有功能入口：画面、报表、告警信息、管理信息、遥控遥调等操作界面。

维护工程师站提供维护人员进行数据库修改、画面修改、历史库维护等功能入口，也可为保护工程师对变电站内的保护装置及故障信息进行统一管理。

Web 服务器用于提供 Web 连接，响应客户端浏览器的访问要求，以网页的形式发布数据，如报表、曲线及厂站图等，为保障网络安全，Web 服务器需要利用网络安全隔离装置与站控层网络完全隔离开。

"五防"主机提供操作人员对厂站"五防"操作进行管理。其系统所需信息大部分来自服务器的数据接口，一部分来自"五防"电脑钥匙。操作员可直接通过在"五防"机上的预演操作，完成规则校验，生成操作票，并在电脑钥匙的提示下实现每一步的正确操作。

远动机常采用冗余配置，互为热备用。通过以太网采集保护、测控及其他智能单元或通信转换设备的信息，实现信息的独立获取、合成、筛选及向调度主站或电厂 SIS 系统转发。

保护信息子站通过以太网或 RS-485 等多种通信方式获取保护装置和故障录波器的信息，对获取的保护故障信息进行综合管理，实现存储、关联、查询、分析、远传及提供过路召唤等功能。

三、变电站间隔层

RCS-9700 变电站自动化系统间隔层典型配置如图 10-3 所示。它由测控单元、保护单元、保护测控单元、外厂保护单元、交换机、智能单元、录波器等部分组成。

测控单元是监控系统的眼睛和耳朵，其采集和传送信息的功能建立在信息通信的基础上。RCS-9700 系列测控单元是按测控功能分散实现而设计开发的，在方案设计中，充分考虑了装置恶劣的运行条件，装置抗震性能好，功耗低，工作温度范围广，抗电磁干扰强。RCS-9700 系列测控单元综合考虑变电站对数据采集、处理的要求，以计算机技术实现数据采集、控制、信号等功能。该装置完全按照分布式系统的设计要求，综合分析变电站对信息采集的要求，在信息源点安装小型的高可靠性的单元测控装置，采用现场以太网与站控层设备相连接，实现变电站的监控。该系列装置除完成常规的数据采集外，还可实现丰富的数据处理功能，如谐波测量、温度测量、挡位采集和控制功能，如同期合闸、遥调输出等功能。在装置的设计过程中充分考虑了运行操作的安全性。提供同期合闸、逻辑闭锁等功能，使得操作更加安全。

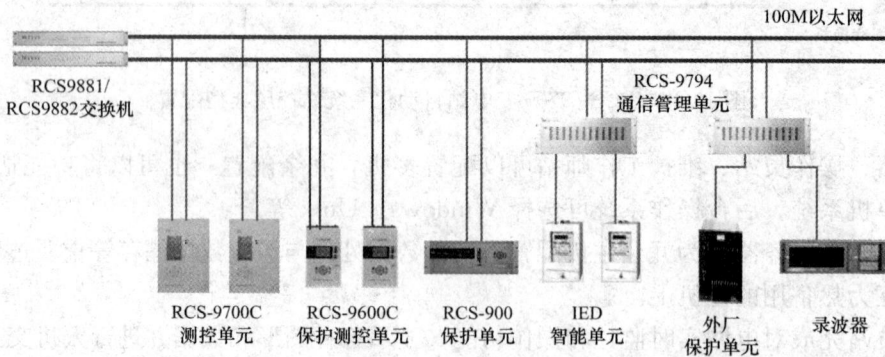

图 10-3 RCS-9700 变电站自动化系统间隔层典型配置

继电保护装置是电力系统静静的哨兵，它的重要性决定其中保护功能的独立性。RCS-900 系列保护装置及 RCS-9000 系列保护测控装置采用先进的技术，精心的设计，使保护和测控功能相对独立。保护装置工作不受其测控功能和外部通信的影响，在确保保护功能可靠性的同时，支持变电站内所需的远程监视与控制功能，也支持综合自动化系统所需的各种高级应用，如故障信息、波形信息等功能。

其他智能设备是监控系统必要的组成部分，包含外厂家的保护、电能表、直流屏控制器、录波器等。它们的信息包含保护动作、自检报警、电能量信息、直流接地报警、电池充放电状态等。这些智能装置具有各种通信接口和各式各样的通信标准。它们统一通过标准转换器传送到站控层，在后台监控上完成如状态、报警、测值显示，及负荷、电能量统计报表等功能。也可通过远动机上送信息。

四、变电站监控系统信息分类

作为整个监控系统的信息源，过程层设备提供了最为贴近电力一次系统的信息。这一类信息来自电压互感器 TV、电流互感器 TA、隔离开关以及变压器本体等设备。一般来说，电气量以模拟量形式提供，状态量和告警以硬接点形式提供。在间隔层装置强大的实时处理能力下，这些量被就地转换成可以定量表达和远传的数字量。

变电站监控系统信息分类如下。

（1）接点类的开关量被转化为遥信量。

（2）模拟量被转化成以有效值为属性的遥测量，如从电流电压模拟量中，测控装置得出了 I、U、P、Q、$\cos\varphi$、F 等遥测量；又如从温度变送器输出的直流量中，测控装置得出了主变压器温度等遥测量。

（3）模拟量被转换成电能量，如从电流电压模拟量中，电能表得出了正向有功、正向无功、反向有功、反向无功电能量。

（4）除了来自过程层的信息外，间隔层自身也会产生各种信息。如保护装置的动作信号、报警信号都被转化为遥信量。类似地，其他智能电子设备也会产生报警和自检信号，但一般会先通过标准转换器，再转发给站控层，如图 10-4 所示（图中用虚线箭头表示经过标准转换器）。

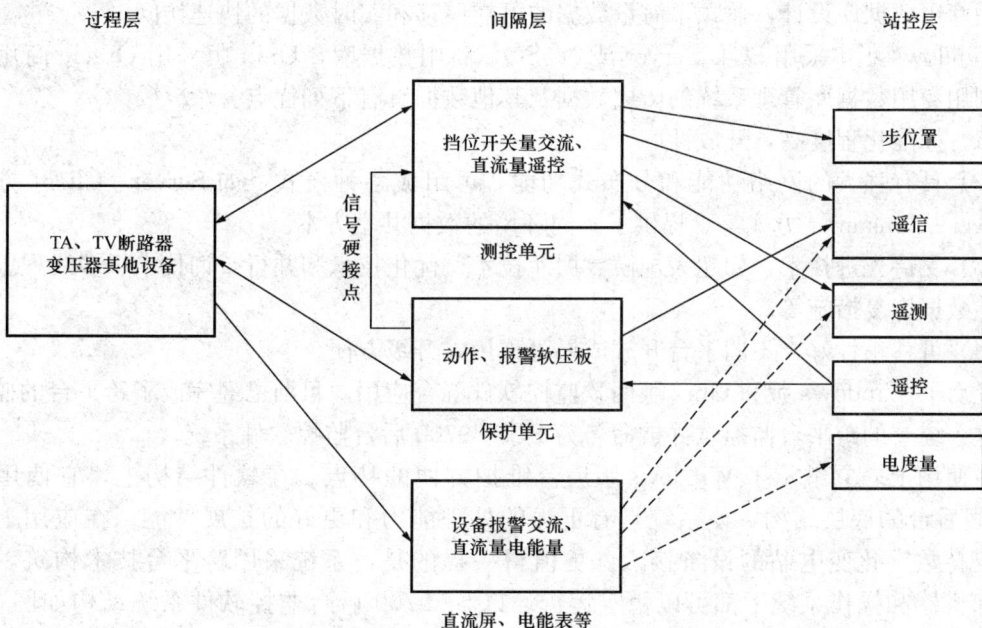

图 10-4 变电站监控信息分类

第二节　RCS - 9700 变电站综合自动化系统后台监控

Windows 版监控系统采用互为热备用的两台服务器进行数据获取、控制与历史记录等重要工作，任何单一硬件设备故障不会造成监控与数据获取功能的丧失。其他机器通过以太网在服务器的支持下进行如查询、控制、监视、维护和 Web 发布等操作。

Unix 版监控系统，采用一主多备的运行方式。每一个进程都可以有多个备用进程，正常运行时，通过合理的分配值班进程于各台机器，可使整个系统的计算量和通信量达到一个均衡的水平。在此基础上获得良好的扩展性和更加稳定的性能。特别适合设备数量众多的变电站、电厂以及集控站监控系统。

上述两类适用于不同操作系统的后台软件统称为 RCS - 9700 后台监控软件系统。

一、软件特点

RCS - 9700 软件系统由系统软件、支持软件和应用软件组成，具有可靠、可移植、可扩充等特点。

后台监控系统采用模块化、面向对象的设计思想，遵循国际标准，符合开放性系统设计要求。系统可通过预先"埋设"的软接口，方便地与其他软件相连接，实现软件的即插即用。先进实用的图、库编辑系统，在方便创建各种图形应用界面的同时，还采用图模库一体化思想，建立设备模型和从图形上自动获得的拓扑关系，为系统的高级应用做好了铺垫。

RCS - 9700 系统具有实时数据库和历史数据库。实时数据库采用分布式设计，历史数据库采用商用数据库设计，兼顾了海量数据的可靠储存和实时数据的快速访问。

Windows 版本采用 SQL Server 或 MySQL 商用数据库，Unix 版采用 Oracle 商用数据库。利用商用数据库管理系统的历史数据及其他数据具有下列优点。

（1）标准化程度高，开放性好。

（2）具有强大的网络功能和分布式功能，可组成各种模式，如 Server - Client 方式和 Producer - Consumer 方式等，提供了不同环境的数据共享方案。

（3）支持先进技术，如超大规模数据库技术、优化技术和并行查询技术、多线程服务器技术、数据恢复措施等。

（4）可移植性好，不同平台开放成果可重用，升级方便。

经历了 Windows 版和 Unix 版两款监控软件混合应用，目前已经完成了跨平台的监控软件，这个统一的跨平台监控软件被命名为 PCS - 9700 后台监控软件系统。

在使用上，它继承了 Windows 版后台维护方便的特点。在软件结构上，它使用了原 Unix 版后台的底层结构，使系统具有更强的处理能力和更好的扩展性能。在应用上，它全面支持数字化变电站的设备接入。更值得一提的是，系统采用跨平台技术构筑，在几乎任何机器和操作系统下都可以稳定运行。PCS - 9700 后台监控软件系统结构如图 10 - 5 所示。

二、实时告警和历史事件

后台收到或产生报警时，画面光字闪烁、启动语音或音响报警，并弹出如图 10 - 6 所示的实时告警窗口。为了方便用户快速准确地定位信息，快速地辨别重要信息，报警窗口可以对报警进行分类、分级处理。

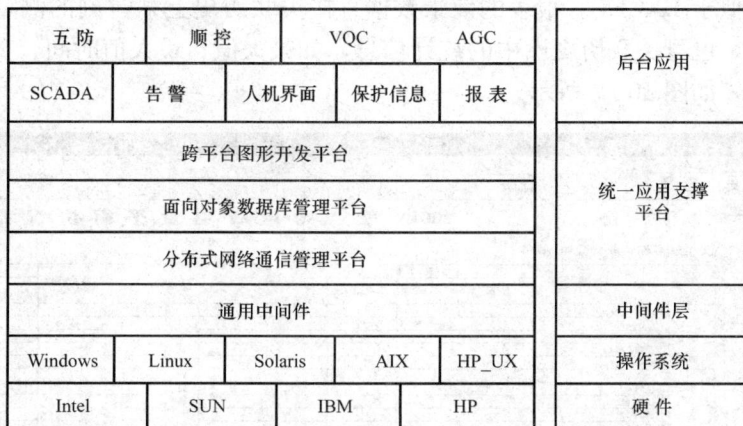

图 10‑5 PCS‑9700 后台监控软件系统结构

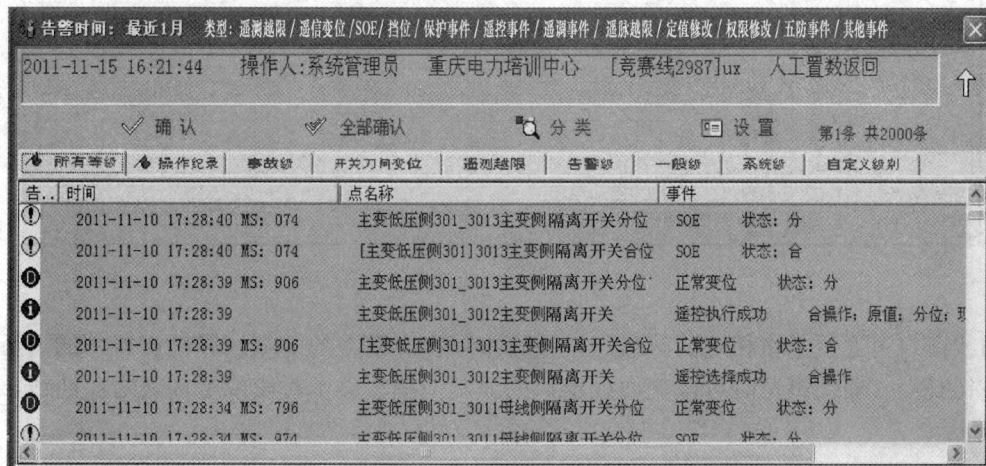

图 10‑6 实时告警窗口

1. 分类

报警事件可分类显示，系统共定义了 12 大类：SOE 事件、遥信变位、遥测越限、挡位变位、遥控事件、保护事件、遥脉越限、遥调事件、定值修改、权限修改、"五防"事件、其他事件。

2. 分级

新产生的报警事件可自动进入优先级表单，"红旗"标记意味本级表单有新报警产生。通过在现场合理设置信号的优先级，能满足用户对重要事件快速判断的要求。

历史事件处理进程将记录各类事件信息，储存于商用数据库中。通过历史事件浏览窗口，可以按时间、测点名、事件名等检索方式进行查看。

三、报表与曲线

当某个遥测被置上储存标记后，系统就会定时向商用数据库里写入该数据，通过报表系统或历史曲线窗口便可对该数据进行观察。

　　报表的生成系统简单易用。报表的背景数据支持自动填充、表格拆分与合并、表内统计功能等，风格类似于 EXCEL。报表的前景数据直接关联历史上某时刻的测量值，支持按时间间隔批量定义，也可关联历史库中的统计信息，如最大值、最大值时间、分闸次数甚至电压合格率等信息，如图 10 - 7 所示。

图 10 - 7　报表格式

　　曲线窗口可通过单击相应的热敏点，或直接单击界面上的遥测量属性窗口中的"历史曲线"按钮获得，曲线浏览时可改变曲线窗口的显示范围、显示时段或是加入对比曲线，如图 10 - 8 所示。

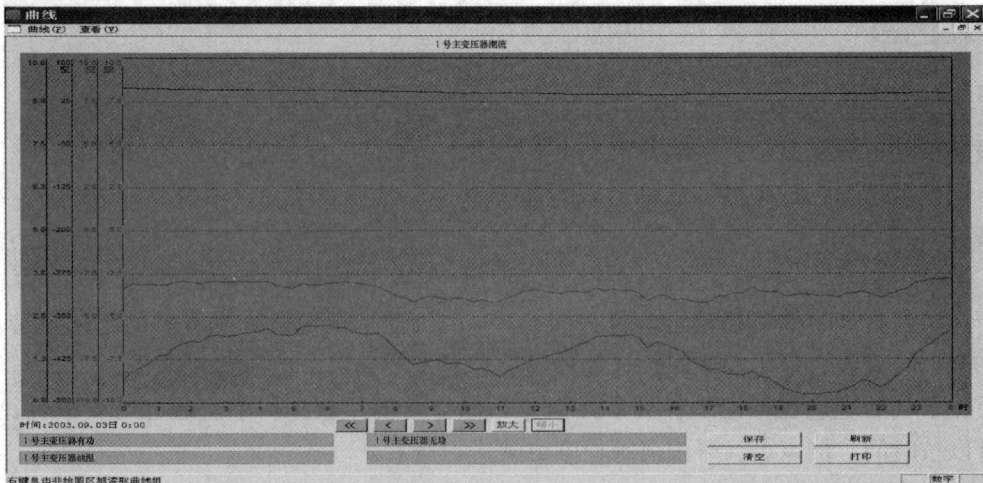

图 10 - 8　曲线窗口

四、控制和操作

1. 遥控操作

本系统控制操作对象包括断路器、隔离开关、接地开关。遥控除了分合操作外，还可以是主变压器分接头升降以及保护软连接片投退等。

2. AGC - 自动发电控制

根据发电计划曲线，由调度发出命令，电厂端远动机接收该命令并转发至测控装置，再通过测控装置的 4～20mA 的模拟量输出接口传输至火电机组 DCS 系统或水电相应控制系统，达到调节发电机有功输出功率的目的。

3. AVC - 自动电压控制

接收当地电压自动控制软件（AVC）下发的控制命令，通过测控装置的遥控输出接口，把调节脉冲传送给励磁调节系统，通过励磁电流的步进式调节改变发电机出口电压。

4. 操作安全

在监控后台上，如果想进行遥控操作，必须经过严谨的验证过程。系统首先会对操作员及监护人身份进行验证，之后还会核对被操作对象的调度编号，操作过程中还会经过"五防"系统的实时校验，若发现违反操作规程和操作票时，立即闭锁该项操作并提示。

对于调度下发的遥控，由于遥控命令通过远动机直接下发到测控装置，所以一般传统"五防"系统无法对其进行约束。而由测控设备组成的间隔层防误闭锁功能可很好地弥补这个不足。

五、保护信息

保护信息是后台监控系统的重要模块，它可以单独运行于保护信息子站中，也可以嵌入整个后台监控功能中。保护信息提供对站内所有保护装置、录波器的保护信息查询和定值修改，提供故障信息、录波信息分析和处理等高级应用功能，如图 10 - 9 所示。

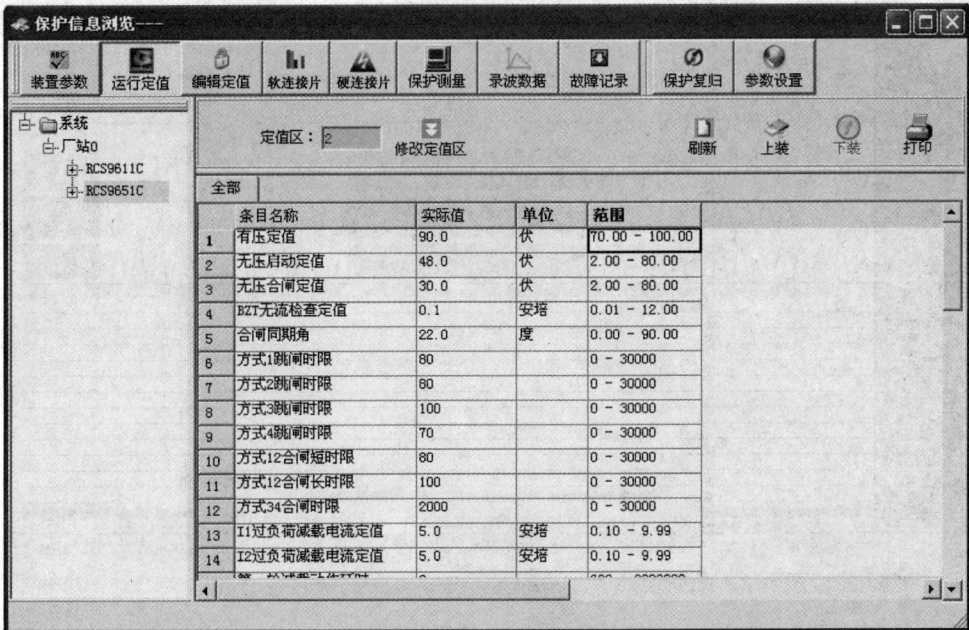

图 10 - 9　保护信息

故障记录信息如图 10 - 10 所示。

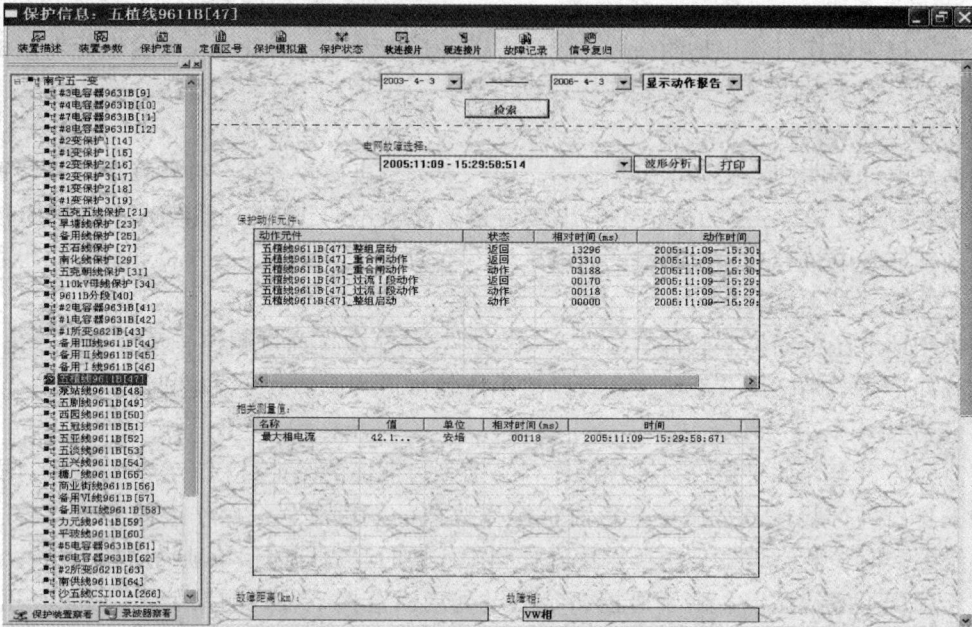

图 10 - 10　故障记录信息

波形分析如图 10 - 11 所示。该波形反映了一个瞬时故障中保护的跳闸与重合闸过程,该过程除保护动作信号外,操作回路的 TWJ、HWJ 也可以很好地表现出来。

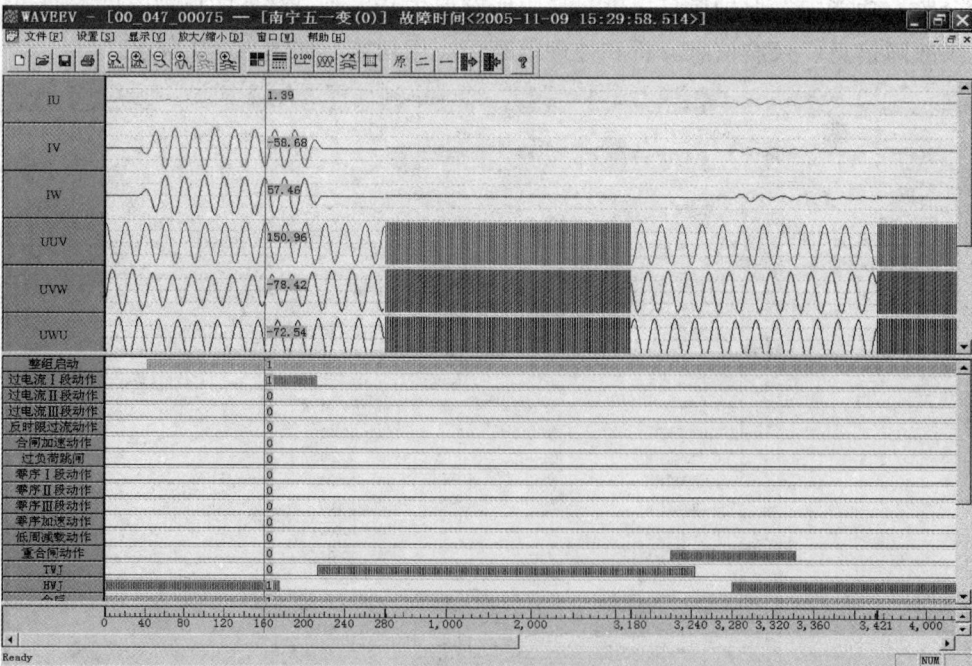

图 10 - 11　波形分析

六、无功电压调节 VQC

VQC 指无功或电压自动控制功能。后台监控软件中包含了 VQC 模块，该模块是一款与 RCS - 9700 后台监控系统相配套的高级软件。

它利用监控系统的通信渠道，获取母线电压、进线无功、主变压器挡位、电容器开关位置等信息，并根据电压无功调节原理得到控制策略，通过监控系统发送主变压器调挡和投切电容器的命令，使目标母线电压或进线无功保持在合格范围。

软件根据十七域图控制原理制定的定值实现最优调节。除自动调节外，还提供只监视不调节功能，在需调节时，推出对话框并语音报警用于提醒操作员。

无功电压调节人机界面如图 10 - 12 所示。

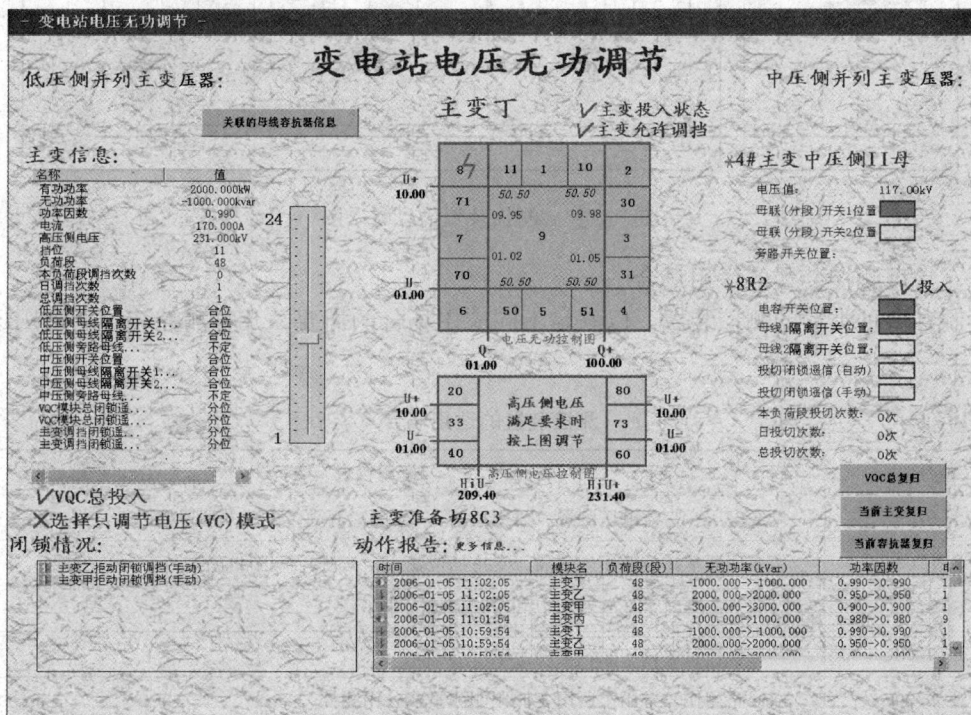

图 10 - 12 无功电压调节人机界面

注：细心的读者可以从图 10 - 12 中发现各区的推荐策略。

第三节 RCS - 9700 变电站综合自动化系统测控装置

在电厂和变电站中，RCS - 9700 测控装置主要负责监测和控制如断路器、隔离开关、变压器等一次设备。它作为一个信息源（数据服务器）挂在网上，通过 TCP 连接，把数据提供给后台机（后台客户端），如图 10 - 13 所示。与此同时，它通过另一路 TCP 连接，独立把数据提供给远动机（远动客户端）。

RCS - 9700C 系列测控采用了新型的 ARM＋DSP 硬件平台，VxWorks 实时多任务操作系统，面向对象设计而成。针对不同的测控对象，采用不同的子型号以提供不同的功能和容量。

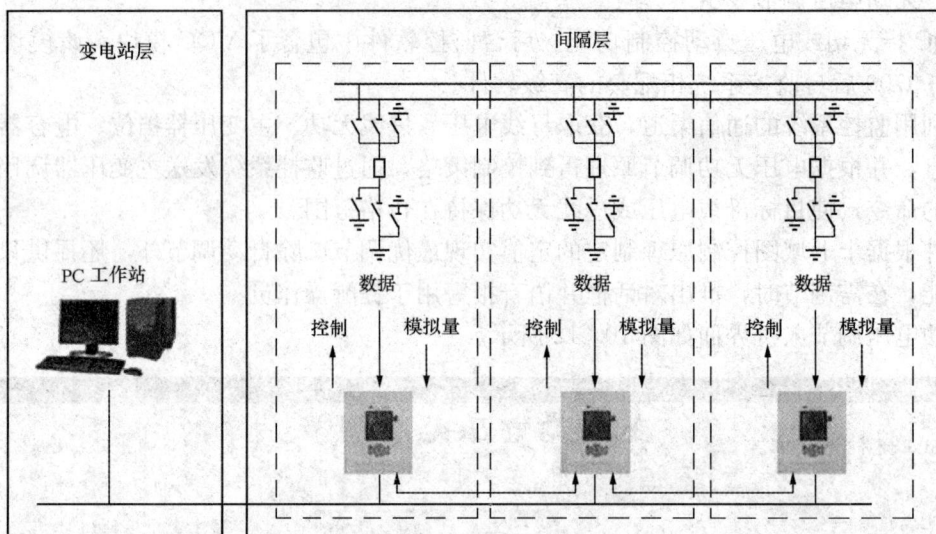

图 10-13 测控装置信息联系图

一、常用测控装置的适用场合

研制有多种类型的测控装置，以满足不同应用场合的需要，几种测控装置的适用场合见表 10-1。

表 10-1 测控装置的适用场合

型号	使用场合
RCS-9702C	母线电压、直流电压测量、公用遥信、TV 隔离开关及电压并列遥控
RCS-9703C	主变压器本体或低压侧间隔，支持挡位输入，支持升降挡和急停
RCS-9705C	线路、母联及主变压器高中低压侧间隔测控
RCS-9708C	具有模拟量遥调功能，常用于电厂 AGC
RCS-9709C	双回路测控，常用于所用变低压侧测量及公用测控

二、装置主要功能

（1）它采用 14 位高精度 A/D 转换器，交流信号并行采样，可提供高达 15 次谐波的测量能力，采样精度可达 0.2 级。

（2）测控装置每隔 0.625ms 采样一次遥信状态，通过系统的对时，使 SOE 类信息的分辨率准确到 1ms。

（3）遥控依靠选择和返校过程来保证可靠性，并可以通过测控装置的逻辑闭锁功能加强就地和远程操作的安全性。

（4）大屏幕液晶提供图文可配置界面，使操作和维护更加方便。

（5）具有双绞线或光纤以太网接口，通信标准支持 IEC 60870-5-103。

（6）支持数字化变电站标准，已通过 IEC 61850 互操作测试，获得 KEMA A 级认证。

（7）具有同期功能。在合闸时，同步检查断路器两端电压的相角、频率、幅值，自动选择合适时机，进行对系统冲击最小的合闸操作。

（8）在封闭式机箱内，采用集成前板和背插模块模式，实现强弱电最大程度地分离，显著提高电磁兼容能力，同时具有低耗、宽温的运行特点。

三、典型装置介绍

现以 RCS-9703C 为例作简要介绍。RCS-9703C 测控装置主要用于站内主变压器的测量与控制，具有断路器测控、分接头调节、接地开关控制、主变压器温度测量、直流系统电压测量等功能，装置外形如图 10-14 所示。该型号装置在功能上较为全面，具有代表性。

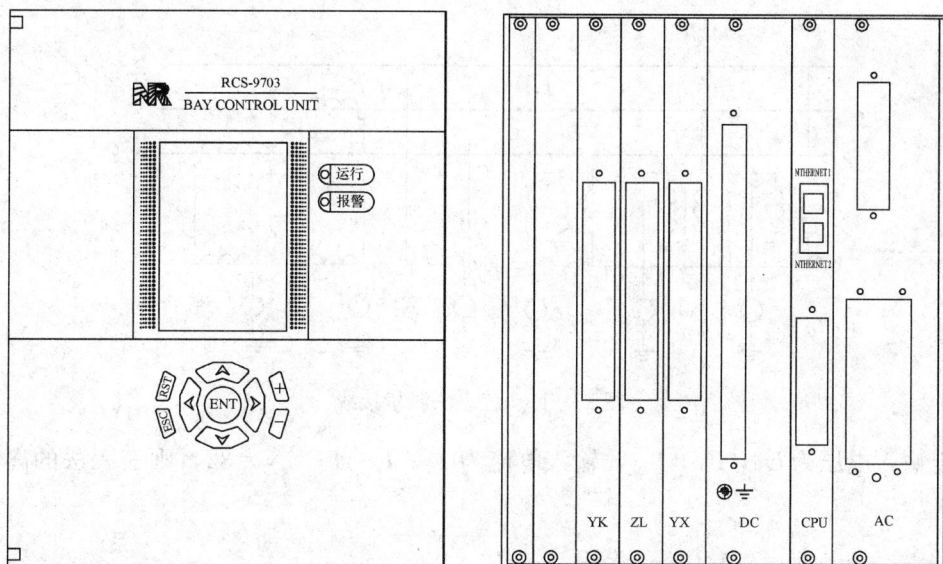

图 10-14　RCS-9703C 测控正面视图、背面视图

（1）56 路开关量遥信，光耦隔离输入，正端电压为 220V DC 或 110V DC。

（2）5 组电压（母线电压、线路电压和零序开口电压）、4 组电流（三相电流和零序电流）输入，经交流采样和计算可得到相应的电流、电压、电压谐波分量、频率、功率、功率因数及电能等信息。

（3）8 路直流量输入，可接受来自变送器的 0～5V 或 4～20mA 直流信号，测量主变压器油温和绕组温度；也可接受来自直流母线的直流电压信号，测量直流母线电压。

（4）对交流量可测出 3、5、7、9、11、13、15 奇次谐波分量。

（5）遥控分合输出最多可选配 16 路，遥控出口为空接点，动作保持时间可设定。

（6）1 路检同期合闸功能。

（7）分接头挡位测量和升、降调节功能。

（8）4 路脉冲测量与累加功能，光耦隔离输入方式。

（9）遥控操作历史记录及事件 SOE 功能。

（10）支持 DL/T 667—1999《远动设备及系统　第 5 部分：传输规约　第 103 篇：继电保护设备信息接口配套标准》（IEC 60870-5-103 标准）的通信标准，配有 100Mb/s 双以太网，双绞线或光纤通信接口。

（11）可编程逻辑闭锁功能，并可通过系统网络直接下载。

（12）大屏幕液晶显示、图形化人机接口，可显示主接线图、开关、隔离开关及模拟量信息，菜单及图形界面可编辑，并可通过系统网络直接下载。

四、模拟量的测量与计算

模拟量测量与计算分交流和直流两部分。对于输入的交流量，测控装置按每周波 32 点的频率进行采样，并自动跟踪电力系统的频率变化调整采样周期。来自 TA/TV 的二次电流、电压量通过交流头转换成弱电电压信号后，再经 A/D 转换器进入 CPU，完成被测对象二次有效值的综合计算。交流量的测量一般采用三表法，其测量接线如图 10 - 15 所示。

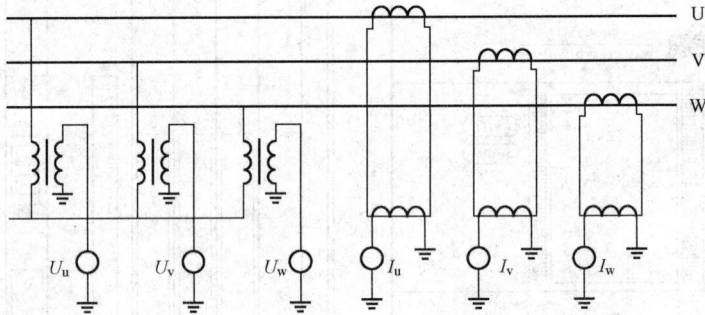

图 10 - 15 三表法测量接线

假定输入电压为 U_u，U_v，U_w，输入电流为 I_u，I_v，I_w，$N=32$，则三表法的离散计算公式为

$$U = \sqrt{\frac{1}{N}\sum_{n=1}^{N} u^2(n)}$$

$$I = \sqrt{\frac{1}{N}\sum_{n=1}^{N} i^2(n)}$$

$$P = \frac{1}{N}\sum_{n=1}^{N}\left[u_u(n)i_u(n) + u_v(n)i_v(n) + u_w(n)i_w(n)\right]$$

$$Q = \frac{1}{N}\sum_{n=1}^{N}\left[u_u(n)i_u\left(n-\frac{3}{4}N\right) + u_v(n)i_v\left(n-\frac{3}{4}N\right) + u_w(n)i_w\left(n-\frac{3}{4}N\right)\right]$$

$$\cos\varphi = \frac{P}{\sqrt{P^2+Q^2}}$$

对于主变压器本体油温、绕组温度、所用变压器 380V 交流电压等被测量，需要通过相应变送器进行测量。变送器输出时通常采用直流电压 0～5V 或直流电流 4～20mA，并保证在一定范围内输出与输入保持正比关系。对于变送器的输出，测控装置可通过直流接口板转换成弱电电压信号，再经 A/D 转换器进入 CPU，完成被测对象二次值的计算。

注：无论是交流采样还是直流采样，只有对上述遥测量进行后台遥测系数和校正值的设置后，监控后台才能正确显示。

五、遥信量的测量

遥信信号以空结点方式引入，经过光电隔离后转换成 TTL 电平信号供 CPU 采样。CPU 每 0.625ms 采样一次遥信状态，有变位即进行记录。为确保遥信测量的准确性，装置特别设置了软件去抖功能，去抖时限可整定，去抖原理如图 10 - 16 所示。

六、脉冲量的测量与累加

脉冲电能表发出的脉冲信号经光电隔离后转换成 TTL 电平信号供 CPU 采样，CPU 采样到脉冲变化并经软件去抖后进行累加得到累计电能量。由于智能型电能表的普及，电能表自身就可以通信并上送电量数据，这种脉冲电量技术已经不再使用。

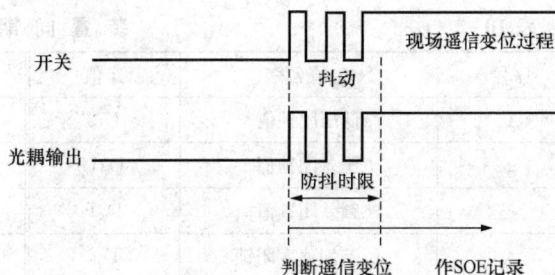

图 10-16　遥信去抖原理

七、遥控输出

测控单元通过网络接受遥控命令输出控制接点，严格按照选择、返校、执行三步骤进行遥控。设置了逻辑闭锁功能，保证遥控的正确性，遥控与闭锁回路如图 10-17 所示。

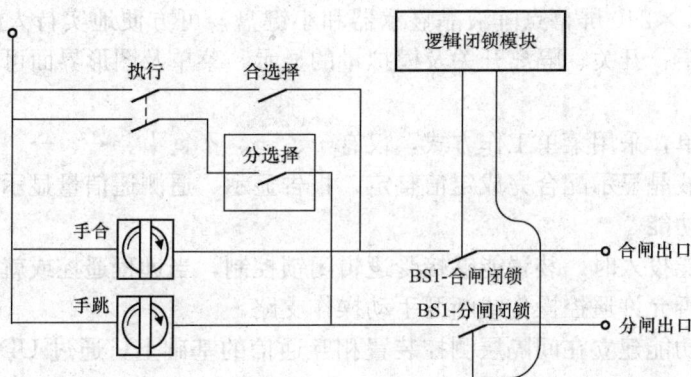

图 10-17　遥控与闭锁回路原理图

本装置为变压器特别设置了两个特殊定义的遥控点：

（1）第七路遥控为主变压器有载分接头降、升，分闸出口约定为降挡，合闸出口约定为升挡。

（2）第八路遥控为主变压器有载分接头急停，分闸出口约定为急停。

八、同期合闸

（1）同期功能只针对第一组断路器的遥控或手控合闸。

（2）后台遥控可以选择正常遥控、不检、检无压或检同期中的任何一种，间隔测控装置上也有相应的方式定值，但后台遥控方式优先。

（3）检同期合闸具有频差闭锁、压差闭锁、频差加速度闭锁功能。

（4）根据开关动作估计时间 Tdq 和实时测量的角差、频差、频差加速度等算出最优的合闸瞬间相角差 $\Delta\delta$，按该公式发出合闸脉冲，即可完成最优合闸。

$$\left| \Delta\delta - \left(2\pi\Delta fT\,\mathrm{d}q + \pi\frac{\mathrm{d}\Delta f}{\mathrm{d}t}T^2\,\mathrm{d}q \right) \right| < \delta_{zd}$$

（5）用户启动同期合闸后，在同期复归时间内，程序将在每个采样中断中进行同期判别，直到检同期成功或同期复归时间到。

（6）本装置同期定值（见表 10-2）。

表 10-2   装 置 同 期 定 值

序号	定值名称	定值	序号	定值名称	定值
1	低压闭锁值	U_{bs}	8	线路电压类型	U_{typ}
2	压差闭锁值	$D_{el}U$	9	线路补偿角	$0\sim180°$
3	频差闭锁值	$D_{el}F$	10	不检方式	B_j
4	频差加速度闭锁	D_{fdt}	11	检无压方式	J_{wy}
5	开关动作总时间	T_{dq}	12	检同期方式	J_{tq}
6	允许合闸角	D_{azd}	13	检无压比率	$0\sim100\%$
7	同期复归时间	T_{rs}			

九、人机接口

装置提供的 160×240 屏幕点阵液晶显示器和小键盘,可方便地实行人机对话。图形化人机接口,主接线图、开关、隔离开关及模拟量的显示,菜单及图形界面可编辑,并可通过系统网络直接下载。

小键盘操作简单,采用菜单工作方式,仅有+、−、↑、↓、←、→、确认、取消、复归等 9 个按键,与液晶显示配合完成定值整定、报告显示、遥测遥信量显示、信号复归等。

十、逻辑闭锁功能

当逻辑闭锁功能投入时,装置能够接受逻辑闭锁控制,当远程遥控或就地操作时,由逻辑闭锁进程决定是否允许遥控操作或断开手动操作支路。

测控逻辑闭锁功能建立在间隔层测控装置相互通信的基础上,通过 UDP 方式的网络通信共享信息。

由联锁组态工具对测控装置的联锁逻辑进行组态,再通过网络下装到测控装置中,实现

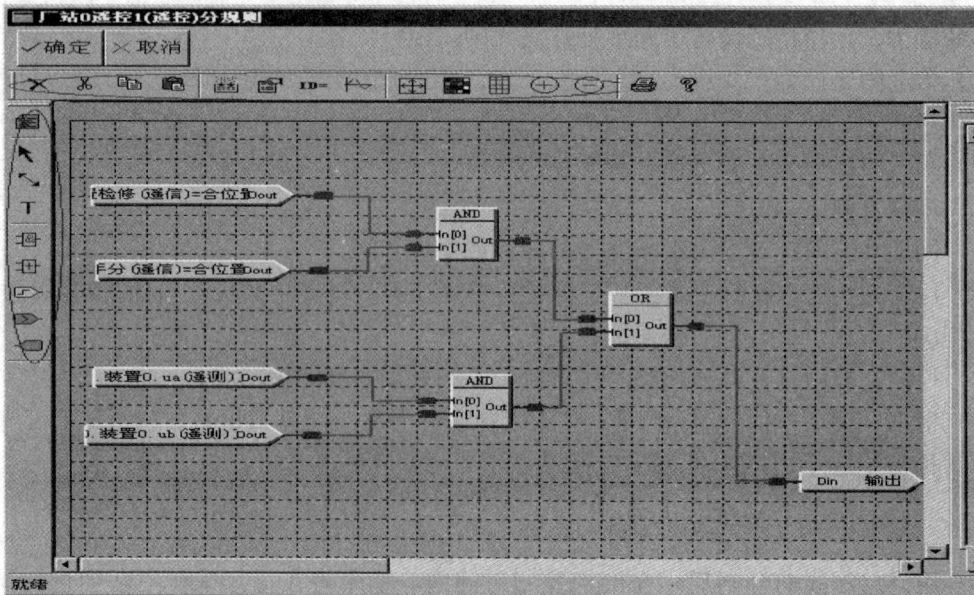

图 10-18 联锁组态工具配置

联锁功能。在联锁逻辑组态中既可以使用本装置信息，也可以使用其他测控装置信息作为输入，并通过与、或、非等基本运算相组合，完成遥控分合规则的设置。

联锁组态工具的配置界面如图 10-18 所示。

十一、对时功能

装置可以接收来自通信网络的报文对时，也可以接收来自天文钟的硬对时信号，后者对时精度更高，可达到 1ms。其中，硬对时类型分为秒脉冲和 IRIG-B 码对时，对时接口均为 RS-485 方式。

第四节　RCS-9700 变电站综合自动化系统远动通信装置

一、远动装置

远动装置通常称为 RTU，在现代变电站综合自动化系统中，它被作为变电站与调度之间的信息转发设备。为此，它具备对通信进行转接的能力，对标准进行转换的能力以及对信息进行重新获取及处理的能力。它支持多种常用的通信规约，同时支持串口、Modem、以太网等通信方式。

在 RCS-9700 综合自动化系统中最新型号的远动机为 RCS 9698G/H，它采用性能强劲的嵌入式硬件平台配以实时多任务操作系统，是目前的主流产品。此外，RCS 9698、RCS 9698A/B、RCS 9698C/D 这几种型号在过去作为变电站综合自动化系统的总控单元及远动机，曾被大量使用，几种远动装置的比较见表 10-3。

表 10-3　　　　　　　　　　　几种远动装置的比较

装置名称	服役状态	性能比较	功能比较
RCS 9698 总控单元	已退役	80296SA 40MHz 2MB 内存	仅串口和 Modem
RCS 9698A/B 总控单元	已退役	486DX4 100MHz 8MB 内存	1 个网络口 15 个串口或 Modem
RCS 9698C/D 远动机	即将退役	486Dxe 133MHz 16MB 内存 VxWorks 操作系统	4 个网络口 6 个串口或 Modem
RCS 9698G/H 远动机	服役中	IntelCPU 533MHz 128MB 内存 4GB 闪盘 VxWorks 操作系统	16 个网络口 12 个串口或 Modem 支持 61850 标准 保护信息及录波储存

RCS-9698G/H 远动机处于站控层，对下连接间隔层装置，对这些装置的信息进行独立收集、分析、处理，经标准转换后以 CDT、IEC 60870-5-101、IEC 60870-5-104 等标准通过模拟、数字或网络的方式向调度主站传送，同时接收遥控、遥调命令。此外，在电厂中远动机还可以向厂内的 SIS 系统传送电力数据。

由于信息采用"直采直送"的方式，所以 RCS-9698G/H 远动机的运行独立于后台监控系统，双方互不影响。

RCS-9698G 为单机配置，RCS-9698H 为双机配置。RCS-9698H 正面、背面视图如

图 10-19、图 10-20 所示。

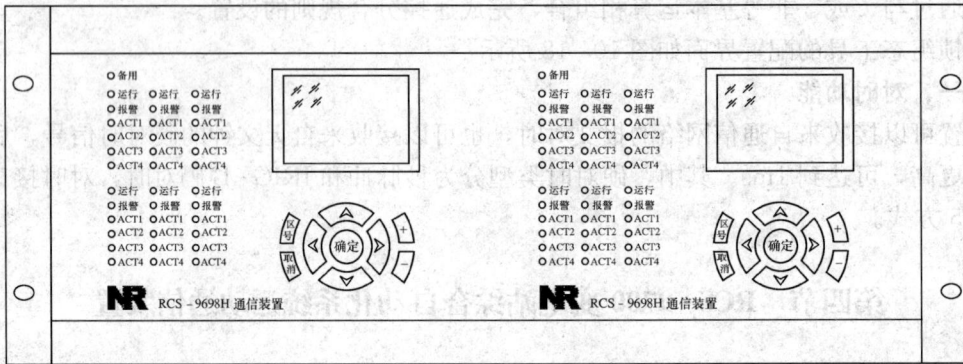

图 10-19 RCS-9698H 正面视图

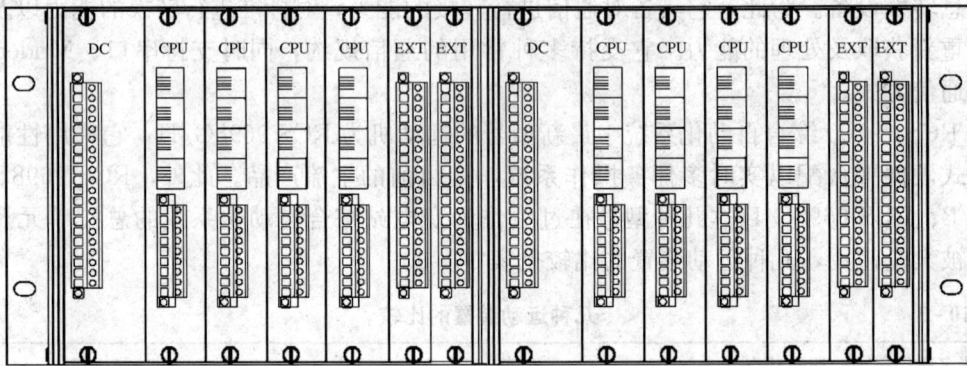

图 10-20 RCS-9698H 背面视图

二、远动机的特点与配置

RCS-9698G/H 作为新一代的远动机，如图 10-21 所示，其特点如下：

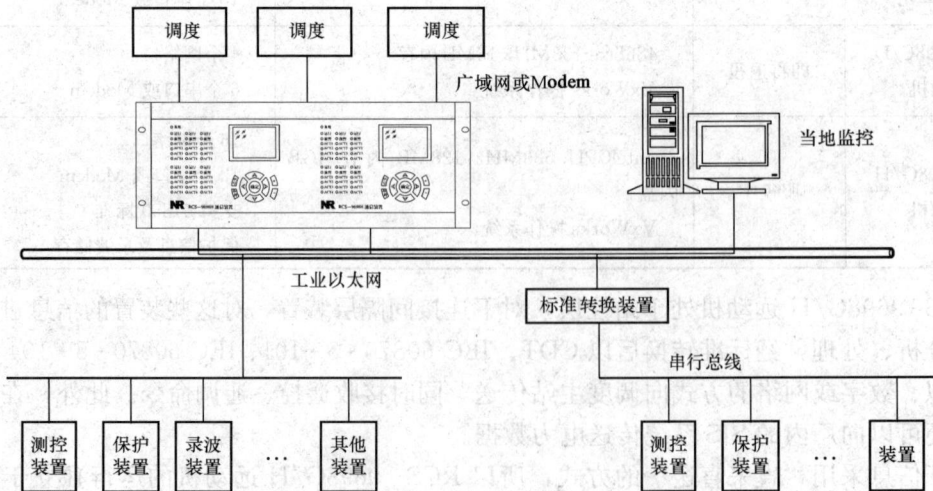

图 10-21 RCS-9698G/H 典型配置图

（1）RCS-9698H 采用完全电气独立的双机配置，每一个单机具有独立的电源、插件和背板。双机之间除了外部的通信连接外，没有任何电气联系。同时，外部通信连接全部采用有效的电气隔离。完全独立的电气特性，确保了双机的冗余功能，充分保障运行的安全。

（2）RCS-9698G/H 远动机的 CPU 板采用了 Intel 的高速低功耗网络处理器，该 CPU 是 Intel 专门针对网络通信而设计的，可以轻松应对 100Mb/s 以太网上大负荷数据流量。

（3）RCS-9698G/H 远动机采用分布式多 CPU 结构，每个 CPU 并行处理任务，并通过高速背板总线交换数据，协同完成任务。

（4）RCS-9698G/H 远动机单侧最多可以提供 16 个以太网接口，12 个串口，其中串口可配置 Modem 插件或普通串口插件。

（5）组态配置工具，操作简便灵活，方便工程配置和使用。例如：增加一个装置，如图 10-22 所示；修改调度转发表，如图 10-23 所示。

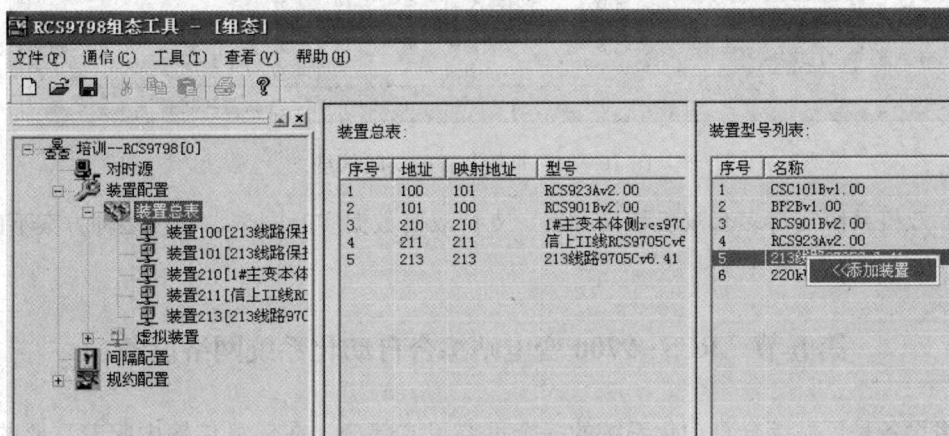

图 10-22　增加一个装置

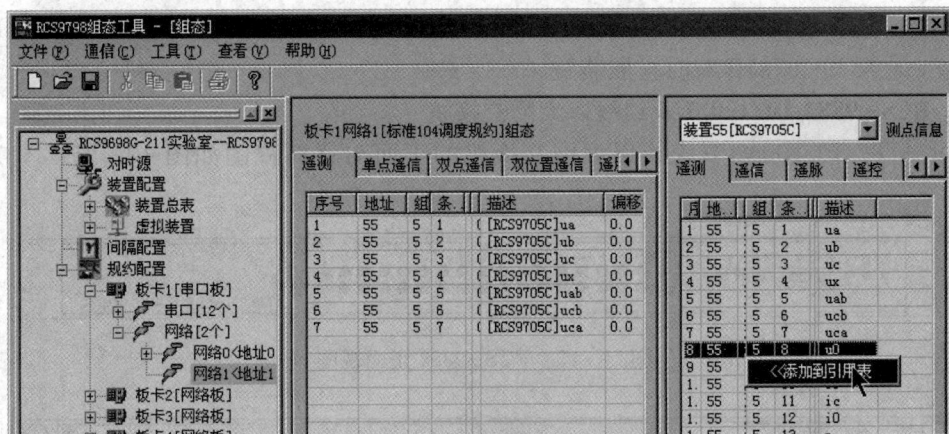

图 10-23　修改调度转发表

（6）动态调试工具，可以方便地实现对底层装置实时状态的查阅，也可以实现对其通信过程的监视。如实时数据库查看、历史事件查询、遥控命令查询、装置的信息召唤、各通信口报文的监视等。图 10-24 所示为通过调试软件查看底层装置的实时信息，通过该软件的配合，可以帮助现场人员了解现场信息、划分故障区域、查清问题。

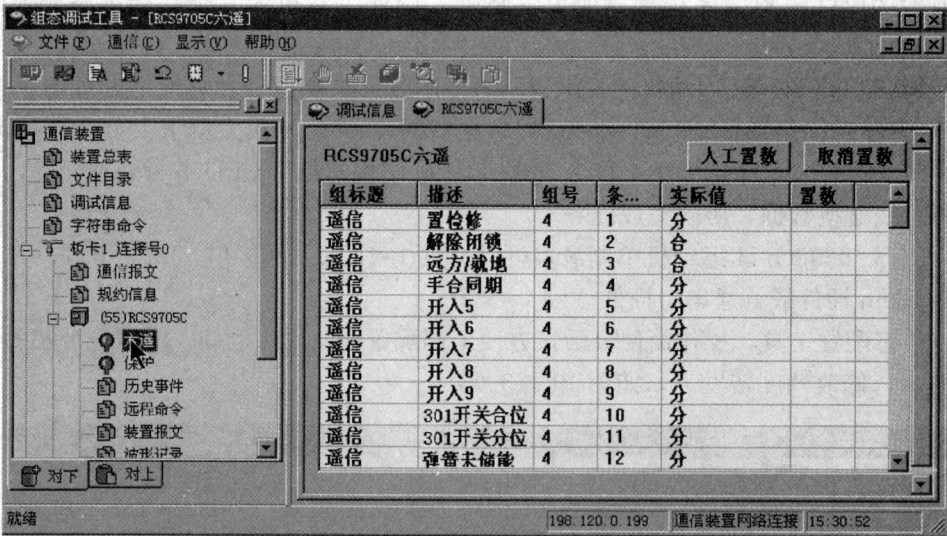

图 10-24　查看装置的实时信息

（7）双机系统支持多套双机切换方案，支持双机数据实时同步，实现多种方案下的快速无缝切换。

第五节　RCS-9700 变电站综合自动化系统网络设备

网络设备是厂站综合自动化系统的一个重要组成部分，在信息传输中起着重要的作用。在变电站自动化系统中，它对下与间隔层设备通信，对上与后台监控系统、远动机通信，完成间隔层与站控层之间的数据交换、标准转换、介质转换等功能。常见网络通信设备包括：①RCS-9881 光纤以太网交换机；②RCS-9882 双绞线以太网交换机；③RCS-9785D GPS对时装置；④RCS-9785E 对时扩展装置。

一、RCS-9882 10/100M 双绞线以太网交换机

RCS-9882 10/100M 双绞线以太网交换机的正面与背面视图如图 10-25、图 10-26所示。

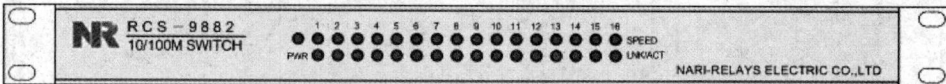

图 10-25　RCS-9882 正面视图

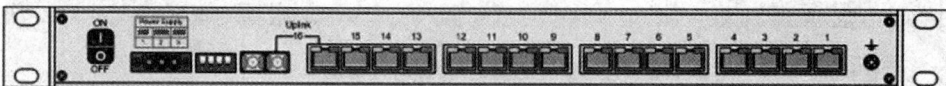

图 10-26　RCS-9882 背面视图

（1）RCS-9882 10/100M 双绞线以太网交换机是针对厂站电气自动化系统的需要而开发的一种专用工业级双绞线以太网交换设备，用于厂站内的 100M 以太网装置的双绞线方式互连。

（2）具备网络管理功能，与本公司的监控系统配合，可实现交换机各端口状态的诊断和维护。

（3）提供 15 个双绞线接口（RJ45 接头），可以级联扩展，如图 10-27 所示。

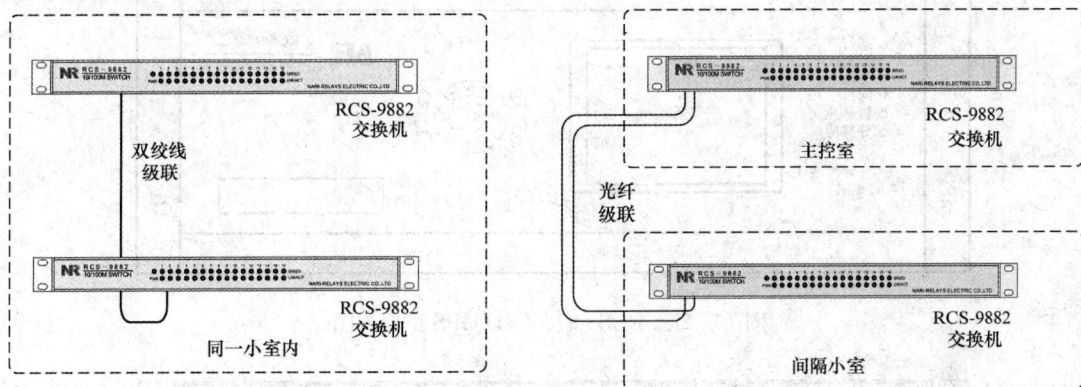

图 10-27　以太网交换机级联

（4）1 个光纤（SC 光纤接头）/双绞线复用接口，具有双绞线到光纤的转换以及对上采用光纤方式级联的功能。

（5）采用了专用的芯片组，内部总线带宽达到 4.8Gb/s，具有大容量的数据缓冲区和大容量的 MAC 地址区，从而保证了大容量数据的可靠交换。

（6）RCS-9882 交换机为 1U 标准插箱结构，可组屏安装，采用 110V 或 220V 直流电源供电。

二、RCS-9881 100M 光纤以太网交换机

（1）RCS-9881 100M 光纤以太网交换机是针对厂站电气自动化系统的需要而开发的一种工业级光纤以太网交换设备，用于厂站内的 100M 以太网装置的光纤互连，如图 10-28 所示。

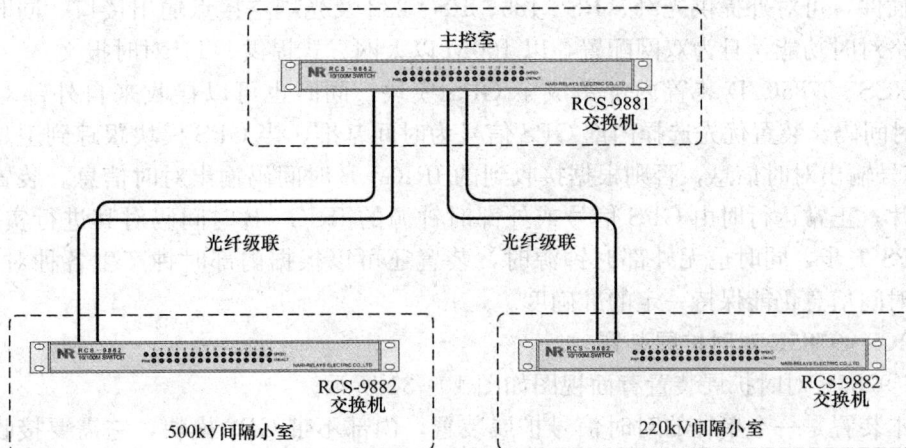

图 10-28　光纤以太网交换机级联

（2）最多提供 13 个 SC 的光纤接头，可以级联扩展。

（3）其余特性与 RCS - 9882 相同。

三、RCS - 9785C/D GPS 对时装置

RCS - 9785C/D GPS 对时装置的正面与背面视图如图 10 - 29、图 10 - 30 所示。

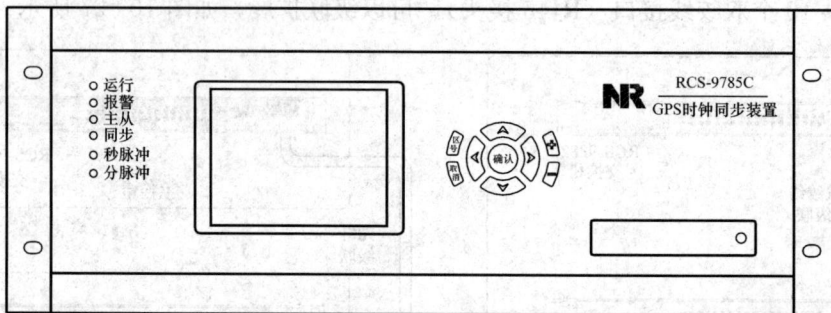

图 10 - 29　RCS - 9785C/D GPS 正面视图

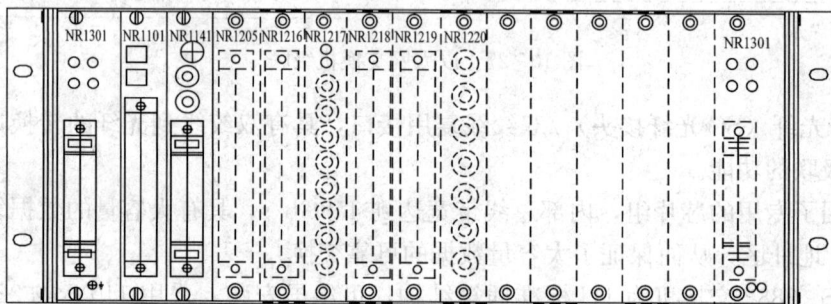

图 10 - 30　RCS - 9785C/D GPS 背面视图

（1）RCS - 9785C 为单机配置，RCS - 9785D 为双机配置。

（2）RCS - 9785C/D GPS 时钟同步装置可以提供各种对时信息，包括标准 IRIG - B 时间码、秒脉冲（PPS）、分脉冲（PPM）、时脉冲（PPH）和对时报文。装置通过各种可灵活配置的扩展插件，可对外提供光纤、RS - 485、RS - 232 及光耦空接点输出接口。同时，装置还提供网络对时功能，且为双网配置，以 100M 以太网方式提供 NTP 对时报文。

（3）RCS - 9785C/D 装置内部集成了 GPS 模块，同时也可以接收来自外部对时源的 IRIG - B 时间码。装置优先选择内部 GPS 信号为时间基准，当 GPS 模块跟踪到卫星时，根据 GPS 信号输出对时信息，否则根据接收到的 IRIG - B 时间码输出对时信息。装置内部带有时钟芯片，正常运行时由 GPS 信号或外部时钟源的 IRIG - B 时间码对其进行实时校对，当内部 GPS 失步，同时也无外部时钟源时，装置还可以根据内部时钟产生各种对时信息，且输出的时间信息仍能保持一定的准确度。

四、RCS - 9785E 对时扩展装置

RCS - 9785E 对时扩展装置背面视图如图 10 - 31 所示。

（1）本装置是一个单纯的对时信号扩展装置，内部不带 GPS 模块，它需要接收外部对时源的 IRIG - B 时间码，经过对接收到的 IRIG - B 码进行解码和转换处理后，能同步扩展输

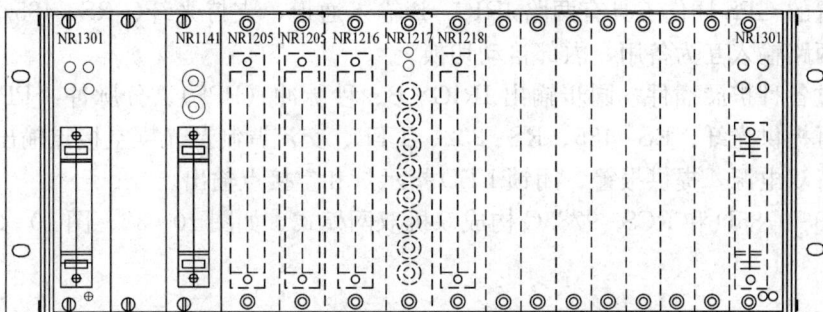

图 10-31 RCS-9785E 对时扩展装置背面视图

出 IRIG-B 时间码、秒脉冲（PPS）、分脉冲（PPM）和对时报文信息，向安装点附近提供高精度的时间信息。

（2）装置主要由电源插件、GPS 插件、光纤输出插件、RS-485 输出插件、RS-232 输出插件、TTL 输出插件、AC 输出插件及光耦空接点输出插件等组成，其中 GPS 插件负责接收和处理 IRIG-B 时间码，其他插件用于扩展输出各种时间信息。

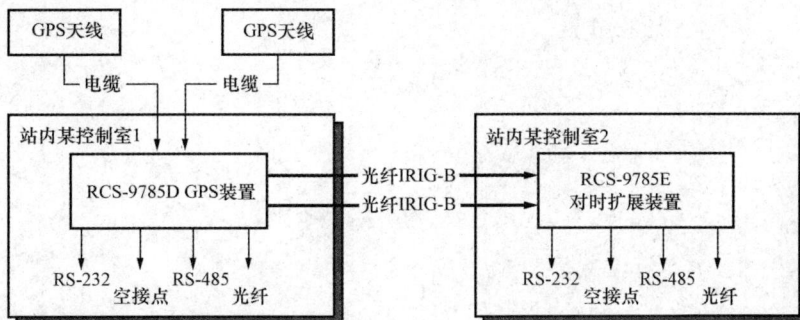

图 10-32 单个 RCS-9785D 构成双机双网模式

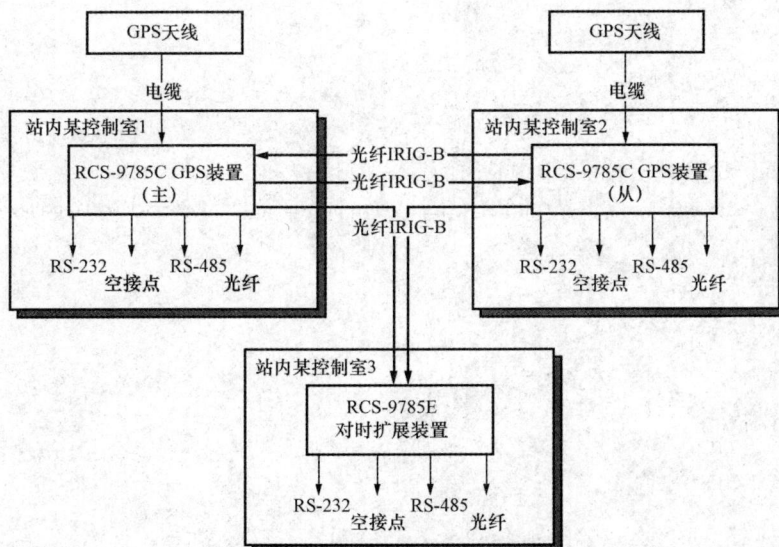

图 10-33 两个 RCS-9785C 构成双机双网模式

（3）装置的 GPS 插件工具有两路 IRIG‑B 输入通道，支持光纤、RS‑485/422 及 TLL 输入方式，两路输入互为备用，内部自动切换。

（4）通过各种扩展插件，同步输出 IRIG‑B、秒脉冲（PPS）、分脉冲（PPM）和对时报文信息，可提供光纤、RS‑485、RS‑232、TTL、交流调制及光耦空接点输出接口。

（5）支持双电源，提供报警、闭锁 LED 指示灯和空接点输出。

（6）RCS‑9785D 和 RCS‑9785C 构成双机双网模式，如图 10‑32、图 10‑33 所示。

参 考 文 献

[1] 高翔. 数字化变电站应用技术 [M]. 北京：中国电力出版社，2008.

[2] 刘伟，汤雨海. 变电站综合自动化实用技术问答 [M]. 北京：中国电力出版社，2007.

[3] 周立红. 变电站综合自动化技术问答 [M]. 北京：中国电力出版社，2008.

[4] 张全元. 变电站综合自动化现场技术问答 [M]. 北京：中国电力出版社，2008.

[5] 王士政. 电网调度自动化与配网自动化技术 [M]. 北京：中国水利水电出版社，2006.

[6] 张永健. 电网监控与调度自动化 [M]. 北京：中国电力出版社，2004.

[7] 黄伟. 电能计量技术 [M]. 北京：中国电力出版社，2004.

[8] 柳永智，刘晓川. 电力系统远动 [M]. 北京：中国电力出版社，2006.

[9] 阳宪惠. 现场总线技术及其应用 [M]. 北京：清华大学出版社，2008.

[10] 张公忠. 现代网络技术教程 [M]. 北京：电子工业出版社，2000.

[11] 许晓慧. 智能电网导论 [M]. 北京：中国电力出版社，2009.

[12] 沈金官. 电网监控技术 [M]. 北京：中国电力出版社，1997.

[13] 吴文传，张伯明，孙宏斌. 电力系统调度自动化 [M]. 北京：清华大学出版社，2011.

[14] 刘振亚. 智能电网技术 [M]. 北京：中国电力出版社，2010.

[15] 秦立军，马其燕. 智能配电网及其关键技术 [M]. 北京：中国电力出版社，2010.

[16] 何光宇，孙英云. 智能电网基础 [M]. 北京：中国电力出版社，2010.

[17] 刘振亚，智能电网知识问答 [M]. 北京：中国电力出版社，2010.